图1.17　置入效果图

图1.28　磨皮效果图

图2.22　台历效果图

图2.49　圣诞贺卡效果图

图2.78　分格效果图

图2.69　心心相印效果

图3.13　修正倾斜的照片

图3.23　更换背景效果图

图3.32　火焰字效果图

图3.41　盒子效果图

图3.48　车展效果图

图4.27　吹泡泡效果图

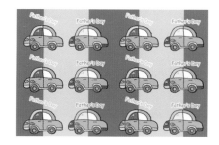

图4.40　包装纸图样效果图

图4.55　花瓶效果图

图4.65　灯管字效果图

图 4.70　渐变色小狗

图5.7　清除水面杂物效果图

图5.16　清除刺青效果图

图5.22　清除眼纹效果

图5.31　打造人物立体感效果

图5.33　修复汽车凹痕效果

图6.14　霓虹字效果

图6.29　"闪电"效果

图6.37　为黑白图片上色效果

图6.53　"暴风雨"效果

图6.60　调整花朵颜色效果

图7.11　呼啦圈女孩效果图

图7.32　玻璃字效果图

图 7.46　图像合成效果图

图7.56　印花效果

图7.65 翻倒的酒瓶

图7.70 "眼睛"效果

图8.9 "算珠字"效果

图8.42 "金鱼"效果

图8.58 "大头贴"效果

图8.64 "苹果"效果

图8.68 "石头"效果

图9.11 撕毁的邮票效果图

图9.29 "林中清泉"效果图

图9.39 凹陷字效果图

图9.48 婚纱效果

图9.59 金属字效果

图10.13 海报效果图

图10.21 圆形印章效果图

图10.30 文字变形效果

图10.36　双色字

图10.39　文字阴影效果

图11.18　信纸边缘效果

图11.28　素描图像效果

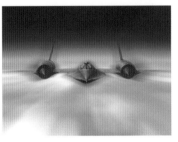

图11.33　运动效果

图11.39　水中倒影效果

图11.52　清晰度处理效果

图11.56　拼图效果

图11.69　灯光效果

图11.73　蚀刻版画效果

图11.82　泥沙字效果图

图12.6　变化的圆点

图13.22　变色文字

图13.35　电影胶卷动画效果

21 世纪全国高职高专计算机系列实用规划教材

图像处理技术教程与实训
(Photoshop CS5 版)
(第 2 版)

主　编　钱　民　唐克生

副主编　容　会　潘宏斌

参　编　李　季　黄　建　陈　文　陈　春

北京大学出版社

PEKING UNIVERSITY PRESS

内 容 简 介

本书介绍了使用 Photoshop CS5 进行图像处理的基本方法和技巧,还从实际应用的角度出发,详细介绍了画笔、图层、通道、路径等技术难点和相关设计诀窍,以及许多与平面设计相关的知识和概念。书中精心安排了 46 个具有针对性的课堂案例,详细介绍其制作步骤,让读者在学习理论知识的同时,通过案例实战演练来巩固和提高使用 Photoshop CS5 进行平面设计的技艺和技巧,逐步成为 Photoshop CS5 图像制作的高手。

本书结构合理、实例丰富,可作为高职高专院校、技校、职高及社会办学相关课程的教材,也非常适合作为平面设计与制作初学者的学习用书。

本书免费提供课后习题答案、配套电子课件和素材文件,读者可到 www.pup6.cn 下载。

图书在版编目(CIP)数据

图像处理技术教程与实训(Photoshop CS5 版)/ 钱民,唐克生主编. —2 版. —北京:北京大学出版社,2013.1
(21 世纪全国高职高专计算机系列实用规划教材)
ISBN 978-7-301-21778-8

Ⅰ. ①图…　Ⅱ. ①钱…②唐…　Ⅲ. ①图像处理软件—高等职业教育—教材　Ⅳ. ①TP391.41

中国版本图书馆 CIP 数据核字(2012)第 300942 号

书　　　　名:	图像处理技术教程与实训(Photoshop CS5 版)(第 2 版)
著作责任者:	钱　民　唐克生　主编
策 划 编 辑:	李彦红　刘国明
责 任 编 辑:	刘国明
标 准 书 号:	ISBN 978-7-301-21778-8/TP•1266
出 版 发 行:	北京大学出版社
地　　　　址:	北京市海淀区成府路 205 号　邮编:100871
网　　　　址:	http://www.pup.cn　新浪官方微博:@北京大学出版社
电 子 信 箱:	pup_6@163.com
电　　　　话:	邮购部 62752015　发行部 62750672　编辑部 62750667　出版部 62754962
印 刷 者:	北京大学印刷厂
经 销 者:	新华书店
	787 毫米×1092 毫米　16 开本　19.5 印张　彩插 2　449 千字
	2005 年 9 月第 1 版　2013 年 1 月第 2 版　2013 年 1 月第 1 次印刷
定　　　　价:	40.00 元

第 2 版前言

  Adobe Photoshop CS5 是专业的图像处理软件。它的应用非常广泛，常应用于招贴、包装、广告、海报等的平面设计制作中，也用于效果图的后期处理及数码照片加工。在网页设计领域里，常用它来制作和优化网页图片以及制作网页动画。

  在第 1 版的基础上，第 2 版采用了 Adobe Photoshop 最新的版本 CS5，融入了 CS5 的新功能，增加了一部分更经典的案例，改进了部分内容的叙述方式，在基本理论够用的前提下，更注重基本技能的培养。本书的一大特点是采用课堂案例+上机实训+课后练习的结构，使学习过程从听和看到动手再到自己动脑解决问题，通过这一学习过程能更好地掌握图像处理的知识与技能。

  本书系统地讲解了 Adobe Photoshop CS5 的基本操作、选区的创建与应用技巧、图像的绘制、图像编辑、图像修饰、图像色彩色调的调整、文字的输入与编辑、图层、路径、通道、滤镜、动作与文件批处理、Web 图像与动画等知识。

  本书融合了编者多年的教学与设计经验，语言通俗易懂，讲解深入浅出，案例精彩，实战性强。读者不但可以全面地学习图像处理的基本概念和基本操作，还可以通过大量精美范例，拓展设计思路。

  本书由昆明冶金高等专科学校的钱民和唐克生担任主编，昆明冶金高等专科学校的容会和潘宏斌担任副主编，参加编写的还有昆明冶金高等专科学校的李季、黄建和陈文，以及云南师范大学商学院的陈春。其中钱民编写第 1 章和第 2 章，唐克生编写第 4 章和第 5 章，容会编写第 3 章和第 6 章，潘宏斌编写第 10 章和第 11 章，黄建编写第 7 章和第 8 章，李季编写第 9 章，陈春编写第 12 章，陈文编写第 13 章。

  本书免费提供课后习题答案、配套电子课件和素材文件，读者可到 www.pup6.cn 下载。

  由于编者水平有限，书中难免出现不足之处，敬请广大读者和同仁批评指正。

编　者

2012 年 6 月

目 录

第1章 图像处理基础知识与
中文版 Photoshop CS5

 **教学目标**

了解图像处理的基本知识，认识 Photoshop CS5 的工作界面，掌握文件操作、恢复操作、辅助工具、帮助系统的使用及 Photoshop CS5 首选项设置和图像显示比例操作。

 教学要求

知识要点	能力要求	相关知识	所占分值 (100 分)	自评 分数
图像处理基础	(1) 了解位图与矢量图的特点 (2) 理解像素和图像分辨率这两个概念 (3) 了解图像的颜色特性和颜色模式 (4) 了解图像文件格式		20	
Photoshop CS5 系统的使用	(1) 认识 Photoshop CS5 的工作界面 (2) 掌握文件操作、恢复操作和辅助工具 及帮助系统的使用	两个课堂案例：置入 矢量图、磨皮	60	
实训	掌握 Photoshop CS5 首选项设置和图像 显示比例操作		20	

 **学习重点**

像素和图像分辨率概念；文件操作、恢复操作、辅助工具、显示比例操作。

1.1 图像处理基础

1.1.1 图像的类型

图像文件一般可以分为两种类型：位图图像和矢量图形。

1. 矢量图

矢量图是以数学的矢量方式来记录图像内容的。矢量图中的图形元素称为对象，每个对象都是独立的，具有各自的属性。当用户编辑矢量图时，实际上是在修改直线或曲线对象的属性。

矢量图的特点是：矢量图和分辨率无关，可以将它缩放到任意大小，其清晰度不变，也不会出现锯齿状边缘。在不同分辨率的输出设备上显示或打印，都不会损失细节。另外，矢量图文件所占容量较少，但矢量图的缺点是不易制作色调丰富的图像。

矢量图适用于制作企业徽标、招贴广告、书籍插图、工程制图等。矢量图一般是直接在电脑上绘制而成的，可以制作或编辑矢量图的软件有 Adobe Illustrator、Macromedia Freehand、AutoDesk AutoCAD、CorelDRAW、Microsoft Visio 等。

2. 位图

位图也称为点阵图。位图使用带颜色的小点(即所谓的"像素")描述图像，创建图像的方式好像马赛克拼图一样,当用户编辑点阵图像时,修改的是像素而不是直线或曲线对象的属性。

位图的特点是：位图和分辨率有关。位图的优点是图像很精细(精细程度取决于图像分辨率)，且处理也较简单和方便。最大的缺点是：不能任意放大显示或印刷，否则会出现锯齿边缘和似马赛克的效果。

一般而言，通过扫描仪或数码相机得到的图片都是位图。能够处理这类图像的软件有 Photoshop、PhotoImpact、Windows 的"画图"程序等。

位图和矢量图的比较见表 1-1。

表 1-1 位图和矢量图的比较

类型	组成	优点	缺点	常用制作工具
位图	像素	只要有足够多的不同色彩的像素，就可以制作出色彩丰富的图像，逼真地表现自然界的景象	缩放和旋转容易失真，同时文件容量较大	Photoshop、MSPaint 等
矢量图	数学向量	文件容量较小，在进行放大、缩小或旋转等操作时图像不会失真	不易制作色彩变化太多的图像	Flash 、 CorelDraw、Illustrator 等

1.1.2 像素

像素(Pixel)是组成图像的基本单元，用户可以把每个像素都看做是一个极小的颜色方块。一幅位图图像通常由许多像素组成，它们全部以行与列的方式分布，当图像放大到足够大的倍数时，就可以很明显地看到图像是由一个个不同颜色的方块排列而成的(俗称马赛克效果)，每个颜色方块分别代表一个像素，其效果如图 1.1 所示。文件包含的像素越多，所存储的信息就越多，文件就越大，图像也就越清晰。

图 1.1　像素的概念

1.1.3　图像的主要参数

1. 图像分辨率(Resolution)

图像分辨率是指每英寸(1 英寸=2.54 厘米)图像中含有多少个像素,分辨率的单位为像素每英寸(Pixel/Inch), 简称 PPI(Pixel Per Inch)。每英寸的像素越多, 分辨率就越高。

一幅图像的总像素＝高度像素×宽度像素

例如, 一幅图像宽 500 像素, 高 500 像素, 那么这幅图像的总像素为 250 000(500×500), 如果图像分辨率为 100PPI, 那么文档的宽度为 5 英寸, 高度为 5 英寸, 文档面积为 25 平方英寸。如果把这幅图像的分辨率改为 200PPI, 会发现宽度像素变为 1 000, 高度像素也变为 1 000, 那么这幅图像的总像素就为 1 000 000(1 000×1 000), 但文档宽度和高度依然为 5 英寸。这就说明分辨率加大后, 图像的总像素也加大了, 但图像文档的宽度和高度是不变的。打印这两幅分辨率调整前后的图像, 发现这两幅图像是一样大的, 但分辨率为 200PPI 的图像比分辨率为 100PPI 的图像更清晰。

再例如, 两幅相同的图像, 分辨率分别为 72PPI 和 300PPI, 套印缩放比率为 200%, 比较发现, 分辨率为 72PPI 的图像在套印缩放比率为 200%时, 图像已经是模糊的, 而分辨率为 300PPI 的图像在套印缩放比率为 200%时, 图像还是清晰的。效果比较如图 1.2 所示。

(a) 72PPI　　　　(b) 300PPI

图 1.2　效果比较

一般来说, 图像的分辨率越高, 得到的印刷图像的质量就越好。分辨率的大小直接影响图像品质。对文档尺寸一定的一幅图, 分辨率越大, 则组成该图像的总像素越多, 图像就越清晰, 所产生的文件就越大, 处理速度也越慢, 但图像打印尺寸不变。对分辨率一定的一幅图, 文档尺寸(文档宽度和高度)越大, 则组成该图像的总像素越多, 所产生的文件就越大, 处理速度也越慢, 图像打印尺寸越大, 但图像清晰度相同。

提示：在 Photoshop 中，当分辨率加大后，图像变大了。这是 Photoshop 软件的设置，Photoshop
　　软件使每个像素在任何分辨率下的大小都是相同的。

在制作图像时，不同品质要求的图像应设置适当的分辨率，常用的图像分辨率参考标准
如下。

(1) 在 Photoshop 软件中，系统默认的显示分辨率为 72PPI。

(2) 发布于网络上的图像分辨率通常为 72PPI 或 96PPI。

(3) 报刊杂志的图像分辨率通常为 120PPI 或 150PPI。

(4) 彩版印刷的图像分辨率通常为 300PPI。

(5) 大型灯箱的图像分辨率一般不低于 30PPI。

(6) 一些特大的墙面广告等的图像分辨率有时可设定在 30PPI 以下。

2. 颜色的特性

1) 亮度(Brightness)

亮度就是图像的明暗度，调整亮度就是调整明暗度。亮度的范围是 0～255。图像亮度的
调整应该适中，过亮会使图像发白，过暗会使图像变黑。

2) 对比度(Contrast)

对比度是指不同颜色之间的差异。两种颜色之间的差异越大，对比度就越大；差异越小，
对比度就越小。图像对比度的调整也应该适中，对比度过强会使图像各颜色的反差加强，影响
图像细节部的表现；对比度过弱会使图像变暗，丢失亮度。

3) 色相(Hues)

色相(又称为色调)是指色彩的颜色，调整色相就是在多种颜色之间选择某种颜色。在通常
情况下，色相是由颜色名称标识的，如红、橙、黄、绿、青、蓝、紫就是具体的色相。

4) 饱和度(Saturation)

饱和度是指颜色的强度或纯度，调整饱和度就是调整图像色彩的深浅或鲜艳程度。饱和度
通常指彩色中白光含量的多少，对同一色调的彩色光，饱和度越深，颜色越纯。比如当红色加
进白光后，由于饱和度降低，红色被冲淡成粉红色。将一个彩色图像的饱和度调整为 0 时，图
像就会变成灰色。增加图像的饱和度会使图像的颜色加深。

3. 颜色模式(Color Pattern)

颜色模式是指计算机上显示或打印图像时定义颜色的不同方式。在不同的领域，人们采用
的颜色模式往往不同，比如计算机显示器采用 RGB 模式，打印机输出彩色图像时采用 CMYK
模式，从事艺术绘画时采用 HSB 模式，彩色电视系统采用 YUV/YIQ 模式。

(1) RGB 模式：用红(R)、绿(G)、蓝(B)三基色来描述颜色的方式称为 RGB 模式。对于真
彩色，R、G、B 三基色分别用 8 位二进制数来描述，共有 256 种。R、G、B 的取值范围为 0～
255，可以表示的彩色数目为 256×256×256=16 777 216 种颜色。在 8 位/通道的图像中，彩色
图像中的每个 RGB(红色、绿色、蓝色)分量的强度值为 0(黑色)～255(白色)。例如，亮红色使
用 R 值为 246、G 值为 20 和 B 值为 50。当所有这 3 个分量的值相等时，结果是中性灰度色；
当所有分量的值均为 255 时，结果是纯白色；当这些值都为 0 时，结果是纯黑色。RGB 模式
是计算机绘图中经常使用的模式。

(2) CMYK 模式：该模式是一种基于四色印刷的印刷模式，是相减混色模式。C 表示青色，M 表示品红色，Y 表示黄色，K 表示黑色。CMYK 模式主要用于彩色打印和彩色印刷。

(3) HSB 模式：该模式是利用颜色的三要素来表示颜色的，它与人眼观察颜色的方式最接近，是一种定义颜色的直观方式。其中，H 表示色调(也称色相，Hues)，S 表示饱和度(Saturation)，B 表示亮度(Brightness)。这种方式与绘画的习惯相一致，用来描述颜色比较自然。

(4) Lab 模式：该模式由 3 个通道组成，即亮度，用 L 表示；a 通道，包括的颜色从深绿色(低亮度值)到灰色(中亮度值)，再到亮粉红色(高亮度值)；b 通道，包括的颜色从亮蓝色(低亮度值)到灰色(中亮度值)，再到焦黄色(高亮度值)。L 的取值范围是 0～100，a 和 b 的取值范围是-120～120。这种模式可以产生明亮的颜色。Lab 模式可以表示的颜色最多，且与光线和设备无关，而且处理的速度与 RGB 模式一样快，是 CMYK 模式处理速度的数倍。

(5) 灰度模式：该模式只有灰度色(图像的亮度)，没有彩色。在灰度色图像中，每个像素都以 8 位或 16 位表示，取值范围为 0(黑色)～255(白色)。

1.1.4　常用图像文件格式

文件格式主要用于标识文件的类型。图像的文件格式指计算机中存储图像文件的方法，它们代表不同的图像信息(图像类型、色彩数和压缩程度等)，对于图像最终的应用领域起着决定性的作用。如基于 Web 应用的图像文件格式一般是*.JPG 格式和*.GIF 格式等，而基于桌面出版应用的文件格式一般是*.TIF 格式和*.EPS 格式等。在 Photoshop 中能支持 20 多种格式的图像文件，即 Photoshop 可以直接打开多种格式的图像文件并对其进行编辑、存储等操作。

1. Photoshop 文件格式(简称 PSD 格式)

PSD 格式是 Photoshop 软件特有的图像文件格式，它可将所编辑的图像文件中所有关于图层和通道的信息保存下来。用 PSD 格式保存图像，图像不压缩，所以当图层较多时，会占用较大的存储空间。

2. Photoshop EPS 文件格式

该格式是一种压缩的 PostScript(EPS)语言文件格式，可以同时包含矢量图形和位图图形，被几乎所有的图形、图表和页面排版程序所支持。它支持剪贴路径(在排版软件中可产生镂空或蒙板效果)，但不支持 Alpha 通道。EPS 格式用于在应用程序之间传递 PostScript 语言图片，当要将图像置入 CorelDRAW、Illustrator、PageMaker 等软件中时，可以先把图像存储成 EPS 格式。当打开包含矢量图形的 EPS 文件时，Photoshop 栅格化图像，并将矢量图形转换为像素。

3. TIFF 文件格式

标记图像文件格式 TIFF 是一种灵活的位图图像格式，被几乎所有的绘画、图像编辑和页面排版应用程序所支持，而且几乎所有桌面扫描仪都可以生成 TIFF 图像。TIFF 文档的最大文件大小可以达到 4GB。Photoshop CS 支持以 TIFF 格式存储的大型文档。TIFF 格式是一种无损压缩格式，可以支持 Alpha 通道信息、多种 Photoshop 的图像颜色模式、图层和剪贴路径。

4. BMP 文件格式

BMP 格式是美国微软的图像格式，是英文 Bitmap(位图)的简写，它是 Windows 操作系统中的标准图像文件格式。它的特点是包含的图像信息较丰富，几乎不进行压缩，但由此导致了它的缺点为占用磁盘空间过大，打开时需要较长时间。

5. GIF 文件格式

GIF 格式通常用于保存网页中需要高传输速率的图像文件，因为它比位图节省存储空间。该格式不支持 Alpha 通道，最大的缺点是只能处理 256 种色彩，不能用于存储真彩色图像文件，不过这种格式的图像可作为透明的背景，能够无缝地与网页背景融合到一起。

6. JPEG(JPG)文件格式

JPEG 格式是一种有损压缩格式，JPEG 格式的文件尺寸较小、下载速度快，是在 World Wide Web 及其他联机服务上常用的一种格式。JPEG 格式支持 CMYK、RGB 和灰度颜色模式，但不支持 Alpha 通道。与 GIF 格式不同，JPEG 保留 RGB 图像中的所有颜色信息，但通过有选择地扔掉数据来压缩文件大小。在大多数情况下，"最佳"品质选项产生的结果与原图像几乎无分别。

7. PNG 文件格式

PNG(Portable Network Graphics)是流式网络图形格式，它的特点是能把图像文件压缩到极限以利于网络传输，但又能保留所有与图像品质有关的信息，PNG 采用无损压缩方式来降低文件的大小，还支持透明图像的制作，缺点是不支持动画应用效果。Macromedia 公司的 Fireworks 软件的默认格式就是 PNG。

8. PSB 文件格式

大型文档格式 PSB 支持宽度或高度最大为 300 000 像素的文档。PSB 格式支持所有 Photoshop 功能(如图层、效果和滤镜等)。目前，如果以 PSB 格式存储文档，则只有在 Photoshop CS 中才能打开该文档，其他应用程序和旧版本的 Photoshop 无法打开以 PSB 格式存储的文档。

1.2　中文版 Photoshop CS5

1.2.1　中文版 Adobe Photoshop CS5 的工作环境

Adobe 公司于 2010 年 4 月发布的 Photoshop CS5 有标准版和扩展版两个版本。Photoshop CS5 标准版适合摄影师以及印刷设计人员使用，Photoshop CS5 扩展版除了包含标准版的功能外，还添加了用于创建和编辑 3D 和基于动画内容的突破性工具。

1. Photoshop CS5 系统要求

1) 硬件要求

(1) Intel Pentium 4 或 AMD Athlon 64 处理器。

(2) 1GB 内存。

(3) 1GB 可用硬盘空间用于安装；安装过程中需要额外的可用空间(无法安装在基于闪存的可移动存储设备上)。

(4) 1024×768 屏幕(推荐 1280×800)，配备符合条件的硬件加速 OpenGL 图形卡、16 位颜色和 256MB VRAM。

(5) 某些 GPU 加速功能需要 Shader Model 3.0 和 OpenGL 2.0 图形支持。

2) 软件要求

(1) 操作系统为 Microsoft Windows XP(带有 Service Pack 3)；Windows Vista Home Premium、Business、Ultimate 或 Enterprise(带有 Service Pack 1，推荐 Service Pack 2)；Windows 7。

(2) 多媒体功能需要 QuickTime 7.6.2 软件。

(3) 在线服务需要宽带 Internet 联接。

2. Photoshop CS5 工作界面

启动 Photoshop CS5，打开图像文件，即可出现如图 1.3 所示的工作界面。Photoshop CS5 的工作界面呈银灰色，按其功能可分为 6 个部分。

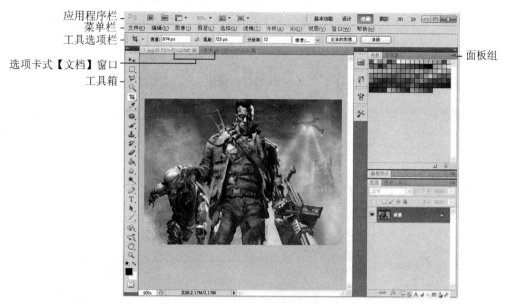

图 1.3　Photoshop CS5 工作界面

1) 应用程序栏

应用程序栏如图 1.4 所示，其中包括【启动 Bridge】按钮、【启动 Mini Bridge】按钮、【查看额外内容】按钮、【缩放级别】按钮、【排列文档】按钮、【屏幕模式】按钮和【选择工作区】按钮。

图 1.4　应用程序栏

单击【启动 Bridge】按钮 ![Br] 即可启动 Adobe Bridge 软件。Adobe Bridge 是 Photoshop CS5 的文件浏览器，是一个能够单独运行的应用程序。使用 Bridge 可以查看和管理所有的图像文件。

单击【启动 Mini Bridge】按钮 ![Mb]，即可启动迷你版的 Bridge。Mini Bridge 是 Photoshop CS5 中内置的，它可以满足最常用的功能并减小了资源占用率。

单击【查看额外内容】按钮 ![] 上的三角箭头，即可拉开列表，如图 1.5 所示，可选择显示参考线、显示网格和显示标尺。

图 1.5　查看额外内容

单击【缩放级别】按钮 ![100%] 上的三角箭头，即可拉开列表，可选择显示比例。

图 1.6　屏幕模式

单击【排列文档】按钮 ![] 上的三角箭头，即可拉开列表，可选择打开的多个文档的排列方式，其中"使所有内容在窗口中浮动"的排列方式常用到。

单击【屏幕模式】按钮 ![] 上的三角箭头，即可拉开列表，如图 1.6 所示，可选择 3 种屏幕模式中的一种。

在选择工作区部分，横列着 4 种工作模式，分别为【基本功能】、【设计】、【绘画】和【摄影】。选择不同的工作模式，打开面板的组合不同。

2）菜单栏

Photoshop CS5 菜单栏如图 1.7 所示，共有 11 组菜单，每组菜单多个菜单命令。

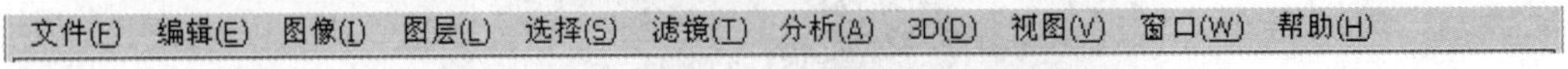

| 文件(F) 编辑(E) 图像(I) 图层(L) 选择(S) 滤镜(T) 分析(A) 3D(D) 视图(V) 窗口(W) 帮助(H) |

图 1.7　菜单栏

3）工具箱

工具箱汇集了 Photoshop CS5 的所有工具，如图 1.8 所示，用户可根据需要使用。

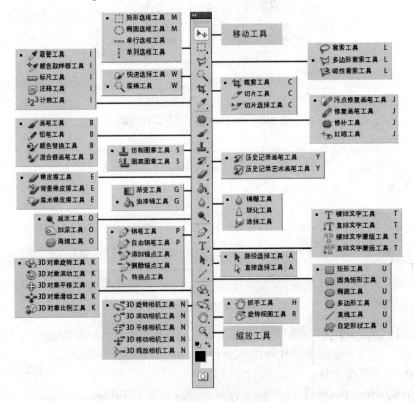

图 1.8　工具箱

将鼠标指针放到工具图标上稍等片刻，就可显示关于该工具名称及快捷键的提示，单击工具图标或按快捷键就可选择该工具。

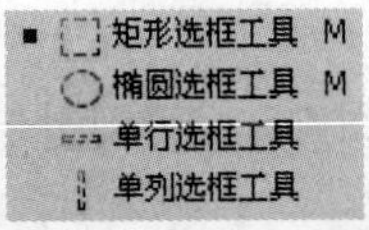

工具箱中部分工具按钮右下角有一个小三角形，表示该工具下还有其他隐藏工具，按住该工具按钮，就可弹出其下隐藏的工具按钮列表。例如，用左键按住【矩形选框工具】按钮 ![]，就可

图 1.9　工具箱中的隐藏工具

弹出其下隐藏的工具按钮列表，如图 1.9 所示。另外，按住 Alt 键，再单击工具图标，多次单击可在多个工具之间切换。

将鼠标放在工具箱标题栏上按住左键拖动，可以将工具箱拖到界面中任意位置。如果要显示或隐藏工具箱，可以按 Tab 键或执行【窗口】|【工具】命令。

工具箱可以显示为两列工具，也可以显示为一列工具，通过单击工具箱顶部的 按钮切换。

4）工具选项栏

工具选项栏也称为工具属性栏。在工具箱中选取不同的工具，则会在工具选项栏出现不同的选项。例如，选择【画笔】工具 ，出现画笔工具的选项栏，如图 1.10 所示。

图 1.10　工具选项栏

选项栏最左侧显示工具箱当前所选择工具的图标。在工具图标上右击，在弹出的快捷菜单中有两个命令：【复位工具】命令和【复位所有工具】命令。

(1)【复位工具】命令：将当前被选择的工具的选项恢复为默认状态。

(2)【复位所有工具】命令：将所有工具的选项恢复为默认状态。

通常情况下，要使用一种工具，必须先在工具箱中选中该工具，然后再在选项栏中设定该工具对应的参数，最后再使用该工具。工具箱中的工具通常都是与选项栏中的选项结合使用的，选项栏的内容会随工具箱中工具选择的不同而产生相应的变化。

默认情况下，选项栏位于菜单栏下方，如果要隐藏选项栏，可以执行【窗口】|【选项】命令。

5）面板组

Photoshop CS5 的面板共有 23 个。面板最大的优点是需要时可以打开，以进行图像处理操作，不需要时可以将其隐藏或折叠，把空间留给图像。利用面板可以对图层、通道、工具、色彩等进行设置和控制。可以利用【窗口】菜单命令进行面板的显示和隐藏。

按 Shift+Tab 键可以在保留显示工具箱的同时显示或隐藏所有面板。按 Tab 键可以显示或隐藏所有面板及工具箱。

单击面板组顶部的 按钮，可以折叠和展开面板组。

单击面板右上方的 按钮，可弹出面板菜单。

6）选项卡式【文档】窗口

Photoshop CS5 中打开的图像显示在【文档】窗口中。当打开多个图像文档时，多个【文档】窗口以选项卡式排列。按住选项卡头拖动可使【文档】窗口浮动。在图像【文档】窗口的底部是状态栏。状态栏显示该文档窗口中图像的相关信息，如显示比例、文档大小等。

按住选项卡头拖动可使【文档】窗口浮动。单击【文档】窗口选项卡上的 按钮可关闭该图像文档。

1.2.2　文件的基本操作

1. 创建新图像文件

要创建一个符合目标应用领域的新图像文件，其操作步骤如下。

(1) 执行【文件】|【新建】命令或按 Ctrl+N 组合键。

(2) 打开如图 1.11 所示的【新建】对话框。

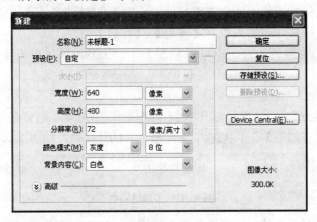

图 1.11 【新建】对话框

在【新建】对话框中设置以下各项参数。

① 【名称】：输入新文件的名称。不输入时，系统默认名为"未标题-1"。

② 【预设】：选择一个图像预设尺寸大小。如选择"照片"，则在【宽度】和【高度】列表框中将显示预设的尺寸值。

③ 【宽度】：设置新文件的宽度。

④ 【高度】：设置新文件的高度。

⑤ 【分辨率】：设置新文件的分辨率。

⑥ 【颜色模式】：设置新文件的颜色模式，可选择设置为"位图"、"灰度"、"RGB颜色"、"CMYK 颜色"或"Lab 颜色"。通常采用"RGB 颜色"，位深度为 8 位/通道。

⑦ 【背景内容】：设置新文件的背景层颜色，可以选择【白色】、【背景色】和【透明】3种方式，当选择【背景色】选项时，新文件的背景层颜色与工具箱中背景颜色框中的颜色相同。

提示： 输入前要确定单位。表示图像大小的单位有"像素"、"英寸"、"厘米"、"点"、"派卡"和"列"；表示分辨率的单位有"像素／英寸"和"像素／厘米"。

(3) 单击【确定】按钮，即新建了一个图像文件。

2. 打开和关闭图像文件

1) 打开文件

执行【文件】|【打开】命令或按 Ctrl+O 组合键，将弹出【打开】对话框，如图 1.12 所示。

在【打开】对话框中，指定要打开的文件所在的位置和文件名，单击【打开】按钮，即可打开所指定的图像文件，如图 1.13 所示。

提示： 在 Photoshop CS5 灰色区域双击，也会弹出【打开】对话框。在【打开】对话框中，可以选中多个文件，单击【打开】按钮，来一次性打开多个文件。按住 Ctrl 键单击可以选择不连续的多个文件，按住 Shift 键单击可以选择连续的多个文件。

2) 关闭／关闭全部文件

① 执行【文件】|【关闭】命令或按 Ctrl+W 组合键或按 Ctrl+F4 组合键，关闭当前文件。

② 执行【文件】|【关闭全部】命令或按 Ctrl+Alt+W 组合键，关闭当前打开的所有文件。

③ 单击【文档】窗口选项卡上的 ✕ 按钮，可关闭该图像文件。

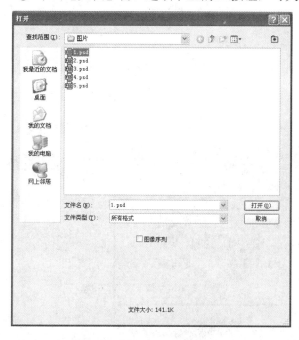

图 1.12 　【打开】对话框

图 1.13 　图像文件

3. 存储图像文件

存储文件的操作有存储、存储为、存储为 Web 格式和输出透明图像等；恢复图像文件是指将当前图像恢复到其最后一次存储时的状态。

1) 存储

当对图像第一次存储时，执行【文件】|【存储】命令或按 Ctrl +S 组合键，系统会弹出【存储为】对话框，如图 1.14 所示。在对话框中选择存储位置，输入文件名，选择格式，单击【保存】按钮即可。

当对已经存储过的图像文件进行了各种编辑操作后，执行【文件】|【存储】命令，系统不会弹出【存储为】对话框，而是直接保存当前文件，并覆盖掉原始文件。因此，在未确定要放弃原始文件之前，应慎用此命令。

2) 存储为

执行【文件】|【存储为】命令或按 Ctrl+Shift+S 组合键，将打开如图 1.14 所示的【存储为】对话框，其主要功能是将当前文件以新的文件名或以某种特定的格式保存，同时不影响当前文件。

选择存储位置，输入文件名，选择格式，单击【保存】按钮即可。

提示： 如果要保持一个没有背景层的图像的透明区域，建议存储为 PNG 格式。

3) 存储为 Web 和设备所用格式

执行【文件】|【存储为 Web 和设备所用格式】命令或铵 Ctrl+Alt+Shift+S 组合键，将打开如图 1.15 所示的【存储为 Web 和设备所用格式】对话框，可以直接将当前文件保存成 HTML 格式的网页文件。

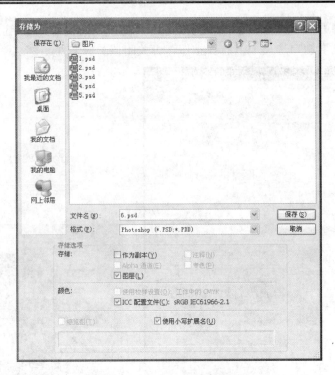

图 1.14 【存储为】对话框

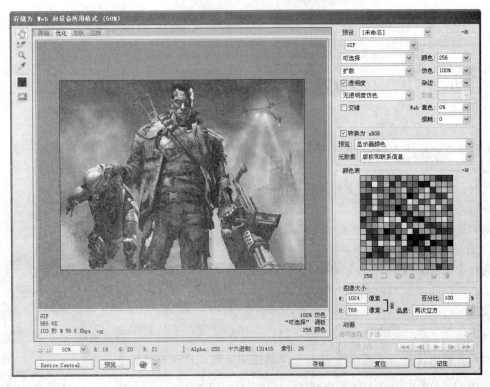

图 1.15 【存储为 Web 和设备所用格式】对话框

提示：如果要保持一个没有背景层的图像的透明区域，也可以用【存储为 Web 和设备所用格式】命令，把文件存储为 GIF 格式。

4. 浏览图像文件

执行【文件】|【在 Mini Bridge 中浏览】命令或单击应用程序栏上的【启动 Mini Bridge】按钮  ，打开 Mini Bridge 面板，如图 1.16 所示。在 Mini Bridge 面板中单击【转到副文件夹、近期项目或收藏夹】按钮 ，在弹出的菜单中选择图像的路径，则可浏览图像。

图 1.16　Mini Bridge 面板

提示：在 Mini Bridge 面板中，双击图像的缩略图或将缩略图拖动到 Photoshop CS5 的【文档】窗口处，即可在 Photoshop CS5 中打开该图像。

5. 置入图像文件

Photoshop CS5 是一个位图软件，但它也支持矢量图的置入，可以将矢量图软件制作的图形文件(如 AI、EPS 等格式文件)置入到 Photoshop 中，其操作步骤如下。

(1) 在 Photoshop CS5 中打开或创建一个要置入矢量图的图像文件。

(2) 执行【文件】|【置入】命令，弹出【置入】对话框，选择要置入的矢量图形文件，单击【置入】按钮，矢量图形就被置入到 Photoshop 的图像文件中，同时在【图层】面板中会增加一个新图层。

(3) 拖动控制点，使置入的图像大小合适后，单击工具选项栏中的 按钮或按 Enter 键，以将置入图片提交给新图层。若单击工具选项栏中的 按钮或按 Esc 键可以取消置入。

提示：(1) 可以将文件从文件夹中直接拖动到打开的 Photoshop 图像中来实现置入，也可以在(Bridge) 选择文件，并执行【文件】|【置入】|【在 Photoshop 中】命令。

(2) 如果置入的是 PDF 或 Illustrator (AI)文件，将显示【置入 PDF】对话框。选择要置入的页面或图像，设置裁剪到【裁剪框】，然后单击【确定】按钮。

(3) 置入的图像是以智能对象的形式存在的，可以对智能对象进行缩放、定位、斜切、旋转或变形操作，而不会降低图像的质量。

(4) 双击图层面板中的智能对象，会启动计算机上的矢量图处理软件(如 Illustrator)，在矢量处理软件中修改矢量图形后保存，Photoshop 中的智能对象也会同步更新。

(5) 在智能对象图层上右击，执行【栅格化】命令，即可将智能对象转换为普通图层，矢量对象也就变成位图了。【拼合图层】命令也将使矢量对象变成位图。

1.2.3 课堂案例 1——置入

【学习目标】学习文件的新建、打开、保存关闭以及矢量图像的置入。

【知识要点】几个菜单命令的使用。【文件】菜单下的【新建】命令、【置入】命令、【打开】命令、【存储】命令、【关闭全部】命令；【编辑】菜单下的【拷贝】命令、【粘贴】命令、【自由变换】命令。本案例完成效果如图 1.17 所示。

【效果所在位置】Ch01\课堂案例\效果\画框里的狮子.psd。

图 1.17　置入效果图

操作步骤如下。

(1) 新建文件。执行【文件】|【新建】命令，弹出如图 1.18 所示的【新建】对话框，在该对话框中设置宽度为 400 像素，高度为 300 像素，分辨率为 72 像素/英寸，单击【确定】按钮。此时，就新建了一个名为"未标题-1"的图像文件。

(2) 置入矢量图。执行【文件】|【置入】命令，弹出如图 1.19 所示的【置入】对话框，选择文件夹"Ch01\课堂案例\素材\置入\木纹边框矢量素材.eps"，单击【置入】按钮，木纹边框矢量图形就被置入到"未标题-1"文件中了，在【图层】面板中会增加一个新图层。拖动控制点，使置入的矢量图大小合适后，单击工具选项栏中的 ✔ 按钮或按 Enter 键，以将置入图片提交给新图层，图层名为"木纹边框矢量素材"。

(3) 打开素材文件。执行【文件】|【打开】命令，弹出如图 1.20 所示的【打开】对话框，选择文件夹"Ch01\课堂案例\素材\置入\狮子.jpg"，单击【打开】按钮。此时，就打开了一个名为"狮子.jpg"的图像文件。

(4) 复制素材到新文件中。执行【选择】|【全部】命令或按 Ctrl+A 组合键，可看到"狮子.jpg"文件中图像周围出现了流动的虚线框，说明整个图像被选中了。执行【编辑】|【拷贝】命令，再单击"未标题-1"文件的选项卡，使其成为当前文件，然后执行【编辑】|【粘贴】命令或按 Ctrl+V 键，可看到素材就进入到"未标题-1"文件中了。此时，图层面板中增加了一个名为"图层 1"的新图层，如图 1.21 所示。

(5) 调整素材大小和位置。执行【编辑】|【自由变换】命令或按 Ctrl+T 键，"图层 1"上的图像周围出现控制点，拖动控制点调整图像到合适大小，单击工具选项栏中的 ✔ 按钮，即确认变换操作。

(6) 保存文件。执行【文件】|【存储】命令，弹出【存储为】对话框，选择文件存储的位置和类型，输入文件名"画框里的狮子"，单击【保存】按钮。此时，新图像制作完成。

(7) 关闭文件。执行【文件】|【关闭全部】命令。

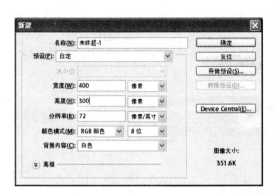

图 1.18　【新建】对话框

图 1.19　【置入】对话框

图 1.20　【打开】对话框

图 1.21　【图层】面板

1.2.4　恢复操作

在绘制和编辑图像的过程中，用户经常会错误地执行某一个步骤或制作一系列效果后感到不满意。当希望恢复到前一步或原来的图像效果时，就需要用到恢复操作。

1. 恢复到上一步

当执行了一个错误的步骤后，执行【编辑】|【还原】命令或按 Ctrl+Z 组合键，就可以撤销刚才的错误操作，恢复到图像的上一步。同时【编辑】|【还原】命令变为【编辑】|【重做】命令。

2. 中断操作

当 Photoshop CS5 正在进行图像处理时，可以按 Esc 键，中断正在进行的操作。例如，正在使用【磁性套索】工具创建选区，还未完成，发现已经创建的部分不够满意，则可以按 Esc 键结束【磁性套索】工具的使用。

3. 使用【历史记录】面板恢复操作

执行【窗口】|【历史记录】命令或单击面板组上的 按钮，即可打开【历史记录】面板，如图 1.22 所示。

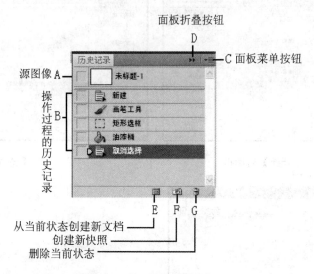

图 1.22　【历史记录】面板

默认情况下，面板顶部会显示文档初始状态的快照。对图像的操作步骤会记录在列表中，最新的步骤在列表的底部。每个步骤都会列出所使用的工具或命令。当单击列表中选择某个步骤时，其下面的各个步骤将呈灰色。这样，很容易就能看出从选定的状态继续工作，将放弃哪些更改。删除一个步骤将删除该步骤及其后面的步骤。

使用【历史记录】面板可以将进行了多步操作后的图像恢复到操作过的任意一步状态。【历史记录】面板会记录最近发生的 20 步操作。如果内存足够大，可以执行【编辑】|【首选项】|【性能】命令，弹出【首选项】对话框(图 1.23)，在对话框中加大【历史记录状态】的值，单击【确定】按钮，可使【历史记录】面板能记录更多的操作步骤。

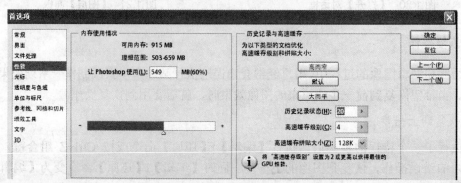

图 1.23　【首选项】对话框

单击【创建新快照】按钮 ，可以将当前的图像保存为新的快照，当历史记录被清除后，可用新快照对图像进行恢复。

单击【从当前状态创建新文档】按钮 ，可以为当前状态的图像或快照复制一个新的图像文件。

单击【删除当前状态】按钮 ，可以对记录列表中当前选中的步骤或快照进行删除。

4. 使用历史记录画笔进行恢复

在图像窗口中绘制多个自定义形状图形，如图 1.24 所示，如果这些形状是绘制在图像所在的同一图层，那么实际上自定义形状图形已经覆盖了图像上的对应部分区域。如果要恢复被覆盖的图像，可以按如下操作进行。

(1) 在【历史记录】面板中要恢复的步骤状态前的方框中单击，出现【历史记录画笔】 ，如图 1.25 所示。

(2) 在工具箱中选择【历史记录画笔】工具 ，在图像中想要恢复的部分拖动鼠标，擦除形状，擦过的地方就恢复到覆盖前的图像，如图 1.26 所示。此时，【历史记录】面板如图 1.27 所示。

图 1.24　绘制多个形状后

图 1.25　【历史记录】面板

图 1.26　恢复部分历史记录

图 1.27　【历史记录】面板

1.2.5　课堂案例 2——磨皮

【学习目标】学习【历史记录画笔】和【历史记录】面板的使用。

【知识要点】使用高斯模糊滤镜对原本清晰的图像进行模糊，再使用【历史记录画笔】和【历史记录】面板对五官和头发部分进行恢复操作，最终使脸部皮肤看上去是光滑的。这种处理方法俗称为磨皮。本案例完成效果如图 1.28 所示。

【效果所在位置】Ch01\课堂案例\效果\面部特写_磨皮效果.jpg。

图 1.28　磨皮效果图

操作步骤如下。

(1) 打开待处理的图像文件。执行【文件】|【打开】命令，弹出【打开】对话框，如图 1.29 所示，选择文件夹 "Ch01\课堂案例\素材\磨皮\面部特写.jpg"，单击【打开】按钮。此时，就打开了一个名为 "面部特写.jpg" 的图像文件。观察图像中人物面部皮肤，会发现毛孔较为明显。

(2) 执行【滤镜】|【模糊】|【高斯模糊】命令，弹出【高斯模糊】对话框，如图 1.30 所示，设置半径为 5，单击【确定】按钮。此时图像变得模糊，毛孔也就看不出来了。

图 1.29　【打开】对话框

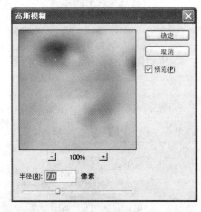

图 1.30　【高斯模糊】对话框

图 1.31　【历史记录】面板

(3) 局部恢复。打开【历史记录】面板，单击列表中名称为【打开】的记录前的方框，方框中出现【历史记录画笔】，如图 1.31 所示。选择工具箱中的【历史记录画笔】工具，在工具选项栏中设置笔头为柔边圆，半径 70，硬度 0%，不透明度 100%。用鼠标在图像中眉毛、眼睛、嘴唇、牙齿、鼻孔和头发的部分拖动。然后调整历史记录画笔不透明度为 20%，在鼻翼两侧的部分拖动鼠标。看到拖过的地方变得清晰起来，即图像局部恢复到【高斯模糊】操作前的样子。

(4) 保存。执行【文件】|【存储为】命令，弹出【存储为】对话框，选择文件存储的位置和类型，输入文件名"面部特写_磨皮效果"，单击【保存】按钮。此时，图像处理完成。

(5) 关闭文件。执行【文件】|【关闭】命令或单击图像窗口的打叉按钮。

提示：在使用【历史记录画笔】时，可以按左中括号键缩小笔头直径，按右中括号键加大笔头直径。

1.2.6　辅助工具的运用

在使用 Photoshop CS5 处理图像时，经常需要使用标尺、参考线、网格线等辅助工具。标尺、参考线和网格线主要用于定位图像的位置。

1. 标尺

标尺是用来显示鼠标当前所在位置的坐标和图像尺寸的。使用标尺可以更准确地对齐图像对象和选定的范围。

执行【视图】|【标尺】命令或按 Ctrl+R 组合键或执行应用程序栏上的【查看额外内容】|【显示标尺】命令，可以显示或隐藏标尺。如果显示标尺，标尺会出现在现用窗口的顶部和左侧，如图 1.32 所示。当在窗口中移动鼠标时，在水平标尺和垂直标尺上会出现一条虚线，该虚线标出鼠标当前所在位置坐标，移动鼠标，该虚线位置也会随之移动。

默认设置下，标尺的原点在窗口左上角，其坐标为(0，0)。为方便处理图像，可以重新设定标尺原点位置。将鼠标指向标尺左上角方格内，按住鼠标左键并拖动，在要设定原点的位置放开鼠标即可，图像将从新原点开始度量，如图 1.33 所示。

图 1.32　标尺

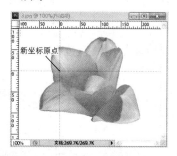

图 1.33　重新设定标尺坐标原点

在标尺左上角方格内双击，即可还原标尺的原点位置。

默认情况下，标尺的单位是"像素"，若要使用其他单位，可在标尺上右击，在弹出的快捷菜单上单击所需的度量单位，如图 1.34 所示。

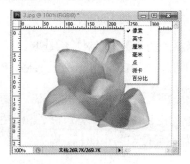

图 1.34　标尺单位

2. 参考线

参考线是用于对齐图像的。在图像窗口中显示标尺后，将鼠标指针置于水平标尺上，按住鼠标左键并向下拖动，即可产生水平参考线；将鼠标指针置于垂直标尺上，按住鼠标左键并向右拖动，即可产生垂直参考线，如图 1.35 所示。

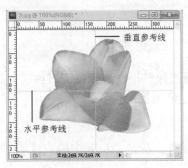

图 1.35　参考线

单击工具箱中的【移动】工具▶⊕，移动鼠标靠近参考线，鼠标变为�+或⊷，按住鼠标拖动可以改变参考线的位置。若按住鼠标拖动参考线到标尺上，则可删除参考线。若要清除当前画布中的所有参考线，可执行【视图】|【清除参考线】命令。

执行【视图】|【锁定参考线】命令或按 Ctrl+Alt 组合键，可锁定当前画布中的参考线。

执行【视图】|【显示】|【参考线】命令或执行应用程序栏上的【查看额外内容】|【显示参考线】命令或按 Ctrl+；键，可显示或隐藏参考线。

3. 网格

网格的主要用途是精确定位图像。执行【视图】|【显示】|【网格】命令或按 Ctrl+'组合键，可以显示或隐藏网格，如图 1.36 所示。标尺原点就是网格的原点。

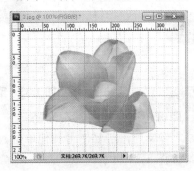

图 1.36　网格

显示网格后，就可以沿着网格线的位置进行对象的选取、移动和对齐等操作。执行【视图】|【对齐到】|【网格】命令，可以在移动对象时自动贴近网格，或在选取区域时自动定位。

4. 注释

将注释附加到 Photoshop 中的图像上，对于将审阅评语、生产说明或其他信息与图像关联十分有用。注释在图像上显示为不可打印的小图标。若要在图像文件中留下文字注释信息，可使用【注释】工具。

打开要注释的图像，单击工具箱中的【注释】工具 ，在图像窗口中单击，在图像中单击的位置会出现一个黄色的注释图标，同时 Photoshop 会展开【注释】面板，即可在【注释】面板的文本编辑区域输入文字注释，如图 1.37、图 1.38 所示。

图 1.37　添加注释的图像

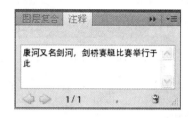

图 1.38　【注释】面板

【注释】工具选项栏如图 1.39 所示，在该选项栏中，可根据需要输入作者和指定注释图标的颜色。

图 1.39　【注释】工具选项栏

要显示或隐藏注释，执行【视图】|【显示】|【注释】命令。隐藏注释后，就看不到图像上的注释图标了。

在注释图标上右击，会弹出快捷菜单，如图 1.40 所示，执行【打开注释】命令或双击注释图标，【注释】面板会展开，可在【注释】面板的文本编辑区域输入或修改注释内容。

在注释图标上右击，在快捷菜单中执行【删除注释】命令或选中注释图标后按 Delete 键即可删除该注释。要删除所有注释，则在快捷菜单中执行【删除所有注释】命令或单击选项栏中的【清除全部】按钮即可。

图 1.40　【注释】图标的快捷菜单

提示：添加了注释的图像应当保存为 PSD 格式。若保存为 JPG 或其他格式，则注释信息就会丢失。

1.2.7　获取 Photoshop CS5 的帮助信息

学习使用一个软件，一定要学会使用软件的帮助文件和 Internet 上相关网站提供的信息。通过帮助信息，可以了解工具的使用和选项的设置等。

执行【帮助】|【Photoshop 帮助】命令或按 F1 键，打开如图 1.41 所示的 Photoshop CS5

帮助系统，可以获得有关 Photoshop CS5 的绝大部分帮助信息。

执行【帮助】|【Photoshop 联机】命令，打开查阅 Adobe 公司网站中关于 Photoshop CS5 的相关帮助信息，如图 1.42 所示。

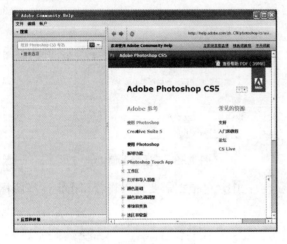 

图 1.41　Photoshop 帮助窗口　　　　　图 1.42　Adobe 网站的帮助信息

1.3　本　章　小　结

本章介绍了图像处理的基础知识和中文版 Photoshop CS5 的使用。通过本章的学习，可以了解图像的类型、主要参数、文件格式，认识中文版 Photoshop CS5 的工作界面，掌握 Photoshop CS5 中文件操作、恢复操作、辅助工具的使用和帮助系统的使用。本章通过两个课堂案例的讲解对基本知识和基本技能进行了更加具体的学习，为以后的学习奠定坚实基础。

1.4　上　机　实　训

【实训目的】学习设置 Photoshop CS5 首选项和图像显示比例。
【实训内容】
　　(1) 首选项设置。
　　(2) 图像显示比例操作。
【实训过程提示】

1. 设置首选项

通过首选项的设置使 Photoshop CS5 软件的工作环境适合自己电脑的硬件情况，也更符合个人的使用习惯。

执行【编辑】|【首选项】命令或按 Ctrl+K 组合键，弹出【首选项】对话框。

1) 设置性能

选择【性能】选项，勾选暂存盘为除了 C 盘以外较大的盘；历史记录和缓存默认值是 20 和 4，通常保持默认即可，历史记录数值越大越消耗内存，如图 1.43 所示。

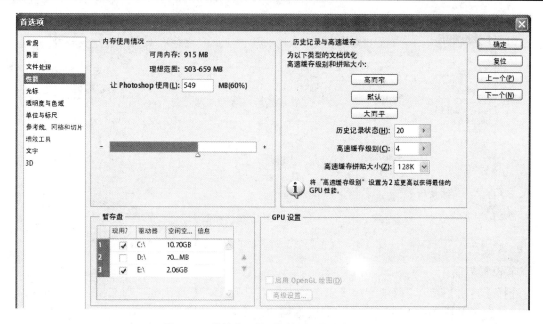

图 1.43　【首选项】对话框的【性能】设置

2) 设置增效工具

取消 CS live，为 Photoshop CS5 提速。

选择【增效工具】选项，取消选中【在应用程序栏显示 CS live 选项】复选框，如图 1.44 所示。CS live 都是英文的，去掉以后，软件速度会快一些。

图 1.44　【首选项】对话框的【增效工具】设置

3) 设置常规项

选择【常规】选项，取消选中【带动画效果的缩放】和【轻击平移】两个复选框，对于没有 OpenGL 硬件加速功能的电脑，用这个很吃力，特别是做大图的时候。对电脑配置较好的用户，可以保留。注意：这两项都是在选中了【性能】选项中的"启用 OPEN GL 绘图"复选框的前提下才有用。

选中【用滚轮缩放】复选框，如图 1.45 所示。这样在放大或缩小显示图像时，就可以使用鼠标的滚轮操作了。

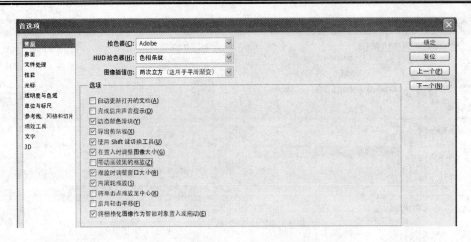

图 1.45　【首选项】对话框的【常规】设置

4) 设置界面

选择【界面】选项，取消选中【以选项卡方式打开文档】复选框，则文档会以层叠窗口方式打开。这可能比较符合 Photoshop 老版本用户的习惯，如图 1.46 所示。

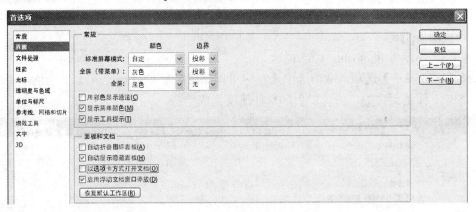

图 1.46　【首选项】对话框的【界面】设置

5) 设置光标

选择【光标】选项，选中【正常画笔笔尖】单选按钮，并勾选【在画笔笔尖显示十字线】复选框，绘图的时候就可以比较精确，如图 1.47 所示。

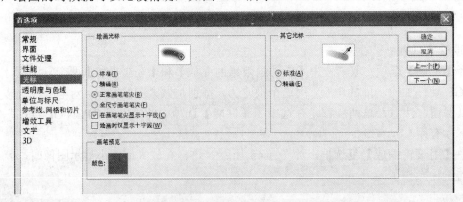

图 1.47　【首选项】对话框的【光标】设置

2. 图像显示比例

绘制或编辑图像的时候，常需要放大或缩小图像来观察图像，也就是要调整图像的显示比例。

方法一：单击【缩放】工具🔍，然后单击选项栏中的【放大】按钮🔍或【缩小】按钮🔍。接下来，单击要放大或缩小的区域。另外，单击【缩放】工具🔍，在要放大的图像部分拖动出一个矩形框，即可放大这个矩形区域，如图 1.48 所示。

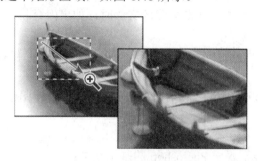

图 1.48 放大特定区域

提示：(1) 按 Alt 键可快速切换到缩小模式。

(2) 达到最大的图像放大级别或最小的图像缩小级别时，【放大】或【缩小】命令将不再可用。

(3) 在工具箱中的【放大镜】工具🔍上双击，使图像以 100%比例显示；在工具箱中的【抓手】工具✋上双击，使图像以最佳显示比例显示。

方法二：在【文档】窗口左下角或【导航器】面板中设置缩放级别。

打开【导航器】面板，移动滑标向右，图像被放大；移动滑标向左，图像被缩小；单击【放大/缩小】图标或在比例框中直接输入所需比例后按 Enter 键，可以放大 / 缩小图像。当显示比例大于窗口最佳显示比例时，可以移动【导航器】面板预览窗口中的红色线框来详细观察部分图像，如图 1.49 所示。显示比例范围为 0.6%～3 200%。

图 1.49 【导航器】面板

1.5 习题与上机操作

1. 判断题

(1) 分辨率是指在单位长度内所含有的点(即像素)的多少。 (   )

(2) Photoshop CS5 能够生成矢量图形。 (   )

(3) 当在 Photoshop CS5 中打开多个图像文件时，如果内容和磁盘空间太小，将有可能无法打开多个图像文件。 (   )

(4) 将图像保存为 PSD 格式可以保留图层、通道等内容，而保存为其他格式，如 JPG 格式则无法保留图层等内容。 (   )

(5) 在 Photoshop CS5 中允许一个图像的显示比例范围为 0.10%～1 600.00%。 (   )

2. 单选题

(1) 下面的(   )功能不属于 Photoshop 的基本功能。
　　A．处理图像尺寸和分辨率　　　　　B．绘画功能
　　C．色调和色彩功能　　　　　　　　D．文字处理和排版

(2) 要在工具箱中选取工具按钮，下面操作说法错误的是 (   )。
　　A．按 Alt 键，再单击工具图标，多次单击可在多个工具之间切换
　　B．双击，在打开的菜单中选择工具即可
　　C．单击后按住不放，打开一个菜单，选择工具即可
　　D．将鼠标移到含有多个工具的图标上，右击弹出一个快捷菜单，移动鼠标即可选取工具

(3) Photoshop 默认的图像文件格式的后缀为(   )。
　　A．PSD　　　　　　B．BMP　　　　　C．PDF　　　　　D．TIF

(4) 下面的快捷键中，(   )不是用于保存图像的。
　　A．Ctrl+S 键　　　　　　　　　　　B．Ctrl+Shift+S 键
　　C．Shift+S 键　　　　　　　　　　　D．Ctrl+Alt+Shift+S 键

(5) 要隐藏面板和工具箱可以按(   )键，要隐藏面板但不隐藏工具箱可以按(   )键。
　　A．Ctrl+Tab　　　　B．Tab　　　　　C．Shift+Tab　　　D．以上都不对

(6) 下面关闭图像文件的操作，(   )是错误的。
　　A．按 Ctrl+W 键　　　　　　　　　　B．按 Ctrl+F4 键
　　C．执行【文件】|【关闭】命令　　　　D．单击窗口标题栏左侧的图标

(7) 若需将当前图像的视图比例显示为 100%，可以(   )。
　　A．双击工具箱中的【缩放】工具　　　B．执行【图像】|【画布大小】命令
　　C．双击工具箱中的【抓手】工具　　　D．执行【图像】|【图像大小】命令

3. 多选题

(1) 以下描述正确的选项有(   )。
　　A．位图放大到一定的倍数后将出现马赛克效果
　　B．矢量图不管放大多少倍都不会失真

　　C．RGB 模式与 CMKY 模式包含的颜色数量基本相等

　　D．参考线与网格主要用于定位图像对象的位置

(2) 可以在 Photoshop CS5 中直接打开并编辑的文件格式有(　　)。

　　A．JPG　　　　　　　B．GIF　　　　　　C．EPS　　　　　　D．DOC

(3) 在 Photoshop CS5 中打印图像文件之前，一般需要(　　)。

　　A．对图像文件进行【页面设置】操作

　　B．对图像文件进行【裁切】操作

　　C．对图像文件进行【打印预览】操作

　　D．对图像文件进行【修整】操作

4．操作题

　　打开文件"Ch01\习题\素材\T 恤.jpg"，置入"Ch01\习题\素材\苹果.ai"，最后将其保存为"苹果图案 T 恤.jpg"，效果如图 1.50 所示。

图 1.50　T 恤效果图

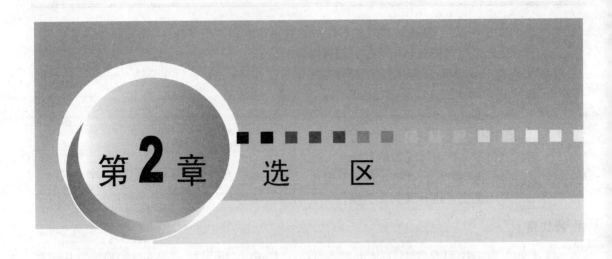

第**2**章 选 区

教学目标

掌握选区的基本操作，能够熟练地创建、编辑、存储和载入选区。

教学要求

知识要点	能力要求	相关知识	所占分值 (100 分)	自评 分数
创建选区	(1) 能熟练使用选框工具、套索工具、快速选择工具和魔棒工具创建选区 (2) 能使用选择菜单创建选区，了解羽化和容差的概念	一个课堂案例： 制作台历	40	
编辑选区	(1) 能熟练地进行选区的移动、增减、修改操作 (2) 能熟练地进行选区的变换操作	一个课堂案例： 制作圣诞贺卡	40	
存储和载入 选区	能熟练地进行选区的存储和载入		10	
实训	练习在标尺和参考线的辅助下创建和编辑选区		10	

学习重点

选框工具、套索工具、快速选择工具和魔棒工具；全选、反选和取消选择命令；选区的移动、增减和变换操作。

2.1 创建选区

要想对图像进行编辑，首先要选中待编辑的图像。采用合适的工具创建选区，是快捷而精确地选择图像的关键。

2.1.1 使用【选框】工具创建选区

Photoshop CS5 中选框工具有 4 个，包括矩形选框工具、椭圆选框工具、单行选框工具和单列选框工具，如图 2.1 所示。用选框工具可以绘制规则的选区，选取规则的图像。

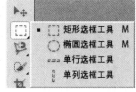

(1)【矩形选框工具】：建立一个矩形选区(配合使用 Shift 键可建立方形选区)。

(2)【椭圆选框工具】：建立一个椭圆形选区(配合使用 Shift 键可建立圆形选区)。

图 2.1 【选框】工具组

单行 或单列 选框：将边框定义为高度或宽度为 1 个像素的行或列。

1. 矩形选框工具

1) 创建矩形选区

在工具箱中单击矩形选框 工具，在要选取图像左上角的位置按下左键拖动至要选取图像的右下角，松开鼠标，矩形区域绘制完成。若按住 Alt 键，则要在选取图像中心的位置按下鼠标拖动至要选取图像的右下角，松开鼠标。

图 2.2 创建矩形选区

2) 创建带羽化效果的矩形选区

在工具箱中单击矩形选框 工具后，在选项栏的【羽化】文本框中输入数值(图 2.3)，再绘制矩形选区。若在绘制好的羽化不为 0 的矩形选区中填充颜色，会看到边缘渐变晕开的柔和效果，如图 2.4 所示。羽化的取值范围在 0~250 像素之间。

图 2.3 【矩形选框工具】选项栏

(a) 羽化＝0 像素 (b) 羽化＝5 像素 (c) 羽化＝10 像素

图 2.4　不同羽化设定下的填充效果

提示：填充颜色可以使用油漆桶工具。先设置好前景色，在工具箱中选择油漆桶工具 🪣，单击选区内部，即可把前景色填充到选区中。

3) 创建固定比例的矩形选区

在工具箱中单击矩形选框 [] 工具后，执行【选项栏】|【样式】|【固定比例】命令，在【宽度】和【高度】中输入数值(图 2.5)，在图像中按下左键拖动绘制矩形选区。这个选区就是一个宽度和高度满足一定比例的矩形。单击【高度和宽度互换】按钮 ⇄，可以快速地将选项栏中的宽度和高度值互换。绘制固定比例的选区和互换宽高比后绘制的选区效果如图 2.6 所示。

图 2.5　【矩形选框工具】的选项栏

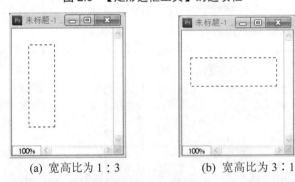

(a) 宽高比为 1 : 3　　　　　(b) 宽高比为 3 : 1

图 2.6　创建固定比例的矩形

4) 创建固定大小的矩形选区

在工具箱中单击矩形选框 [] 工具后，执行【选项栏】|【样式】|【固定大小】命令，在【宽度】和【高度】中输入数值(图 2.7)，在图像中单击左键创建矩形选区。这个选区就是一个宽度和高度满足固定值的矩形。单击【高度和宽度互换】按钮 ⇄，可以快速地将选项栏中的宽度和高度值互换。绘制固定大小的选区和互换宽高比后绘制的选区效果如图 2.8 所示。

图 2.7　【矩形选框工具】选项栏

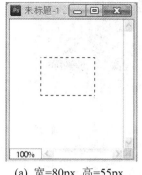
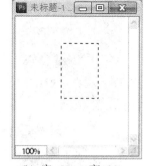

(a) 宽=80px 高=55px　　　　(b) 宽=55px 高=80px

图 2.8　创建固定大小的矩形

2. 椭圆选框工具

在工具箱中单击椭圆选框 ○ 工具后，在图像中适当位置按下左键拖动，绘制出需要的椭圆选区，松开鼠标，椭圆选区创建完成。

在工具箱中单击椭圆选框 ○ 工具后，按住 Alt 键，在图像中适当位置按下左键拖动，可以绘制出以鼠标落点为中心的椭圆，如图 2.9(a)所示。

在工具箱中单击椭圆选框 ○ 工具后，按住 Shift 键，在图像中适当位置按下左键拖动，可以绘制出正圆，如图 2.9(b)所示。

在工具箱中单击椭圆选框 ○ 工具后，按住 Shift+Alt 组合键，在图像中适当位置按下左键拖动，可以绘制出以鼠标落点为中心的正圆，如图 2.9(c)所示。

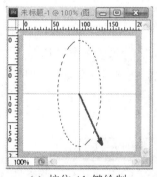
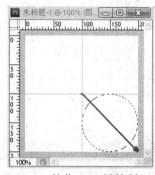
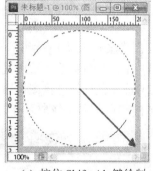

(a) 按住 Alt 键绘制　　　　(b) 按住 Shift 键绘制　　　　(c) 按住 Shift+Alt 键绘制

图 2.9　创建椭圆和正圆选区

提示：【椭圆选框工具】属性栏的其他选项和【矩形选框工具】属性栏相同，请参见矩形选框工具的设置。

3. 单行选框工具和单列选框工具

工具用于创建水平方向 1 个像素的选择区域，工具用于创建垂直方向 1 个像素的选择区域。在工具箱中选中单行或单列选框工具后，在图像中需要的位置单击，即可完成单行选区或单列选区的创建，如图 2.10、图 2.11 所示。

图 2.10　创建单行选区　　　　图 2.11　创建单列选区

2.1.2　使用【套索工具】创建选区

Photoshop CS5 中选框工具有 3 个，包括【套索工具】、【多边形套索工具】和【磁性套索工具】，如图 2.12 所示。用套索工具可以绘制不规则的选区，选取不规则的图像。下面，将具体介绍套索工具的使用方法和操作技巧。

图 2.12　【套索工具】组

1．套索工具

使用【套索工具】可以选取精确度要求不高的不规则形状的曲线区域，其方法如下。

(1) 在工具箱中单击选中【套索工具】，在选项栏中设置羽化值，如图 2.13 所示。

(2) 移动鼠标指针到图像窗口中，然后按下左键拖动选取需要选定的范围，当鼠标指针回到选取的起点位置时释放鼠标，如图 2.14 所示。

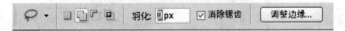

图 2.13　使用【套索工具】选项栏

图 2.14　创建不规则曲线区域

提示：在使用【套索工具】创建选区时，按下左键拖动选取需要选定的范围，若鼠标指针未回到选取的起点位置时就松开鼠标，选区会自动闭合。

2. 多边形套索工具

使用【多边形套索工具】💭可以选择不规则形状的多边形区域。该工具的操作方法与 💭 工具有所不同，其方法如下。

(1) 在工具箱中单击选中 💭 工具，在选项栏中设置羽化值。

(2) 将鼠标指针移到图像窗口中单击以确定开始点。

(3) 移动鼠标指针至下一转折点单击左键。当确定好全部的选取范围并回到开始点时光标右下角出现一个小圆圈，然后单击左键即可完成选取操作，如图 2.15 所示。

图 2.15　创建不规则折线区域

3. 磁性套索工具

【磁性套索工具】💭是最精确的套索工具，进行选择时方便快捷，还可以沿图像的不同颜色之间将图像相似的部分选取出来，它是根据选取边缘在特定宽度内不同像素值的反差来确定的，其使用方法如下。

(1) 在工具箱中单击选中 💭 工具，在选项栏中设置羽化值。

(2) 移动鼠标指针至图像窗口中，单击左键定出选取的起点，然后沿着要选取的物体边缘移动鼠标指针。当选取终点回到起点时，鼠标指针右下角会出现一个小圆圈。此时单击左键，即可准确完成选取，如图 2.16 所示。

图 2.16　使用【磁性套索工具】创建不规则选区

可以在【选项栏】中设置以下相关参数，如图 2.17 所示。

图 2.17　【磁性套索工具】的选项

①【羽化】：用于设置选区的边界羽化程度。

②【宽度】：用于设置磁性套索工具选取时的探查距离，其数值在 1～40 像素之间，数值越大探查范围越大。

③【频率】：用来指定套索边节点的连接速度，其数值在 1～100 之间，数值越大选取外框速度越快。

④【边对比度】：用来设置套索的敏感度，其数值在 1%～100%之间，数值大可用来探查对比锐利的边缘，数值小可用来探查对比较低的边缘。

⑤【钢笔压力】：用来设置绘图板的画笔压力。该项只有安装了绘图板和驱动程序才变为可选。

2.1.3　使用【快速选择工具】创建选区

【快速选择工具】 主要对颜色和对比较为一致的区域进行选择，能快速选取不规则形状。它的使用方式类似画笔，利用可调整的圆形画笔笔尖快速"绘制"选区。拖动时，选区会向外扩展并自动查找和跟随图像中定义的边缘，其使用方法如下。

(1) 选择【快速选择工具】 。

(2) 在选项栏中，设置快速选择工具参数。

(3) 在要选择的图像部分中拖动鼠标，选区将随之自动增大，如图 2.18 所示。

图 2.18　使用快速选择工具进行绘画以扩展选区

快速选择工具的选项栏如图 2.19 所示。

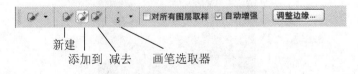

图 2.19　【快速选择工具】的选项栏

【新建】是在未选择任何选区的情况下的默认选项。创建初始选区后，此选项将自动更改为【添加到】。要从选区中减去，则要单击选项栏中的【减去】选项，然后拖过现有选区。

单击选项栏中的【画笔选取器】，弹出设置面板(图 2.20)，可以在面板中设置笔头的大小和硬度。选较大区域时，笔头可以大些，以提高选取的效率；但对于小块的图像或修正边缘时则要换成小尺寸的笔头。大画笔选择快，但选择粗糙，容易多选；小画笔一次只能选择一小块图像，选择慢，但得到的边缘精度高。

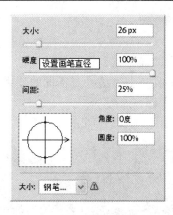

图 2.20 画笔选取器

提示：在建立选区时，按右方括号键"]"可增大快速选择工具画笔笔尖的大小；按左方括号
　　　键"["可减小快速选择工具画笔笔尖的大小。

【对所有图层取样】：基于所有图层(而不是仅基于当前选定图层)创建一个选区。

【自动增强】：自动将选区向图像边缘进一步流动并应用一些边缘调整，一般应勾选此
复选框。

单击【调整边缘】按钮，弹出【调整边缘】对话框如图 2.21 所示，在这里使用【调整半
径工具】和【抹除调整工具】可以精确调整发生边缘调整的边界区域。使用【调整半径
工具】刷过柔化区域(例如头发或毛皮)以向选区中加入精妙的细节，而使用【抹除调整工具】
擦除多余的部分。

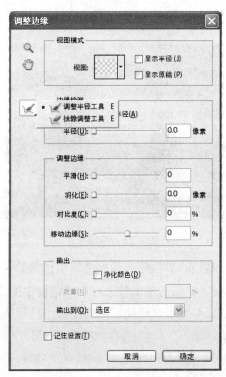

图 2.21 【调整边缘】对话框

2.1.4　课堂案例 3——制作台历

【学习目标】学习使用【快速选择工具】抠图。

【知识要点】通过快速选择工具和调整边缘对话框的使用，把模特从原图中较好地抠选出来，放到另一张背景图中。本例中模特头发的抠选是关键。本案例完成效果如图 2.22 所示。

【效果所在位置】Ch02\课堂案例\效果\台历.jpg。

图 2.22　效果图

操作步骤如下。

(1) 打开素材文件。执行【文件】|【打开】命令，在【打开】对话框中，选择文件夹 "Ch02\课堂案例\素材\制作台历\模特.jpg"，单击【打开】按钮。

(2) 单击工具箱中的【快速选择工具】✐，在选项栏中，单击选项栏中的【画笔选取器】按钮，在弹出的面板中设置笔头的大小为 85 和硬度 100%。在要选择的模特图像部分按下左键拖动，随着鼠标的拖动会创建选区，如图 2.23 所示。

图 2.23　模特.jpg

(3) 单击选项栏上的【调整边缘】按钮，弹出【调整边缘】对话框，在对话框中单击【视图】下拉列表选择【黑色】命令。单击【调整边缘】对话框中的【调整半径工具】✐，在选项栏中设置大小为 55，如图 2.24 所示，移动鼠标到图像中模特头发边缘按下左键拖动，此时图像如图 2.25 所示。

(4) 在【调整边缘】对话框中【输出到】下拉列表中选择【选区】命令，单击【确定】按钮。

图 2.25　模特.jpg

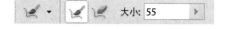

图 2.24　选项栏

(5) 打开素材文件。执行【文件】|【打开】命令，在【打开】对话框中，选择文件夹 "Ch02\
课堂案例\素材\制作台历\背景.jpg"，单击【打开】按钮。此时，打开的素材图如图 2.26 所示。

图 2.26　背景.jpg

(6) 单击工具箱中的【移动】工具 ，在模特.jpg 图像的选区上按下左键拖动至背景.jpg
图像中。此时，在图层面板中可看到增加了一个名为 "图层 1" 的新图层，而 "模特" 图像就
位于这一层中。执行【编辑】|【自由变换】命令或按 Ctrl+T 快捷键，在选项栏中设置宽 W 为
57%，高 H 为 57%，单击 按钮或按 Enter 键，确认变换。选项栏如图 2.27 所示。移动模特
至图像右侧合适位置。

图 2.27　选项栏

(7) 保存文件。执行【文件】|【存储为】命令，弹出【存储为】对话框，选择文件存储的
位置和类型，输入文件名 "台历"，单击【保存】按钮。

2.1.5　使用【魔棒工具】创建选区

【魔棒工具】 主要功能用来选取范围。在进行选取时， 工具能够选择出颜色相同或
相近的区域。在图像中单击白色部分即可选中与当前单击处相同或相似的颜色范围，如图 2.28
所示。

图 2.28　使用【魔棒工具】选择

使用 ⚲ 工具选取时，用户还可以通过选项栏设定颜色的近似范围，如图 2.29 所示，可以在【选项栏】中设置以下相关参数。

图 2.29　【魔棒工具】的选项栏

(1)【容差】：表示颜色的选择范围，数值在 0～255 之间，其默认值为 32。容差值越小，选取的颜色范围越小；容差值越大，则选取颜色的范围越大。

(2)【连续】：选中该复选框，表示只能选中单击处邻近区域中的相同像素；而取消选中该复选框，则能够选中符合该像素要求的所有区域。在默认情况下，该复选框总是被选中的。

(3)【对所有图层取样】：该复选框用于具有多个图层的图像。未选中它时，⚲ 工具只对当前选中的层起作用。若选中它则对所有层起作用，即可以选取所有层中相近的颜色区域。

2.1.6　使用菜单命令创建选区

在【选择】菜单中包含了创建选区、编辑选区、存储和载入选区的命令，如图 2.30 所示。这些命令可以根据需要的不同而进行选择。本节介绍使用【选择】菜单中的命令来创建选区的方法。

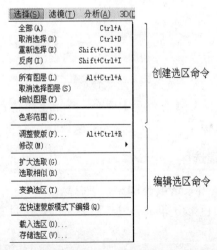

图 2.30　【选择】菜单

1.【全部】、【取消选择】和【重新选择】命令

【全部】：可以选中图像内的所有像素，快捷键为 Ctrl+A，如图 2.31 所示。

【取消选择】：执行命令后，可以取消选区，快捷键为 Ctrl+D。

【重新选择】：执行命令后，可以恢复前一次的选区，快捷键为 Shift+Ctrl+D。

图 2.31　执行【全部】命令

2.【反向】命令

【反向】：执行命令后，则原有选区之外的部分成为选区，而原有的选区取消，快捷键为 Shift+Ctrl+I，如图 2.32 所示。

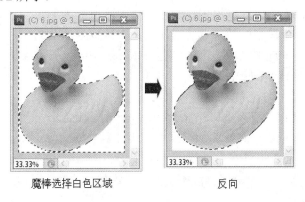

魔棒选择白色区域　　　　　　　反向

图 2.32　执行【反向】命令

3. 使用【色彩范围】命令创建选区

执行【色彩范围】命令选择现有选区或整个图像内指定的颜色或色彩范围。执行【选择】|【色彩范围】命令，弹出如图 2.33 所示【色彩范围】对话框。若选择【取样颜色】为选取方式，则可使用【吸管工具】在图像预览区或图像上单击选取颜色，结合所设置的容差值确定选区范围；也可以根据某种颜色或亮度来确定选择区域，此外利用加色吸管和减色吸管可以增加或减少颜色范围。如图 2.34 所示为执行【色彩范围】命令选取黄色郁金香后确定的选区。

【色彩范围】对话框说明如下。

(1)【选择】：有取样颜色、标准色(红色、黄色、绿色、青色、蓝色、洋红色)、亮度(高光、中间调、阴影)和溢色几种选择。溢色是无法使用印刷色打印的 RGB 或 Lab 颜色。

图 2.33 【色彩范围】对话框 　　　　图 2.34 使用【色彩范围】命令创建选区

(2)【颜色容差】：可以拖动滑块或直接输入值来设置颜色的容差。容差值越大，所选择的颜色范围就越大；反之，容差值越小，所选择的颜色范围就越小。

(3)【选择范围】：选中该单选按钮，在图像预览框中只显示被选择的颜色范围。

(4)【图像】：选中该单选按钮，在图像预览框中将显示整幅图像。

(5)【选区预览】：选区预览列表有 5 种选择。

①"无"：不显示预览效果。

②"灰度"：未选中区域用黑色显示，选中区域用白色显示。

③"黑色杂边"：未选中区域用黑色显示，选中区域颜色不变。

④"白色杂边"：未选中区域用白色显示，选中区域颜色不变。

⑤"快速蒙版"：未选中区域用蒙版颜色显示，选中区域颜色不变。

(6)【吸管】：创建新的颜色选区时用此工具。

(7)【加色吸管】：向已有选区中添加颜色选区时用此工具。

(8)【减色吸管】：向已有选区中删除颜色选区时用此工具。

(9)【反相】：选择原选定区域的相反区域时用此复选框。

通常是先单击【吸管】工具，在预览区域或图像中单击创建出颜色选区，再用加色吸管工具，在预览区域或图像中单击添加颜色选区。若要减小颜色选区，则选择减色吸管工具，并在预览或图像区域中单击。

2.2　编辑选区

2.2.1　移动选区

创建选区后，只要使用任意一种选取工具，在选项栏单击【新选区】按钮，然后将光标移动到选区内，按下左键拖动，即可将选区移动到指定位置。如果需要对选区的位置进行细致调节，可以通过方向键来完成。每按一次方向键，选区移动一个像素的距离。若按下 Shift 键的同时，每按一次方向键，选区移动 10 个像素的距离，如图 2.35 所示。

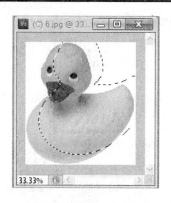

图 2.35 移动选取范围

2.2.2 增减选区

在 Photoshop 中增减选取范围时，使用选项栏上的相应工具图标来完成。不论使用哪一种选取工具，选项栏上都会出现 4 个工具图标，如图 2.36 所示。

(1)【新选区】▫：选中任意一种选框工具后的默认状态，此时即可以选取新的范围。

(2)【添加到选区】▫：按住 Shift 键后进行选取，或者单击选项栏中的【添加到选区】图标，都可以实现选区的添加，其结果是两个选区的并集。

(3)【从选区减去】▫：按住 Alt 键后进行选取，或者单击选项栏中的【从选区减去】图标，可以减少选区，其结果是两个选区的差集。

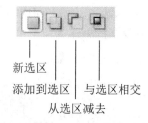

新选区
添加到选区　与选区相交
从选区减去

图 2.36 4 种选取范围编辑方式

(4)【与选区相交】▫：按住 Alt+Shift 键进行选取，或者单击选项栏中的【与选区相交】图标，则创建的选区为原有选区与新增选区的重叠部分。各种选区的效果如图 2.37 所示。

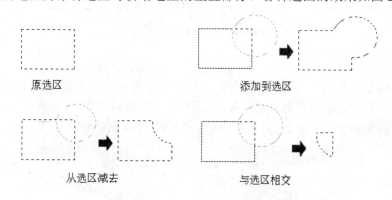

原选区　　　　　　　　　　添加到选区

从选区减去　　　　　　　　与选区相交

图 2.37 选区的添加、减少与相交

2.2.3 修改选区

将选区放大或缩小，能够实现许多图像特殊效果，同时也能够修改还未曾完全准确选取的范围。修改选区的命令位于【选择】|【修改】命令下，如图 2.38 所示。

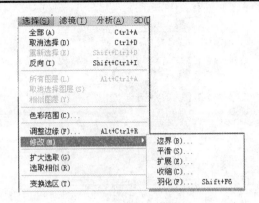

图 2.38　修改选区菜单

1.【边界】命令

　　边界也叫做扩边,用于创建将原选区边界分别向内外扩展指定宽度后生成的区域。执行【选择】|【修改】|【边界】命令,弹出【边界选区】对话框,输入取值范围 1~100 像素的宽度值,就会在原选区基础上向内和向外各增加指定宽度的 1/2,形成新选区。图 2.39 中是将原选区边界 20 像素的效果。

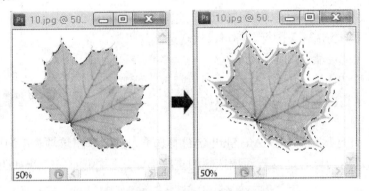

图 2.39　执行【边界】命令修改选区

2.【扩展】命令

　　扩展的作用是将原选区沿着边界向外扩大指定的宽度。执行【选择】|【修改】|【扩展】命令,弹出【扩展选区】对话框,输入取值范围 1~100 像素的宽度值,就会在原选区基础上向外增加指定的像素宽度。图 2.40 中是将原选区扩展 10 像素的效果。

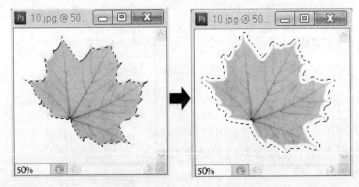

图 2.40　执行【扩展】命令修改选区

3.【收缩】命令

收缩则刚好与扩展相反，是将原选区沿着边界向内缩小指定的宽度。执行【选择】|【修改】|【收缩】命令，弹出【收缩选区】对话框，输入取值范围 1～100 像素的宽度值，就会在原选区基础上向内缩小指定的像素宽度。图 2.41 中是将原选区收缩 10 像素的效果。

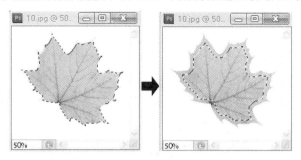

图 2.41 执行【收缩】命令修改选区

4.【平滑】命令

平滑的作用是清除选区中的杂散像素以及平滑尖角和锯齿。执行【选择】|【修改】|【平滑】命令，弹出【平滑选区】对话框，输入取值范围 1～100 像素的半径值，就会将原选区尖角处变得较为圆滑。图 2.42 中是将原图的选区平滑 20 像素的效果。

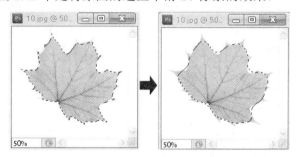

图 2.42 执行【平滑】命令修改选区

5.【羽化】命令

羽化是通过向内和向外扩散选区的轮廓，从而达到模糊和虚化边缘的目的。执行【选择】|【修改】|【羽化】命令，弹出【羽化选区】对话框，输入取值范围 0.2～250.0 像素的羽化半径值，单击【确定】按钮实现对选区的羽化。羽化的效果需要对选区进行填充或删除等操作后才能明显看到。如图 2.43 所示为不同羽化值下对选区的羽化效果。

图 2.43 不同羽化值下的羽化效果对比图

2.2.4 扩大选取与选取相似

对于使用了魔棒工具建立的选区,可以执行【选择】|【扩大选取】命令或【选择】|【选取相似】命令。

【扩大选取】:执行该命令可以将原有的选取范围扩大。所扩大的范围是原有的选取范围相邻和颜色相近的区域。颜色相近似的程度由魔棒工具的【选项栏】中的容差值来决定。

【选取相似】:执行该命令也可将原有的选取范围扩大,类似于【扩大选取】。但是它所扩大的选择范围不限于相邻的区域,只要是图像中有近似颜色的区域都会被涵盖。同样,颜色的近似程度也由魔棒工具的【选项栏】中的容差值来决定。图 2.44 所示为原选区与【选取相似】的效果比较。图 2.45 所示为原选区与【扩大选取】的效果比较。

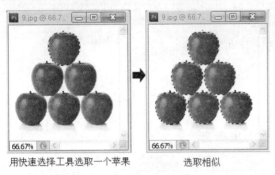

用快速选择工具选取一个苹果	选取相似

图 2.44 执行【选取相似】命令

用魔棒创建选区	扩大选取

图 2.45 执行【扩大选取】命令

2.2.5 变换选区

使用【变换选区】命令可以进行选区的缩放、旋转和变形等操作。

打开图像,创建一个选区,然后执行【选择】|【变换选区】命令(图 2.46)。此时,选区的四周出现带有 8 个控制点的变换框,在变换框内右击,弹出快捷菜单,如图 2.47 所示。

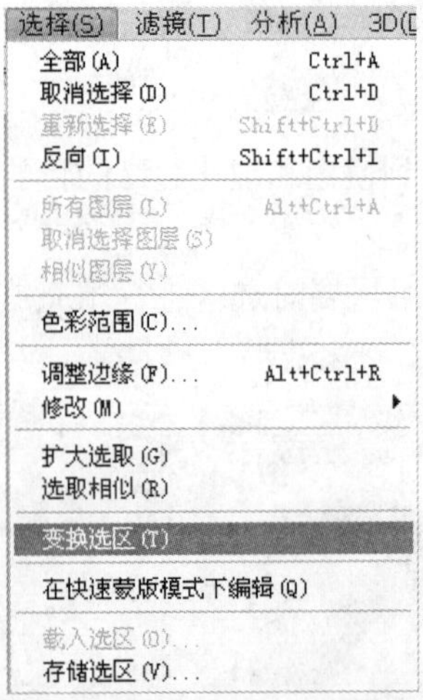

图 2.46 【变换选区】命令

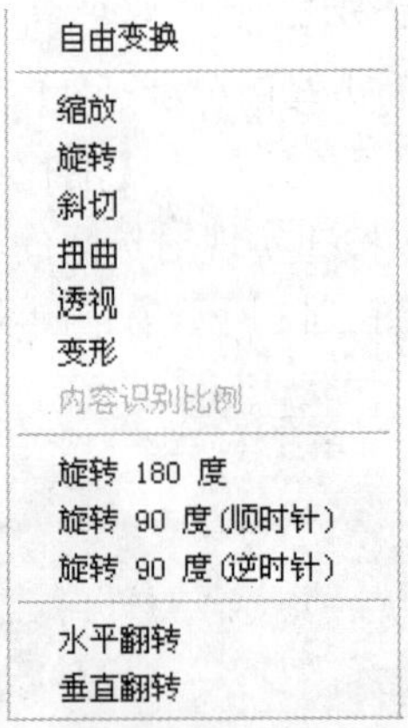

图 2.47 快捷菜单

将鼠标置于变换框内，拖动鼠标可移动选区；将鼠标置于变换框框线上或控制点上变为双箭头时，拖动鼠标可改变选区的大小；将鼠标置于变换框四角变为旋转箭头时，拖动鼠标可旋转选区。按 Enter 键确认选区的变换操作。

图 2.47 中的快捷菜单命令用途如下。

(1)【缩放】：执行该命令，可以在框线仍然维持矩形的情况下，调整选区范围的尺寸和长宽比例，若按住 Shift 键拖动框线角点则可以以固定比例缩放选区大小。

(2)【旋转】：执行该命令，可以自由旋转选区。

(3)【斜切】：执行该命令，可以将选区倾斜变换。将鼠标指针移至框线中点上拖动，则可以将选区按水平或垂直的方向拉伸。

(4)【扭曲】：执行该命令，可以任意拉伸变换框的 4 个角点进行选区的自由变形。

(5)【透视】：执行该命令，可以进行选区的透视变换，拖动角点时框线会成为对称的梯形。

(6)【旋转 180 度】：执行该命令，可将选区旋转 180°。

(7)【旋转 90 度(顺时针)】：执行该命令，可将选区顺时针旋转 90°。

(8)【旋转 90 度(逆时针)】：执行该命令，可将选区逆时针旋转 90°。

(9)【水平翻转】：执行该命令，可将选区水平翻转。

(10)【垂直翻转】：执行该命令，可将选区垂直翻转。

各种变换选区效果如图 2.48 所示。

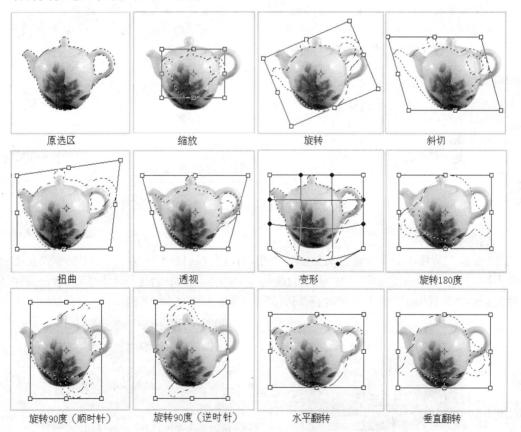

图 2.48 执行各种【变换选区】命令效果

2.2.6 课堂案例 4——制作圣诞贺卡

【学习目标】学习使用不同的选取工具创建选区,并编辑选区,最终选中不同外形的图像,并移动选中的图像到目标位置。

【知识要点】使用套索工具、磁性套索工具、魔棒工具、多边形套索工具、反向命令、扩展命令等操作制作圣诞贺卡效果。本案例完成效果如图 2.49 所示。

【效果所在位置】Ch02\课堂案例\效果\圣诞贺卡.psd。

图 2.49 圣诞贺卡效果图

操作步骤如下。

(1) 打开素材文件。执行【文件】|【打开】命令,在【打开】对话框中,选择文件夹"Ch02\课堂案例\素材\制作圣诞贺卡"中的"背景.jpg"、"文字.jpg"和"雪人.jpg",单击【打开】按钮。打开的图像如图 2.50、图 2.51、图 2.52 所示。

图 2.50 背景.jpg　　　　　　　　图 2.51 文字.jpg　　　　　　　图 2.52 雪人.jpg

(2) 单击工具箱中的【套索工具】 ,在选项栏设置羽化值为 10,移动鼠标到"文字.jpg"图像中按下鼠标拖动创建如图 2.53 所示的选区。单击工具箱中的【移动】工具 ,按住所选图像拖动到"背景.jpg"图像中,放到合适位置,效果如图 2.54 所示。

图 2.53 创建选区　　　　　　　图 2.54 移动选中的图像到"背景.jpg"后效果

(3) 单击工具箱中的【磁性套索工具】 ，移动鼠标到"雪人.jpg"图像中，在雪人边缘按下鼠标拖动创建如图 2.55 所示的选区。执行【选择】|【修改】|【扩展】命令，弹出【扩展选区】对话框(图 2.56) ，输入 2，单击【确定】按钮，选区如图 2.57 所示。单击工具箱中的【移动】工具 ，按住所选图像拖动到"背景.jpg"图像中，放到合适位置，在【图层】面板中设置该图层混合模式为【变亮】(图 2.58)，按 Ctrl+T 组合键，缩放到合适大小，效果如图 2.59所示。

图 2.55　创建选区　　　图 2.56　【扩展选区】对话框　　　图 2.57　扩展后的选区

图 2.58　【图层】面板　　　　图 2.59　移动选中的图像到"背景.jpg"后效果

(4) 打开另外两个素材文件。执行【文件】|【打开】命令，在【打开】对话框中，选择文件夹"Ch02 \课堂案例\素材\制作圣诞贺卡"中的"礼盒 1.jpg"和"礼盒 2.jpg"，单击【打开】按钮。打开的图像如图 2.60、图 2.61 所示。

图 2.60　礼盒 1.jpg　　　　　　　图 2.61　礼盒 2.jpg

(5) 单击工具箱中的【变形套索工具】 ，移动鼠标到"礼盒 1.jpg"图像中，在图像边缘依次单击创建如图 2.62 所示的选区。单击工具箱中的【移动】工具 ，按住所选图像拖动到"背景.jpg"图像中，放到合适位置，效果如图 2.63 所示。

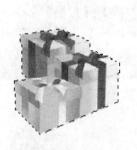

图 2.62　创建选区　　　　　图 2.63　移动选中的图像到"背景.jpg"后效果

(6) 单击工具箱中的【魔棒工具】 ，移动鼠标到"礼盒 2.jpg"图像中，在白色图像上单击创建如图 2.64 所示的选区。执行【选择】|【反向】命令，选区如图 2.65 所示。单击工具箱中的【移动】工具 ，按住所选图像拖动到"背景.jpg"图像中，放到合适位置，效果如图 2.66所示。

图 2.64　创建选区　　图 2.65　【反向】后的选区　　图 2.66　移动选中的图像到"背景.jpg"后效果

(7) 保存文件。执行【文件】|【存储为】命令，弹出【存储为】对话框，选择文件存储的位置和类型，输入文件名"圣诞贺卡"，单击【保存】按钮。

2.3　存储选区与载入选区

在使用完一个选区后，可以将它保存起来，以备重复使用。保存后的选区范围将成为一个Alpha 通道显示在【通道】面板中，当需要时可以载入该 Alpha 通道，选区就出现了。

1. 存储选区

创建选区后，执行【选择】|【存储选区】命令，弹出【存储选区】对话框，如图 2.67 所示，单击【确定】按钮，即可把选区存储起来。

2. 载入选区

执行【选择】|【载入选区】命令，打开【载入选区】对话框，如图 2.68 所示，在通道列表中选择要载入的 Alpha 通道，单击【确定】按钮，即可看到选区。

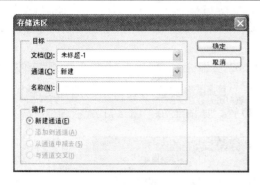

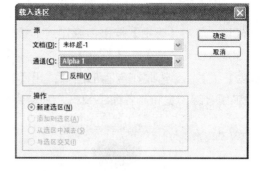

图 2.67 【存储选区】对话框　　　　　　图 2.68 【载入选区】对话框

2.4　本章小结

本章主要介绍了创建、编辑、存储和载入选区的基本操作。通过本章的学习，掌握使用选取工具和选择菜单命令在图像中创建不同形状的选区。通过两个课堂案例的学习，进一步熟悉创建、编辑选区的操作。

2.5　上机实训

【实训目的】练习在标尺和参考线的辅助下创建和编辑选区。
【实训内容】
　　(1) 心心相印。
　　(2) 分格效果。
【实训过程提示】

　1. 心心相印

效果所在位置：Ch02\实训\心心相印\心心相印.jpg，效果如图 2.69 所示。

图 2.69　心心相印效果图

（1）执行【文件】|【新建】命令，在【新建】对话框中设置宽 300px，高 400px，分辨率 96PPI，单击【确定】按钮，创建一个新的图像文件。

（2）执行【文件】|【打开】命令，打开 "Ch02\实训\心心相印\素材\红心.jpg" 文件。用【魔棒】工具 选取红色心形图像，用【移动】工具 将其拖动到新建的图像文件中。按 Ctrl+T 组合键，宽和高各缩小 50%，移动到合适位置，如图 2.70、图 2.71 所示。

图 2.70　移动到新图像后　　　　　　图 2.71　【图层】面板-3

（3）选择心形图层，执行【选择】|【载入选区】命令，形成心形选区。执行【选择】|【修改】|【收缩】命令，将其选区缩小 20 像素。按 Delete 键删除选区中的图像，如图 2.72 所示。

（4）执行【视图】|【标尺】命令，显示标尺，然后创建参考线。选择工具箱中的 工具，设置工具【选项栏】中的【羽化】选项值为 0 像素。在图像中创建一个三角形选区，按 Delete 键删除选区中的图像，如图 2.73 所示。

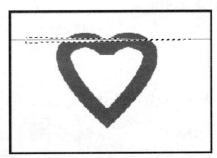

图 2.72　执行【收缩】命令　　　　　　图 2.73　删除三角形选区

（5）按 ↓ 键等距离移动选区，并逐一删除图像。按 Ctrl+D 组合键取消选区后的图像效果如图 2.74 所示。

（6）选择心形图层，执行【选择】|【载入选区】命令，形成心形选区。按 ↓ 键移动图像的位置，如图 2.75 所示。新建图层，并在新图层中填充灰色(RGB:156，145，145)，如图 2.76 所示。

（7）设置前景色为黑色(RGB(0，0，0))。选择【文字】工具 T，在选项栏设置字体为华文行楷，字号为 24，在图像中输入"心心相印服务公司"。最终效果如图 2.77 所示。

图 2.74　逐一删除三角形选区　图 2.75　移动选区　图 2.76　填充灰色　图 2.77　最终效果

2. 分格效果

效果所在位置：Ch02\实训\分格效果\分格效果.jpg，效果如图 2.78 所示。

图 2.78　分格效果图

(1) 打开素材文件。执行【文件】|【打开】命令，打开"Ch02\实训\分格效果\素材"文件夹中的"背景.jpg"和"照片.jpg"文件。选择【移动】工具 ，按住"照片.jpg"图像拖动到"背景.jpg"图像中。此时，在"背景.jpg"图像中增加了一个图层，名为"图层 1"。

(2) 缩放图层 1。执行【编辑】|【自由变换】命令或按 Ctrl+T 组合键，在选项栏中设置宽度 W 为 130%，高度 H 为 130%，单击 按钮或按 Enter 键确认变换操作。

(3) 新建一图层。执行【图层】|【新建】|【图层】命令，在"背景.jpg"图像中增加了一个图层，名为"图层 2"。

(4) 创建选区。执行【视图】|【标尺】命令，显示标尺，然后创建水平和垂直参考线。使用工具箱中的【单行选框】工具 和【单列选框】工具 。选择工具选项栏中的【添加到选区】图标 ，在参考线上创建单行和单列选区，如图 2.79 所示。

图 2.79　创建单行和单列选区

(5) 扩展选区。执行【选择】|【修改】|【扩展】命令，【扩展量】为 2 像素。

(6) 填充选区。选取【前景色】为红色(RGB:255，0，0)，使用 进行填充。按 Ctrl+D 键取消选区，效果如图 2.80 所示。

(7) 按住 Ctrl 键，单击图层 1 的缩览图即可载入图层 1 的矩形选区。然后执行【选择】|【反向】命令，单击图层 2 使图层 2 成为当前作用层，按 Delete 键将图层 2 选区内的网格线删除。按 Ctrl+D 组合键取消选区，效果如图 2.81 所示。

图 2.80　填充选区

图 2.81　删除多余线条

(8) 在【图层】面板中双击图层 1，在弹出的【图层样式】对话框中勾选【投影】复选框，并设置角度为 120，距离为 15，扩展为 15，大小为 20，单击【确定】按钮，制作出投影效果。

(9) 保存文件。执行【文件】|【存储为】命令，弹出【存储为】对话框，选择文件存储的位置和类型，输入文件名"分格效果"，单击【保存】按钮。

2.6　习题与上机操作

1. 判断题

(1) 用选框工具选取范围时，首先在选项栏中设定羽化值，然后选取范围。　　　　　(　　)

(2) 工具能够选择出颜色相同或相近的区域。　　　　　　　　　　(　　)

(3) 扩边命令能使原有的选取范围向外扩展，形成更大的边框。　　　　　　　　　(　　)

(4)【选取相似】和【扩大选取】命令的功能是一致的。　　　　　　　　　　　　(　　)

(5) 按住 Alt 键的同时拖曳鼠标可以得到正方形的选区。　　　　　　　　　　　　(　　)

2. 单选题

(1) 若要在圆形选区上增加一个矩形选区，则应该采用(　　)项操作。

　　A. 在选取一个范围后，选择　工具，并按 Alt 键进行选取

　　B. 在选取一个范围后，选择　工具，并按 Shift 键进行选取

　　C. 在选取一个范围后，选择　工具，并按 Ctrl 键进行选取

　　D. 在选取一个范围后，选择　工具，并按 Ctrl+Alt 组合键进行选取

(2) 若要在矩形选区上减去一个圆形选区，则应该采用(　　)项操作。

　　A. 在选取一个范围后，选择　工具，并按 Alt 键进行选取

　　B. 在选取一个范围后，选择　工具，并按 Shift 键进行选取

　　C. 在选取一个范围后，选择　工具，并按 Ctrl 键进行选取

　　D. 在选取一个范围后，选择　工具，并按 Ctrl+Alt 组合键进行选取

(3) 【全选】命令对应的快捷键是(　　)。

　　A．Shift+A　　　　B．Ctrl+A　　　　C．Ctrl+D　　　　D．Shift+Ctrl+A

(4) 当所选物体边缘与背景之间有对比度时，应选用(　　)。

　　A．工具　　B．工具　　C．工具　　D．工具

(5) 使用以下的(　　)选项，可用来选择图像中颜色相似的区域。

　　A．工具　　　B．工具　　　C．工具　　　D．工具

(6) 创建选区后，若要取消选择，应按(　　)键。

　　A．Ctrl+S　　　B．Ctrl+A　　　C．Ctrl+D　　　D．Ctrl+N

(7) 按(　　)快捷键，可以反选选区。

　　A．Shift+Ctrl+I　B．Shift+Ctrl+V　C．Shift+Ctrl+S　D．Shift+Ctrl+N

3. 多选题

(1) 在下面的表述中，正确的说法有(　　)。

　　A．使用工具，按 Shift 键，可以从中心拖出正方形选区

　　B．使用工具，按 Shift 键，可以拖出圆形选区

　　C．使用工具，按 Shift+Alt 键，可以从中心拖出正方形选区

　　D．使用工具，按 Ctrl+Alt 键，可以从中心拖出圆形选区

(2) 关于羽化的解释正确的有(　　)。

　　A．羽化就是使选区的边界变成柔和效果

　　B．羽化就是使选区的边界变得更平滑

　　C．如果向羽化后的选区内填充一种颜色，其边界是清晰的

　　D．羽化后选区中的内容，如果粘贴到别的图像中，其边缘会变得模糊

(3) 哪些命令或工具依赖于容差值设置？(　　)

　　A．扩展　　　　B．反差　　　　C．颜色范围　　　　D．魔棒工具

(4) 下列说法正确的有(　　)。

　　A．可对做完的选区进行编辑

　　B．只能在做选区之前，在选项面板中调置羽化值

　　C．只有在做选区之后，才能对选区进行羽化

　　D．以上 B 和 C 的说法都不正确

(5) 选取相似颜色的连续区域的操作是(　　)。

　　A．增长　　　　B．相似　　　　C．魔棒　　　　D．自由套索

4. 操作题

打开"Ch02\习题\素材"文件夹中的"01.jpg"文件，利用选框工具、选区移动、输入文字等操作，制作邮票。齿形的制作提示：矩形选区填充后，在左上方创建一个正圆选区，删除圆形选区内的图像，然后依次移动选区并删除，效果如图 2.82 所示。

图 2.82　邮票效果图

第 **3** 章　图像的编辑

　教学目标

　　了解图像编辑的相关知识，熟练掌握修改图像尺寸、分辨率、编辑图像和变换图像操作。

　教学要求

知识要点	能力要求	相关知识	所占分值 (100 分)	自评 分数
修改图像尺寸 和分辨率	(1) 了解图像尺寸和分辨率的相关概念 (2) 掌握修改图像尺寸和分辨率的操作 (3) 掌握裁切图像的操作	一个课堂案例：修正倾斜 的照片	25	
图像编辑	(1) 掌握复制、剪切和粘贴图像的操作 (2) 掌握【合并拷贝】和【贴入】命令 的使用 (3) 掌握移动图像、删除图像的操作	一个课堂案例：更换背景	30	
图像变换	(1) 掌握变换图像画布操作 (2) 掌握变换图像选区操作	两个课堂案例：制作火焰 字、制作盒子	25	
实训	掌握图像编辑的综合运用		20	

　学习重点

　　通过本章的学习，能够了解图像的尺寸和分辨率的相关概念，掌握更改图像尺寸和分辨率的方法，熟练掌握常用的图像编辑操作。

3.1　图像的尺寸和分辨率

3.1.1　修改图像尺寸和分辨率

在编辑图像时，经常会调整其大小。在 Photoshop CS5 中，可以使用【图像大小】对话框来调整图像的像素大小、打印尺寸和分辨率。修改图像尺寸和分辨率的步骤如下。

打开一幅图像，执行【图像】|【图像大小】命令，弹出【图像大小】对话框，如图 3.1 所示。

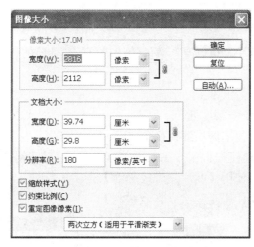

图 3.1　【图像大小】对话框

【图像大小】对话框具体选项设置如下。

(1)【像素大小】：通过改变宽度和高度的数值，改变图像在屏幕上的显示大小，图像的尺寸也相应改变。

(2)【文档大小】：通过改变宽度、高度及分辨率的数值，改变图像的文档大小，图像的尺寸也相应改变。

(3)【缩放样式】：如果图像带有应用了样式的图层，则应选中【缩放样式】复选框，在调整大小后的图像中就会产生缩放效果。只有选中了【约束比例】复选框，才能使用此选项。

(4)【约束比例】：选中该复选框，在宽度和高度的选项后出现【锁链】图标，表示改变其中一项设置时，两项会成比例地同时改变。

(5)【重定图像像素】：它的用途不是锁定长宽比例，而是锁定分辨率，当此复选框选中后，在改变图像分辨率的同时，【像素大小】选项组的宽度和高度会随着进行相应的改变。不选中该复选框，像素大小将不会发生变化，此时【文档大小】选项组中的宽度、高度及分辨率的选项将出现【锁链】图标，改变时 3 项会同时改变，如图 3.2 所示。

单击【自动】按钮，将弹出【自动分辨率】对话框，系统将自动调整图像的分辨率和品质效果，如图 3.3 所示。

图 3.2　重定图像像素　　　　　　　图 3.3　【自动分辨率】对话框

在【图像大小】对话框中，可以改变数值的计量单位，数值的计量单位可以选择，如图 3.4 所示。

【插值方法】中各种方法如图 3.5 所示。

(1)【邻近】方法速度快但精度低。

(2) 对于中等品质方法使用两次线性插值。

(3)【两次立方】方法速度慢但精度高，可得到最平滑的色调层次。

(4) 放大图像时，建议使用【两次立方较平滑】。

(5) 减小图像时，建议使用【两次立方较锐利】。

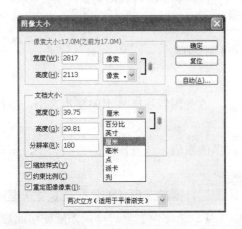

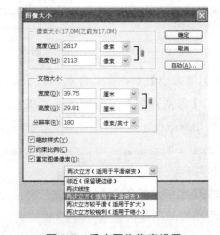

图 3.4　数值的计量单位　　　　　　　图 3.5　重定图像像素设置

3.1.2　裁剪图像

裁剪是移去部分图像以形成突出或加强构图效果的过程。可以使用【裁剪】工具和【裁剪】命令裁剪图像，也可以使用【裁剪并修齐】以及【裁切】命令来裁切像素。

1. 使用【裁剪】工具裁剪图像

(1) 在工具箱中单击【裁剪】工具。

(2) 在选项栏中设置宽度、高度和分辨率。选项栏如图 3.6 所示。

图 3.6　【裁剪】工具选项栏-1

(3) 在图像中要保留的部分上拖动，创建一个选框，此时选项栏会发生变化，如图 3.7 所示。

裁剪参考线叠加：三等... ☑屏蔽　颜色：■　不透明度：75%　☐透视

图 3.7　【裁剪】工具选项栏-2

①【屏蔽】：可以遮蔽要删除或隐藏的图像区域。选中【屏蔽】复选框时，可以为屏蔽指定颜色和不透明度。取消选中【屏蔽】复选框后，裁剪选框外部的区域即显示出来。

②【裁剪参考线叠加】：选择【三等分】选项可以添加参考线，以 1/3 增量放置组成元素。选择【网格】选项可以根据裁剪大小显示具有间距的固定参考线。

③【隐藏】：选中【隐藏】单选按钮将裁剪区域保留在图像文件中。可以通过用【移动】工具 ▶✛ 移动图像来使隐藏区域可见。选中【删除】单选按钮将扔掉裁剪区域。

提示：对于只包含背景图层的图像，【隐藏】选项不可用。

(4) 对已经绘制出的矩形裁切框调整大小，如果移动裁切框，可将光标放在裁切框内，光标变为小箭头 ▶ 图标，按住鼠标拖动裁切框。如果要缩放裁切框，可将光标放在裁切框 4 个角的控制手柄上，光标会变为双向箭头 ↖↘ 图标，按住鼠标拖动控制手柄。如果要约束比例，可在拖动角手柄时按住 Shift 键。如果要旋转裁切框，将光标放在裁切框 4 个角的控制手柄外边，光标会变为旋转 ↰ 图标，按住鼠标拖动旋转裁切框。

(5) 要确认裁剪操作，按 Enter 键，或单击选项栏中的【提交】按钮 ✔，或者在裁剪选框内双击。要取消裁剪操作，按 Esc 键或单击选项栏中的【取消】按钮 ⊘。

使用【裁剪】工具前后的效果如图 3.8 所示。

图 3.8　使用【裁剪】工具

2. 使用【裁剪】命令裁剪图像

(1) 创建一个选区，选取要保留的图像部分，如图 3.9 所示。

(2) 执行【图像】|【裁剪】命令，裁剪效果如图 3.10 所示。

提示：如未创建选区，则【图像】|【裁剪】命令不可用。

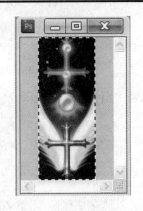

图 3.9　创建选区-5　　　　　图 3.10　执行【裁剪】命令

3. 使用【裁切】命令裁剪图像

　　【裁切】命令通过移去不需要的图像数据来裁剪图像，其所用的方式与【裁剪】命令所用的方式不同。可以通过裁切周围的透明像素或指定颜色的背景像素来裁剪图像。

　　执行【图像】|【裁切】命令，弹出【裁切】对话框。在该对话框(图 3.11)中设置选项如下。

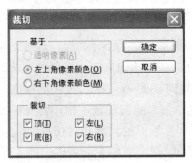

图 3.11　【裁切】对话框

　　(1)【透明像素】：修整掉图像边缘的透明区域，留下包含非透明像素的最小图像。

　　(2)【左上角像素颜色】：可从图像中移去左上角像素颜色的区域。

　　(3)【右下角像素颜色】：从图像中移去右下角像素颜色的区域。

　　选择一个或多个要修整的图像区域："顶"、"底"、"左"、"右"，单击【确定】按钮。裁切过程如图 3.12 所示。

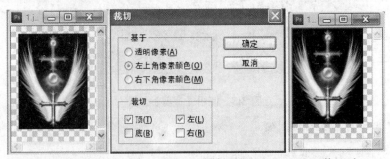

(a) 裁切前　　　　　(b) 裁切对话框设置　　　　　(c) 裁切后

图 3.12　执行【裁切】命令

3.1.3 课堂案例5——修正倾斜的照片

【学习目标】学习【标尺】工具、【图像旋转】、【裁切】工具的使用。

【知识要点】使用【标尺】工具、【裁切】工具和【图像旋转】命令完成。本案例完成效果如图 3.13 所示。

【效果所在位置】Ch03\课堂案例\效果\修正倾斜的照片.psd。操作步骤如下。

(1) 打开素材文件。执行【文件】|【打开】命令，打开"Ch03\课堂案例\素材\修正倾斜的照片\倾斜的照片.jpg"文件。

(2) 单击工具箱中的【标尺】工具，沿波浪绘制直线测量角度，如图 3.14 所示。

提示：在选项栏上会显示测得的角度值。

(3) 执行【图像】|【图像旋转】|【任意角度】命令，弹出如图 3.15 所示的对话框，单击【确定】按钮。

图 3.13 修正倾斜的照片效果

提示：用测量工具测得的角度会自动作为图像旋转的角度。

(4) 单击工具箱中的【裁剪】工具绘制裁剪区域(图 3.16)，按 Enter 键确认裁切操作即可得到修正的照片。

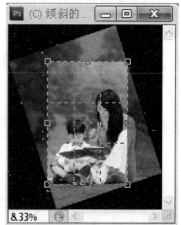

图 3.14 使用【标尺】工具测量角度　　图 3.15 【旋转】对话框　　图 3.16 使用【裁剪】工具

(5) 保存文件。执行【文件】|【存储为】命令，输入文件名"修正倾斜的照片.jpg"，单击【保存】按钮。

3.2 图像的基本编辑

在处理图像时，经常会遇到需要将选取的图像进行复制、剪切、粘贴、移动等基本编辑操作。因为 Photoshop CS5 中的大部分图像编辑命令只对当前选区有效，所以在对图像使用编辑命令之前，应先创建选区。

3.2.1 移动、复制和删除图像

1. 移动图像

在图像的处理过程中，图像的位置有时不一定合适，特别是由粘贴得到的图像，新粘贴的图像位置是不固定的。为了调整图像的位置，可以使用工具箱中的【移动】工具 将图像移动到一个新位置。有两种操作方法可实现图像移动。

方法一：使用菜单命令移动图像。

(1) 打开一幅图像，使用【选框工具】或【套索工具】绘制出要移动的图像区域。

(2) 执行【编辑】|【剪切】命令或按 Ctrl+X 快捷键将原选区中的图像存储到剪贴板上，然后执行【编辑】|【粘贴】命令或按 Ctrl+V 快捷键将剪贴板中的图像粘贴到目标位置。

方法二：使用工具移动图像。

(1) 打开一幅图像，使用【选框工具】或【套索工具】绘制出要移动的图像区域。

(2) 单击【移动】工具 ，将光标放在图像选区中，光标变为 图标，按住鼠标左键拖动到适当的位置，选区内的图像被移动，效果如图 3.17、图 3.18 所示。按 Ctrl+D 快捷键取消选区，移动完成。

图 3.17　同一文件中移动图像　　　　　　　图 3.18　移动图像到另一个文件中

提示：如果在同一文件中移动图像，移动后的原选区位置会被背景色填充；如果将图像移动到
　　　另一个图像文件中，选区中的图像会以图层的形式添加到目标文件中，原选区内容不变。

2. 复制图像

复制图像的操作方法也有两种。

方法一：使用菜单命令复制图像。

(1) 打开一幅图像，使用【选框工具】或【套索工具】绘制出要复制的图像区域。

(2) 执行【编辑】|【拷贝】命令或按 Ctrl+C 快捷键将原选区中的图像存储到剪贴板上，然后执行【编辑】|【粘贴】命令或按 Ctrl+V 快捷键。此时，不论是在同一文件中粘贴还是在另一文件中粘贴都会产生一个新的图层，复制的图像就位于该新图层上。

方法二：使用工具复制移动图像。

(1) 打开一幅图像，使用【选框工具】或【套索工具】绘制出要复制的图像区域。

(2) 单击【移动】工具 ，将光标放在图像选区中，按住 Alt 键的同时按住鼠标左键，光标变为图标 ，拖动鼠标到适当的位置，选区内的图像被复制，效果如图 3.19 所示。这种方法复制图像不会产生新图层，适合于在同一层进行图像复制。

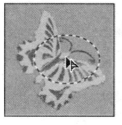

图 3.19　复制图像

3. 删除图像

方法一：使用【清除】命令。

如果要删除的图像是整个图层，则在图层面板中删除该图层即可，也可以全选该图层后，执行【编辑】|【清除】命令。如果要删除的图像是图层中的一部分，则要先创建选区选中这部分图像，然后执行【编辑】|【清除】命令。

提示：删除背景图层上的选区时会使选区变为背景色；删除标准图层上的选区时会使选区变为透明。

方法二：使用【橡皮擦】工具擦除不要的图像。

方法三：执行【编辑】|【填充】命令或按 Backspace 键或 Delete 键。

当要删除的图像位于背景层时，创建选区后按 Backspace 键或 Delete 键，会弹出【填充】对话框，可选择使用前景色、背景色、图案、内容识别等作为内容来填充。当选择内容识别后，单击【确定】按钮。此时，Photoshop CS5 会主动分析四周图像的特点，把图像执行拼接组合后填充在该区域并进行融合。效果如图 3.20 所示。

(a) 创建选区　　　　　(b) 按 Delete 键或 Backspace 键　　　　(c) 内容识别填充效果

图 3.20　使用【内容识别】删除路灯

提示：如果要删除的图像不是位于背景层，则按 Backspace 键或 Delete 键时不会弹出【填充】对话框，而是直接删除图像变成透明区域。对于普通图层，如果要使用填充的方式覆盖图像，可执行【编辑】|【填充】命令。

3.2.2　合并拷贝和贴入图像

1. 合并拷贝

在 Photoshop CS5 的图像中，可以拥有多个图层，但是只能有一个图层作为当前图层。在

编辑命令中，【拷贝】和【剪切】都只能应用于当前图层，如果希望将多个可见图层中的内容一起复制到剪贴板，可以执行【编辑】|【合并拷贝】命令或按 Ctrl+Shift+C 快捷键，然后执行【编辑】|【粘贴】命令，粘贴后以一个合并图层形式出现，如图 3.21 所示。

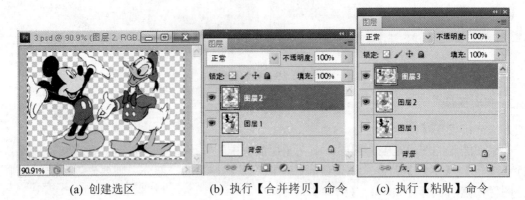

(a) 创建选区   (b) 执行【合并拷贝】命令   (c) 执行【粘贴】命令

图 3.21　执行【合并拷贝】命令

提示：该命令仅对可见层有效，对于不可见层(在【图层】面板中，最左边方框内未显示眼睛图标的层)，该命令无效。

2. 贴入

在进行粘贴操作时，如果希望将剪贴板中的图像复制到指定的选区中，而选区之外的图像不受影响，可以执行【选择性粘贴】|【贴入】命令。该命令将复制或剪切的图像粘贴到同一图像文件或不同图像文件的指定选区中。

【贴入】命令将剪切或拷贝的选区粘贴到同一图像文件或不同图像文件的一个选区中。目标选区将转换为图层蒙版。

具体操作步骤如下。

(1) 创建源选区，选中要剪切或拷贝的图像，执行【编辑】|【拷贝】或【剪切】命令。

(2) 创建目标选区，选中需要贴入图像的区域，执行【编辑】|【选择性粘贴】|【贴入】命令。源选区的内容进入目标选区，同时目标选区成为蒙版。

(3) 对贴入的图像缩放大小和调整位置。

操作过程如图 3.22 所示。

(a) 拷贝的图像   (b) 目标选区

图 3.22　执行【选择性粘贴】|【贴入】命令

(c) 【贴入】命令　(d) 调整贴入的图像

图 3.22　执行【选择性粘贴】|【贴入】命令(续)

3.2.3　课堂案例 6——更换背景

【学习目标】学习【魔棒】工具、【选框】工具、图像变化和贴入的使用。

【知识要点】工具箱中的【魔棒】工具、【矩形选区】工具和菜单中的【自由变化】、【反选】命令的使用。本案例完成效果如图 3.23 所示。

【效果所在位置】Ch03\课堂案例\效果\更换背景.psd。

图 3.23　更换背景后的效果图

操作步骤如下。

(1) 打开素材文件。执行【文件】|【打开】命令，打开"Ch03\课堂案例\素材\更换背景文件夹中的"云彩.tif"、"向日葵.tif"和"庭院.tif"这 3 个文件。

(2) 用【魔棒】工具、【矩形选区】工具结合"添加选区"和"从选区中减去"把"庭院.tif"这个文件的白色区域选中，如图 3.24 所示。

(3) 选中"云彩.tif"文件的全部内容并执行【编辑】|【拷贝】命令。

(4) 切换"庭院.tif"文件为当前文件，执行【编辑】|【选择性粘贴】|【贴入】命令，并通过执行【编辑】|【自由变化】命令来调整云彩的大小和位置，效果如图 3.25 所示。

图 3.24　创建选区-6　　　　图 3.25　执行【贴入】命令

(5) 使用【魔棒】工具选择"向日葵.tif"这个文件蓝色的区域,然后执行【选择】|【反向】命令,选中向日葵区域,再执行【编辑】|【拷贝】命令,如图 3.26、图 3.27 所示。

(6) 切换到"庭院.tif"文件,执行【编辑】|【粘贴】命令,把向日葵粘贴到该文件中,然后执行【编辑】|【自由变化】命令调节向日葵图层的大小和位置,效果如图 3.28 所示。

图 3.26 创建选区-7

图 3.27 执行【反向】命令

图 3.28 执行【粘贴】命令

(7) 保存文件。执行【文件】|【存储为】命令,输入文件名"更换背景.jpg",单击【保存】按钮。

3.3 图像的变换

3.3.1 旋转和翻转整个图像

执行【图像旋转】命令可以变换整个图像。这些命令不适用于单个图层或图层的一部分。

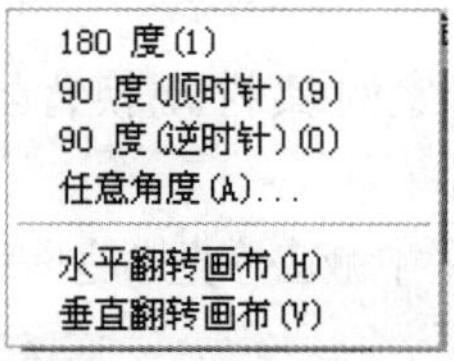

执行【图像】|【图像旋转】命令,并从子菜单(图 3.29) 中选择下列命令之一。

(1)【180 度】:将图像旋转半圈。

(2)【90 度(顺时针)】:按顺时针方向将图像旋转 1/4 圈。

(3)【90 度(逆时针)】:按逆时针方向将图像旋转 1/4 圈。

(4)【任意角度】:按指定的角度旋转图像。执行该命令,会弹出【旋转画布】对话框(图 3.30),选中"度(顺时针)"或"度(逆时针)"单选按钮以指定旋转方向,在角度文本框中输入一个介于-360 和 360 度之间的角度,然后单击【确定】按钮。

图 3.29 【图像旋转】子菜单

图 3.30 【旋转画布】对话框

(5)【水平翻转画布】:Photoshop CS5 能够将图像沿垂直轴水平翻转。

(6)【垂直翻转画布】:Photoshop CS5 能够将图像沿水平轴垂直翻转。

图像旋转效果如图 3.31 所示。

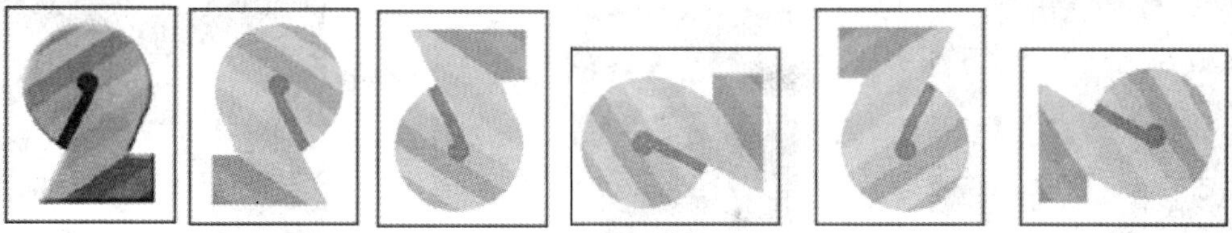

(a) 图像原稿 (b) 水平翻转(c) 垂直翻转 (d) 逆时针旋转 90 度(e) 旋转 180 度(f) 顺时针旋转 90 度

图 3.31　图像旋转效果

3.3.2　课堂案例 7——制作火焰字

【学习目标】学习滤镜、旋转画布和模式转换操作。

【知识要点】在工具箱中的【横排文字】工具输入白色文字，逆时针 90 度旋转整个画布，执行【风】命令滤镜 3 次，执行【波纹】命令制作抖动效果，将图像转换为索引模式，设置【颜色表】对话框即可完成火焰字制作。本案例完成效果如图 3.32 所示。

图 3.32　火焰字效果图

【效果所在位置】Ch03\课堂案例\效果\火焰字.psd。

操作步骤如下。

(1) 建立一个分辨率为 72PPI，高度为 400 像素，宽度为 250 像素，颜色模式为灰度模式，黑色背景的图像。

(2) 使用【文字】工具 **T**，在选项栏设置字体：华文行楷，字号 150；颜色：白色，单击图像输入"火焰"二字，如图 3.33 所示。

图 3.33　输入文字

(3) 选择"火焰"文字图层，按 Ctrl+E 组合键将文字图层与背景图层合并。

(4) 执行【图像】|【图像旋转】|【90 度(逆时针)】命令，逆时针旋转整个图像，如图 3.34 所示。

(5) 执行【滤镜】|【风格化】|【风】命令制作风吹效果，参数设定如图 3.35 所示。往往执行一次【风】命令，风吹效果不明显，因此需要多次执行【风】命令来加强风吹效果，可执行 3 次【风】命令，得到如图 3.36 所示的风吹效果。

| 图 3.34　旋转图像 | 图 3.35　设置【风】 | 图 3.36　3 次滤镜风吹效果 |

(6) 执行【图像】|【旋转画布】|【90 度(顺时针)】命令，顺时针旋转整个图像。

(7) 执行【滤镜】|【扭曲】|【波纹】命令制造图像抖动效果。参数设定如图 3.37 所示。

(8) 执行【图像】|【模式】|【索引颜色】命令将图像转换为索引模式。再执行【图像】|【模式】|【颜色表】命令，打开如图 3.38 所示的【颜色表】对话框。在【颜色表】下拉列表中选择【黑体】选项，单击【确定】按钮。

| 图 3.37　设置【波纹】滤镜 | 图 3.38　设置【颜色表】对话框 |

(9) 执行【图像】|【模式】|【RGB 颜色】命令，将图像转换为 RGB 模式。

(10) 最后，使用【文字】工具 T，在图像中重新输入文字"火焰"，其大小和字体与前面输入的一样，颜色为黑色，在图层面板中将该文字图层移动到具有火焰效果文字之上。

3.3.3　旋转和翻转局部图像

1. 执行【编辑】|【变换】命令对局部图像进行变换

执行【编辑】|【变换】中的系列命令对某一个图层或对图层上选区中的图像进行变换。其操作步骤如下。

(1) 打开一幅图像，选取要变换的图层或在创建选区。

(2) 执行【编辑】|【变换】命令，并从子菜单(图 3.39) 中选择下列命令之一。

图 3.39　【变换】命令子菜单

① 【旋转 180 度】：旋转半圈。

② 【旋转 90 度(顺时针)】：顺时针旋转 1/4 圈。

③ 【旋转 90 度(逆时针)】：逆时针旋转 1/4 圈。

④ 【水平翻转】：沿垂直轴水平翻转。

⑤ 【垂直翻转】：沿水平轴垂直翻转。

⑥ 【缩放】：改变当前图层或选区的大小。当鼠标位于手柄上方时，指针将变为 ↖。拖动角手柄时按住 Shift 键可按比例缩放。如果要根据数字进行精确缩放，可在选项栏的"宽度"和"高度"文本框中输入百分比。单击【链接】按钮 🔗 以保持长宽比。

⑦ 【旋转】：改变当前图层或选区的角度。将指针移到外框之外，指针将变为 ↱，然后拖动。按 Shift 键可将旋转限制为按 15 度增量进行。

⑧ 【斜切】：呈梯形改变当前图层或选区的大小和位置。当鼠标位于边手柄上时，指针变为带一个小双向箭头的白色箭头 ▸，拖动边手柄可倾斜外框。如果要根据数字精确斜切，需在选项栏的 H(水平斜切)和 V(垂直斜切)文本框中输入角度。

⑨ 【扭曲】：任意角度改变当前图层或选区的大小和位置。拖动角手柄可伸展外框。

⑩ 【透视】：呈对称梯形改变当前图层或选区的大小和位置。当鼠标位于角手柄上时，指针变为灰色箭头 ▸，拖动角手柄可向外框应用透视。

⑪ 【变形】：从选项栏中的【变形样式】下拉菜单中选取一种变形，或者要执行自定变形，可拖动网格内的控制点、线条或区域，以更改外框和网格的形状。

(3) 若要确认变换操作，可按 Enter 键或单击选项栏中的【提交】按钮 ✔，或在变换选框内双击。要取消变换，可按 Esc 键或单击选项栏中的【取消】按钮 🚫。

图像局部变换效果如图 3.40 所示。

(a) 缩放

(b) 旋转

(c) 斜切

图 3.40　图像局部变换

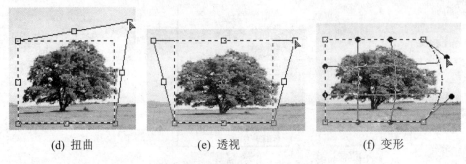

(d) 扭曲　　　　　　　(e) 透视　　　　　　　(f) 变形

图 3.40　图像局部变换(续)

2. 执行【自由变换】命令对局部图像进行变换

【自由变换】命令可用于在一个连续的操作中应用变换(旋转、缩放、斜切、扭曲和透视)。

打开一幅图像,执行【选框工具】命令创建选区,选择要变换的局部图像,执行【编辑】|【自由变换】命令或按 Ctrl+T 键,选区周围将出现 8 个控制柄和 1 个中心标记,可以直接拖动控制柄来调整选区内的图像,即【自由变换】命令可以实现【变换】子菜单中的功能。

提示:在变换框内右击会弹出快捷菜单,在快捷菜单中执行【变换】的子命令,可在多种变换间切换。

3.3.4　课堂案例 8——制作盒子

【学习目标】学习【编辑】菜单中的【变换】命令的使用。

【知识要点】熟悉【编辑】菜单中的【变换】|【缩放】、【变换】|【扭曲】命令的使用。本案例完成效果如图 3.41 所示。

【效果所在位置】Ch03\课堂案例\效果\盒子.psd。

图 3.41　盒子效果图

操作步骤如下。

(1) 新建文件。执行【文件】|【新建】命令,在【新建】对话框中设置宽为 416,高为 373,分辨率为 100PPI,白色背景,RGB 颜色模式,单击【确定】按钮。这时建立了一个名为"未标题-1"的图像文件。

(2) 打开素材。执行【文件】|【打开】命令,选择"Ch03\课堂案例\素材\盒子"文件夹中的"上面.jpg"、"侧面.jpg"和"正面.jpg"这 3 个文件,单击【打开】按钮。

(3) 把"上面.jpg"、"侧面.jpg"和"正面.jpg"这 3 张图片通过【移动】工具 拖动到"未标题-1"这个文件中,如图 3.42 所示。在图层面板中修改图层名称,如图 3.43 所示。

图 3.42　复制素材到新图像文件中　　　　图 3.43　【图层】面板-4

(4) 在【图层】面板中单击"侧面"层使其成为当前作用层，单击【移动】工具 ，移动"侧面"图层，使其靠齐到"正面"的右边缘。执行【编辑】|【变换】|【斜切】命令，在右边线中点上按住鼠标左键向上拖动至适当位置；再执行【编辑】|【变换】|【缩放】命令，在右边线中点上按住鼠标左键向左拖动至适当位置；按 Enter 键确认变换操作，如图 3.44、图 3.45 所示。

图 3.44　执行【斜切】命令　　　　　　图 3.45　执行【缩放】命令

(5) 在【图层】面板中单击"上面"层使其成为当前作用层，单击【移动】工具 ，移动"侧面"图层，使其靠齐到"正面"的上边缘。执行【编辑】|【变换】|【斜切】命令，在右边线中点上按住鼠标左键向上拖动至适当位置；再执行【编辑】|【变换】|【缩放】命令，在右边线中点上按住鼠标左键向左拖动至适当位置；按 Enter 键确认变换操作，如图 3.46、图 3.47 所示。

图 3.46　执行【斜切】命令　　　　　　图 3.47　执行【缩放】命令

(6) 调整亮度。在【图层】面板中单击"侧面"层使其成为当前作用层,执行【图像】|【调整】|【亮度/对比度】命令,在弹出的对话框中设置亮度为-30。在【图层】面板中单击"上面"层使其成为当前作用层,执行【图像】|【调整】|【亮度/对比度】命令,在弹出的对话框中设置亮度为-50。

(7) 制作背景。在【图层】面板中单击"背景"层使其成为当前作用层。设置前景色为白色(RGB:255,255,255),背景色为灰色(RGB:87,90,93),使用【渐变】工具▨,做径向渐变。

(8) 保存文件。执行【文件】|【存储】命令,输入文件名为"盒子.jpg",单击【保存】按钮。

3.4 本 章 小 结

本章介绍了图像编辑的基础知识和图像变化的使用。通过本章的学习,可以了解图像编辑的基本命令和图像变化的相关操作,重点要掌握图像编辑命令和图像变化操作的使用。本章通过 4 个课堂案例的讲解对图像编辑和图像变化的操作进行了更加具体的学习,为后面进一步制作复杂的图像特效打好基础。

3.5 上 机 实 训

【实训目的】学习图像编辑命令和图像变换的操作。
【实训内容】
(1) 车展。
(2) 一寸证件照。
【实训过程提示】

1. 车展

效果所在位置:Ch03\实训\效果\车展.psd,效果如图 3.48 所示。

图 3.48　车展效果图

(1) 打开素材文件。执行【文件】|【打开】命令,打开"Ch03\实训\素材"文件夹中的"展厅.jpg"、"美女.jpg"和"汽车.jpg"3 个素材文件,如图 3.49 所示。

图 3.49　3 个素材

(2) 单击工具箱中的【移动】工具 ，用左键按住"美女.jpg"图像拖动到"车展.jpg"图像窗口中。执行【编辑】|【变换】|【扭曲】命令，拖动 4 个角上的控制点，将美女图片变形吻合到展厅正面的墙上，如图 3.50 所示。

图 3.50　执行【扭曲】命令

(3) 单击工具箱中的 工具，设置工具选项栏中的【羽化】选项值为 3 像素，在"汽车.jpg"图像中勾勒出汽车的外形(图 3.51)，将其复制到"车展.jpg"图像文件中。执行【编辑】|【变换】|【斜切】命令，在右边线中点按住鼠标左键向上拖动，使汽车平放于地面。执行【编辑】|【变换】|【缩放】命令，适当缩放汽车，使其与展厅的大小比例合适，如图 3.52 所示。

图 3.51　创建选区-8　　　　图 3.52　执行【斜切】与【缩放】命令

(4) 制作汽车倒影。将汽车所在图层"图层 2"拖到【图层】面板下方的【新建图层】按钮 上，产生"图层 2 副本"，在该图层上执行【编辑】|【变换】|【垂直翻转】命令，将其翻转后下移。用 工具选择汽车左侧，执行【编辑】|【变换】|【斜切】命令，使两汽车间的缝隙重合。用同样的方法，使汽车的右侧的两缝隙重合。在【图层】面板中，拖动"图层 2 副本"层至"图层 2"下方，并将该层的不透明度设置为 60%，效果如图 3.53 所示。

图 3.53　执行【垂直翻转】、【斜切】与【缩放】命令

(5) 新建一图层"图层 3"，在新图层上用【多边形套索】工具 创建选区，勾勒出光线的外形，选择前景色为白色，用【油漆桶】工具 在选区中填充白色，调整"图层 3"的不透明度为 40%，如图 3.54 所示。

图 3.54　制作光束

(6) 在工具箱中单击【直排文字】工具 T，在其选项栏设置字体为黑体，字号为 72 点。单击图像窗口，输入文字"名车家族"。双击文字图层，弹出【图层样式】对话框，设置渐变覆盖为【色谱渐变】，设置描边为白色，如图 3.55、图 3.56 所示。

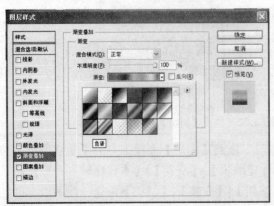
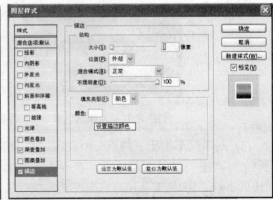

图 3.55　【渐变覆盖】图层样式　　　　图 3.56　【描边】图层样式

(7) 保存文件。执行【文件】|【存储为】命令，输入文件名"车展.jpg"，单击【保存】按钮。

2. 一寸证件照

效果所在位置：Ch03\实训\效果\一寸证件照(一版).jpg，效果如图 3.57 所示。

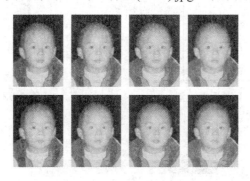

图 3.57　一寸证件照效果

(1) 使用 Photoshop CS5 打开"Ch03\实训\素材\照片.jpg"素材文件。

(2) 单击工具箱中的【裁剪】工具 <img>，选项栏设置为：宽度为 2.5 厘米，高度为 3.5 厘米，分辨率为 300PPI，如图 3.58 所示。在照片中拖动鼠标产生裁剪区域，调整到合适的位置，单击选项栏按钮 ✔。

| 🔲 · | 宽度: 2.5 厘米 | ⇄ | 高度: 3.5 厘米 | 分辨率: 300 | 像素/... ⌄ | 前面的图像 | 清除 |

图 3.58　设置【裁剪】工具选项栏

(3) 使用【多边形套索】工具，羽化值为 1，在图像中创建选区，如图 3.59 所示。设置前景色为蓝色(RGB(0，0，255))，执行【编辑】|【填充】命令，在选区中填充前景色，效果如图 3.60 所示。按 Ctrl+D 组合键取消选区。

图 3.59　创建选区-9　　　图 3.60　填充蓝色

(4) 设置背景色为白色，执行【图像】|【画布大小】命令，设置调宽为 0.4 厘米，高为 0.4 厘米，选中【相对】复选框，单击【确定】按钮，如图 3.61 所示，单击【确定】按钮，效果如图 3.62 所示。

(5) 执行【编辑】|【定义图案】命令，将裁剪好的照片定义为图案，图案名称为"照片"。

(6) 新建一个文件，执行【文件】|【新建】命令，新建文件设置宽度为 11.6 厘米，高度为 7.8 厘米，分辨率为 300PPI。

图 3.61　【画布大小】对话框设置

图 3.62　调整后效果

(7) 执行【编辑】|【填充】命令，使用图案填充，选择"照片"图案为自定图案，单击【确定】按钮，如图 3.63 所示。

图 3.63　设置【填充】选项

(8) 保存文件。执行【文件】|【存储】命令，输入文件名为"一寸证件照(一版).jpg"，单击【保存】按钮。

3.6　习题与上机操作

1. 判断题

(1)【旋转画布】命令和【变换】命令都可以旋转图像。　　　　　　　　　　　(　　)

(2) 在图像中创建选区后，执行【编辑】|【清除】命令可消除当前选中的图像，并以背景色填充。　　　　　　　　　　　　　　　　　　　　　　　　　　　　(　　)

(3)【复制】命令能够应用于所有图层。　　　　　　　　　　　　　　　　　　(　　)

2. 选择题

(1) 当需要确认裁剪范围时，可以双击或按(　　)键。

　A. Enter　　　B. Esc　　　C. Shift　　　D. Ctrl

(2) 以下对【裁剪】工具描述正确的选项有(　　)。

　A. 裁剪将所选区域裁掉，而保留裁切框之外的区域

　B. 裁剪后，图像大小改变了，图像分辨率也随之改变

　C. 裁剪时可随意旋转裁切框

　D. 要取消裁剪操作可按 Esc 键

(3) 以下对【图像大小】命令描述正确的是(　　)。

　　A.【图像大小】命令用来改变图像的尺寸

　　B.【图像大小】命令可以改变图像的分辨率

　　C.【图像大小】命令不可以改变图像的分辨率

　　D.【图像大小】命令可以将图像放大，而图像的清晰程度不受影响

(4) 在 Photoshop CS5 中修改图像文件画布尺寸的方法可以是(　　)。

　　A. 执行【图像】|【裁切】命令

　　B. 执行工具箱中的【裁剪】工具

　　C. 执行【图像】|【裁剪】命令

　　D. 执行【图像】|【画布大小】命令

(5) 下列关于【变换】的说法，正确的是(　　)。

　　A.【变换】命令可对选区内的图像进行缩放和变形

　　B.【变换】命令可对选区及选区内的图像进行缩放和变形

　　C.【变换】命令可将选区的形状改为不规则形状

　　D.【变换】命令可对局部图像进行旋转

(6)【图像大小】对话框中有两个重要复选框："约束比例"和"重定图像像素"，下列说法正确的是(　　)。

　　A. 当选中【约束比例】复选框时，图像的高度和宽度的比例是被锁定的，但可以修改分辨率的大小

　　B. 当选中【约束比例】复选框时，图像的高度和宽度的比例被锁定，这样可保证图像不会变形

　　C. 当取消选中【重定图像像素】复选框时，图像总的像素数量被锁定

　　D. 当选中【重定图像像素】复选框时，【约束比例】复选框也一定处于选中状态

3. 操作题

利用图像编辑等操作，制作合成图像，效果如图 3.64 所示。

图 3.64　合成图像效果图

提示：(1) 打开 "Ch03\习题\素材" 文件夹中的素材文件 "01.tif"、"02.tif" 和 "03.tif" 文件。

　　(2) 执行【贴入】命令制作出蓝色天空。

　　(3) 执行【自由变换】命令制作花廊造型效果。

第4章 绘制图像

 教学目标

　　掌握绘图颜色的选取方法，画笔工具的设置与使用，橡皮擦工具组的使用方法，颜色填充的方法，描边命令的使用等。

 教学要求

知识要点	能力要求	相关知识	所占分值（100 分）	自评分数
选取绘图颜色	(1) 掌握前景色和背景色的设置方法 (2) 掌握用吸管工具来选取颜色的方法		20	
画笔工具	(1) 掌握画笔的设置方法 (2) 了解画笔自定义的方法 (3) 掌握画笔的管理方法	课堂案例：吹泡泡	20	
橡皮擦工具组	掌握组中三种类型的橡皮擦的使用		10	
填充颜色和描边	(1) 掌握【填充】命令的使用 (2) 掌握【油漆桶】工具的使用 (3) 掌握【渐变】工具的使用 (4) 掌握【描边】命令的使用	三个课堂案例：包装纸图样，花瓶和制作灯管字	30	
实训	通过两个实训案例：制作邮票、绘制按钮的操作练习，掌握本章中所涉及的绘制图像的基本操作方法		20	

 **学习重点**

　　绘图颜色的设置；画笔的使用；填充颜色和描边。

在 Photoshop CS5 中，通过绘图工具可以在空白的图像中画出图画，也可以在已有的图像中对图像进行再创作，掌握好绘图工具可以使设计作品更精彩。

4.1 选取绘图颜色

在 Photoshop CS5 中，可以根据设计和绘图的需要选取不同的颜色。

1. 使用【前景色和背景色】工具选取颜色

工具箱中有一个专门的颜色工具如图 4.1 所示，通过该工具可以设置前景色和背景色，也可以切换前景色和背景色，还可以恢复默认的颜色设置。

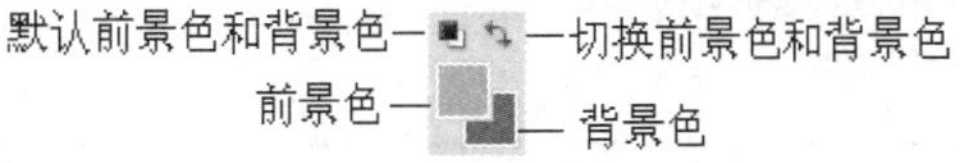

默认前景色和背景色——■ ↰——切换前景色和背景色
前景色——■——背景色

图 4.1 前景色和背景色设置工具

单击颜色工具中的 ↰ 按钮可转换前景色与背景色；单击 ■ 小图标，可恢复前景色与背景色的默认颜色(前景色为黑色，背景色为白色)。在设置前景色或背景色时，通过单击相应的图标，则会弹出如图 4.2 所示的【拾色器】对话框，从中可以选择需要的颜色，单击【确定】按钮即可。

图 4.2 【拾色器】对话框

在【拾色器】中选择颜色有以下两种方法。

方法一：在【拾色器】中，拖动色杆上的滑块来选择要使用的颜色色相，然后在色域通过单击选择颜色的饱和度和明度(色域中垂直方向表示明度的变化，水平方向表示饱和度的变化)。【新的】颜色框中会显示被选中的颜色，同时可看到所选颜色的 HSB、RG、Lab、CMYK 值。

方法二：在【拾色器】中直接输入所需颜色的颜色值(十六进制，如#6d5b5c)，或输入所需颜色的某一种颜色模式值(如 RGB 值，R 为 255、G 为 0、B 为 0 表示红色)。

在【拾色器】对话框中，如果勾选【只有 Web 颜色】复选框的话，那么色域中将显示可供网页使用的颜色,如图 4.3 所示。

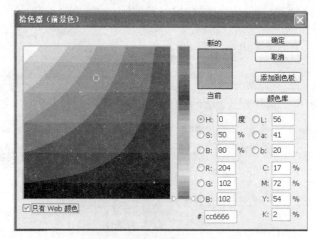

图 4.3 【拾色器】对话框-2

2. 使用【颜色】控制面板设置颜色

执行【窗口】|【颜色】命令,可打开如图 4.4 所示的【颜色】控制面板。要设置前景色或者背景色,可单击相应的颜色框,再利用其中的 R、G、B 滑块调整颜色,也可直接在最下面的颜色样本框中单击来获取颜色。

单击【颜色】控制面板右上方的图标 ,可在弹出的下拉菜单中选择颜色模式。

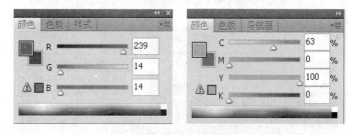

图 4.4 【颜色】控制面板

3. 使用【色板】控制面板设置颜色

执行【窗口】|【色板】命令,系统将弹出【色板】控制面板如图 4.5 所示。可以在【色板】控制面板中单击一种颜色以改变前景色。

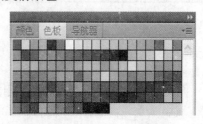

图 4.5 【色板】控制面板

若要添加一种颜色到【色板】中,有以下两种操作方法。

方法一:当鼠标位于【色板】控制面板的空白颜色处时,光标会变为油漆桶图标,此时单击鼠标,系统会弹出【色板名称】对话框如图 4.6 所示,输入名称,单击【确定】按钮,就可将前景色添加到【色板】控制面板中。

方法二：单击【色板】控制面板右上方的图标 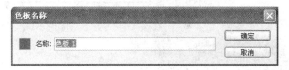，执行下拉菜单中的【新建色板】命令，系统会弹出【色板名称】对话框，输入名称，单击【确定】按钮，就可将前景色添加到【色板】控制面板中。

图 4.6 【色板名称】对话框

若要删除色板中的某个颜色，有以下两种方法。

方法一：移动鼠标到要删除的颜色上，右击执行快捷菜单中的【删除色板】命令即可，如图 4.7 所示。

方法二：按住 Alt 键，移动鼠标到要删除的颜色上，看到鼠标变为剪刀后，单击左键即可。

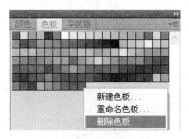

图 4.7 删除色板

若要用默认颜色替换当前色板，即恢复到色板的初始设置状态，则单击【色板】控制面板右上方的图标 ，会弹出一个下拉菜单，执行下拉菜单中的【复位色板】命令即可。

4. 使用【吸管】工具设置颜色

使用【吸管】工具 可在图像或调色板中拾取所需的颜色，并将它设定为前景色。

单击【吸管】工具 ，在工具属性栏上便弹出如图 4.8 所示的【吸管】工具选项。其中【取样大小】选项在缺省时仅拾取光标下 1 像素的颜色。若选择 "3×3 平均"，便可拾取 3×3 或 5×5 像素区域内所有颜色的平均值。

图 4.8 【吸管】工具选项

打开一幅图像，单击工具箱中的【吸管】工具 ，在图像上某一点单击，即可选择该点的颜色作为前景色，工具箱中的前景色将随之改变，【信息】面板中也将显示出该颜色的 CMYK 值和 RGB 值，如图 4.9 所示。如果在按住 Alt 键的同时拾取颜色，可将其设定为背景色。

图 4.9 使用【吸管】工具选择颜色

4.2 【画笔】工具

【画笔】工具可以模拟画笔的效果在图像或选区中绘制图像。正确设置和使用【画笔】是非常重要的一个部分。

4.2.1 【画笔】的使用

使用画笔工具的基本步骤如下。

(1) 指定【前景色】，一般前景色就是画笔的颜色。

(2) 单击【画笔】工具 ✎ 。

(3) 在选项栏中，单击【画笔】列表框右侧的图标 ⬛ 的下三角 ▼ 按钮，打开一个下拉面板，如图 4.10 所示，从中就可以选择不同类型的画笔，设置笔头的大小和硬度。在选项栏中，设置【模式】、【不透明度】、【流量】等。

(4) 在图像中拖曳来进行绘画。

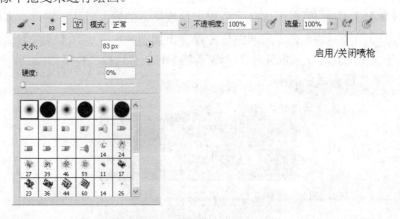

图 4.10 【画笔】工具选项栏

画笔工具选项栏中的按钮说明如下。

① 【模式】：设置如何将绘画的颜色与现有的像素混合。默认是"正常"模式。

② 【不透明度】：设置颜色的不透明度。若不透明度为 100%表示不透明，不透明度 50%表示半透明，不透明度 0%表示透明。默认是 100%。

③【流量】：设置当画笔绘画时应用颜色的速率。默认是 100%。

④【喷枪】：使用喷枪模拟绘画，按住左键，颜料量会增加。单击此按钮可打开或关闭此选项。默认情况下未启用喷枪。

4.2.2　画笔的设置

需要时，可以使用【画笔】面板来进行画笔的设置，操作步骤如下。

(1) 在工具箱中选择【画笔】工具 ，执行【窗口】|【画笔】命令或者在工具属性栏中单击【切换面板】图标 或按 F5 键打开【画笔】面板。

(2) 设置如下参数。

① 画笔笔尖形状选项：在【画笔】控制面板中，选择【画笔笔尖形状】选项，弹出相应的控制面板，如图 4.11 所示。

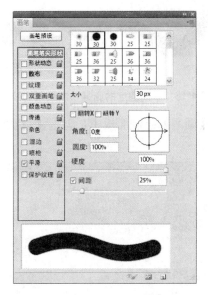

图 4.11　【画笔笔尖形状】选项

(a)【大小】：定义画笔直径大小。

(b)【硬度】：定义画笔边界的柔和程度。不同硬度的画笔绘制的线条效果如图 4.12 所示。

(c)【间距】：控制描边中两个画笔笔迹之间的距离。当取消选择此复选框时，光标的速度决定间距。不同间距的画笔绘制线条的效果如图 4.13 所示。

(d)【角度】：指定椭圆画笔或样本画笔的长轴从水平方向旋转的角度。不同角度的画笔绘制线条的效果如图 4.14 所示。

(e)【圆度】：指定画笔短轴和长轴的比率。100%表示圆形画笔，0%表示线性画笔，介于两者之间的值表示椭圆画笔。不同圆度的画笔绘制线条的效果如图 4.15 所示。

硬度为0%　　　　　　　　　　　　硬度为100%

图 4.12　不同硬度的画笔绘制的线条效果

间距25% 间距100%

图 4.13 不同间距的画笔绘制线条的效果

角度为0度 角度为45度

图 4.14 不同角度的画笔绘制线条的效果

圆度为100% 圆度为10%

图 4.15 不同圆度的画笔绘制线条的效果

② 形状动态复选框:在【画笔】控制面板中,勾选【形状动态】复选框,弹出相应的控制面板,如图 4.16 所示。

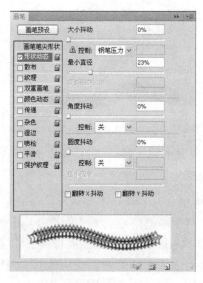

图 4.16 【形状动态】面板

(a)【大小抖动】:用于设置笔头大小变化的随机度。数值为 100%时变化随机度最大,数值为 0 时没有变化。不同的大小抖动数值下绘制的效果如图 4.17 所示。

(b)【角度抖动】:用于设置画笔在绘制线条过程中笔头角度动态变化的效果,如图 4.18 所示。

(c)【圆度抖动】:用于设置画笔在绘制线条过程中笔头圆度动态变化的效果,如图 4.19 所示。

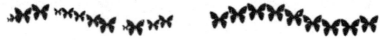

大小抖动100%　　　　　　　　　　大小抖动0%

图 4.17　不同的大小抖动数值下绘制的效果

角度抖动0%　　　　　　　　　　角度抖动100%

图 4.18　不同的角度抖动数值下绘制的效果

圆度抖动0%　　　　　　　　　　圆度抖动100%

图 4.19　不同的圆度抖动数值下绘制的效果

③ 散布复选框：在【画笔】控制面板中，勾选【散布】复选框，弹出相应的控制面板，如图 4.20 所示。

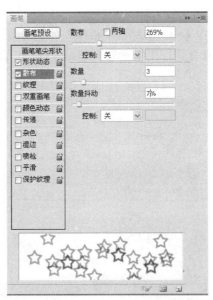

图 4.20　【散布】面板

(a)【散布】：用于设置画笔绘制线条中标记点的分布效果。不选中【两轴】复选框，画笔标记点分布于画笔绘制的线条方向垂直；选中【两轴】复选框，画笔标记点将以放射状分布。

(b)【数量】：用于设置每个空间间隔中画笔标记点的数量。

(c)【数量抖动】：用于设置每个空间间隔中画笔标记点的数量变化。

④ 纹理复选框：在【画笔】控制面板中，勾选【纹理】复选框，弹出相应的控制面板，在控制面板的上面有纹理的预览图，单击右侧的按钮，在弹出的面板中可以选择需要的图案。例如："尖角 30"的画笔带有"鱼眼棋盘"的纹理效果如图 4.21 所示。

⑤【双重画笔】复选框：在【画笔】控制面板中，勾选【双重画笔】复选框，弹出相应的

控制面板，双重画笔就是两种画笔效果的混合。例如："尖角 30"的画笔和"Azelea"的画笔混合，混合模式为"变暗"，效果如图 4.22 所示。

 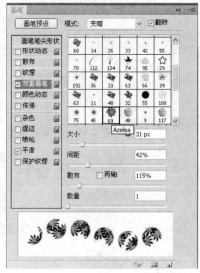

图 4.21 【纹理】面板   图 4.22 【双重画笔】面板

⑥【颜色动态】复选框：在【画笔】控制面板中，勾选【颜色动态】复选框，弹出相应的控制面板，如图 4.23 所示。该复选框用于设置画笔绘制过程中颜色的动态变化情况，效果如图 4.24 所示。

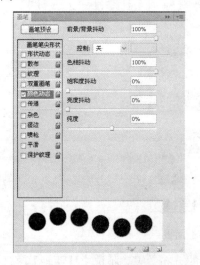

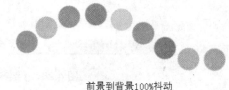

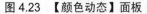
前景到背景100%抖动

图 4.23 【颜色动态】面板   图 4.24 前景到背景抖动效果

(a)【色相抖动】：用以设置画笔绘制的线条在前景色和背景色之间的动态变化。

(b)【饱和度抖动】：用以设置画笔绘制线条的饱和度的动态变化范围。

(c)【亮度抖动】：用以设置画笔绘制线条的亮度的动态变化范围。

(d)【纯度】：用以设置颜色的纯度。

4.2.3　自定义【画笔】

利用 Photoshop CS5 进行画笔外形的定义，即自定义画笔。自定义画笔的操作步骤如下。

(1) 在白色背景下绘制一个图案，图案颜色为灰度(该图案颜色由白至黑，代表定义后的画笔由透明到不透明)，图案可以使用现有画笔绘制，也可以使用形状工具绘制，还可以是现有的图片(注意：彩色图片定义为画笔后为单色画笔图案)。

(2) 利用【矩形选框】工具将图案选中，执行【编辑】|【定义画笔预设】命令，弹出【画笔名称】对话框，输入画笔名称，单击【确定】按钮。

(3) 单击工具箱中的【画笔】工具，在选项栏画笔调板上选择该画笔后，进行画笔设置。

(4) 在图像上拖动鼠标绘制线条，即可看到线条上的标记点是刚才定义的图案。

自定义画笔过程如图 4.25 所示。自定义画笔绘制效果如图 4.26 所示。

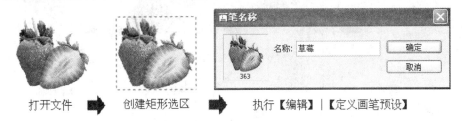

图 4.25　自定义画笔过程

图 4.26　自定义画笔绘制效果

4.2.4　课堂案例 9——吹泡泡

【学习目标】学习自定义画笔、画笔的使用和设置。

【知识要点】创建一个文件来绘制一个图像，并将其定义为画笔，在另一个文件中使用该自定义的画笔，进行画笔设置后，绘制出五彩缤纷的气泡效果。效果如图 4.27 所示。

【效果所在位置】Ch04\课堂案例\效果\吹泡泡.jpg。

图 4.27　吹泡泡效果图

操作步骤如下。

(1) 新建文件。执行【文件】|【新建】命令，在【新建】对话框中设置宽度为 400 像素，高度为 400 像素，分辨率为 72 像素/英寸，白色背景，单击【确定】按钮。此时，就新建了一个名为"未标题-1"的图像文件。

(2) 绘制图案。单击工具箱中的【椭圆选框】工具 ◯，在选项栏设置羽化值为 2，移动鼠标到图像中，按住 Shift 键，拖动鼠标绘制一个正圆。设置前景色为黑色 RGB(0，0，0)。单击工具箱中的【画笔】工具 ✐，在选项栏设置画笔类型为"柔边圆"，大小为 150，在选区右上侧单击。再设置前景色为灰色 RGB(102，102，102)，在选项栏设置画笔大小为 40，在选区内拖动绘制弧线。再调整画笔大小为 150，不透明度为 20%，在选区左下部分边缘拖动。按 Ctrl+D 键取消选区。效果如图 4.28 所示。

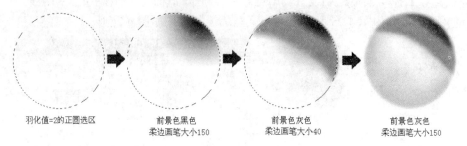

羽化值=2的正圆选区　　前景色黑色 柔边画笔大小150　　前景色灰色 柔边画笔大小40　　前景色灰色 柔边画笔大小150

图 4.28　绘制图案

(3) 自定义画笔。单击工具箱中的【矩形选框】工具 ▢，框选图案(图 4.29)。执行【编辑】|【定义画笔预设】命令，弹出【画笔名称】对话框，输入画笔名称"气泡"，如图 4.30 所示，单击【确定】按钮。

图 4.29　创建矩形选区　　　　图 4.30　执行【编辑】|【定义画笔预设】命令

(4) 设置画笔。单击工具箱中的【画笔】工具 ✐，在选项栏画笔调板上选择"气泡"画笔后，进行画笔设置。执行【窗口】|【画笔】命令打开【画笔】面板。选择【画笔笔尖形状】选项，设置大小 40，间距 150%；勾选【形状动态】复选框，设置大小抖动 100%，角度抖动 100%；勾选【散布】复选框，设置两轴散布 495%，数量 3；勾选【颜色动态】复选框，设置色相抖动 100%。

(5) 打开素材文件。执行【文件】|【打开】命令，选择文件夹"Ch04\课堂案例\素材\吹泡泡\背景.jpg"文件，单击【打开】按钮。

(6) 使用画笔。在"背景.jpg"文件图像中适当位置拖动鼠标，即可看到大小不同、颜色不同的气泡散布在鼠标拖过的图像上。

(7) 保存文件。执行【文件】|【存储为】命令，弹出【存储为】对话框，选择文件存储的位置和类型，输入文件名"吹泡泡"，单击【保存】按钮。

4.3 铅笔工具

【铅笔】工具✐可以在当前图层或所选择的区域内模拟铅笔的效果进行描绘，画出的线条硬、有棱角，就像实际生活当中使用铅笔绘制的图形一样。【铅笔】工具✐使用步骤如下。

(1) 首先在工具箱上选中【铅笔】工具✐，然后选取一种前景色。

(2) 在【选项栏】中设置铅笔的形状、大小、模式、不透明度和流量等参数。

(3) 将鼠标指针移至绘画区待其变为相应的形状时便可开始绘画。

在【铅笔】工具【选项栏】中有一个【自动抹掉】复选框。使用此复选框可以实现自动擦除的功能，即可以在前景色上绘制背景色。当开始拖曳时，如果光标的中心在前景色上，则该区域将抹成背景色。如果在开始拖曳时光标的中心在不包含前景色的区域上，则该区域将绘制成前景色。

4.4 橡皮擦工具组

在 Photoshop CS5 中橡皮擦工具组包括【橡皮擦】✐、【背景橡皮擦】✐和【魔术橡皮擦】✐ 3 种工具。

1. 【橡皮擦】工具

【橡皮擦】工具✐可将像素更改成背景色或透明。如果在背景层或已经锁定透明度的图层中使用橡皮擦，像素将更改为背景色；否则，像素将被抹成透明，如图 4.31 所示。

背景层或锁定透明的非背景层　　　　　　　　非背景层且未锁定透明
被擦成背景色　　　　　　　　　　　　　　被擦成透明

图 4.31 使用【橡皮擦】工具

此外，还可以使用【橡皮擦】工具✐使受影响的图像区域回到【历史记录】面板中选中的状态。【橡皮擦】工具的选项栏如图 4.32 所示。

图 4.32 【橡皮擦】工具选项栏

启用【橡皮擦】工具✐，在选项栏勾选【抹到历史记录】复选框后，在【历史记录面板】中单击某一历史记录左侧的方块，出现✐后，移动鼠标到图像中拖动，即可使被拖过的图像回到那一历史状态,如图 4.33 所示。

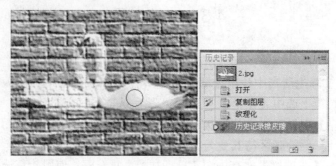

图 4.33 抹到历史记录

2. 【背景橡皮擦】工具

【背景橡皮擦】工具 ![] 可在拖动时将图层上的像素擦成透明,从而可以在擦除背景的同时在前景中保留对象的边缘。通过指定不同的取样和容差选项,可以控制透明度的范围和边界的锐化程度。【背景橡皮擦】采集画笔中心的色样,并删除在画笔内的任何位置出现的该颜色。

使用步骤如下。

(1) 在【图层】面板中单击需要擦除图像所在的图层,使其成为当前作用层。

(2) 选择【背景橡皮擦】工具 ![],在选项栏设置选项,如大小、硬度、容差、间距等。

(3) 移动鼠标到要擦除的图像上拖动。

【背景橡皮擦】工具选项栏如图 4.34 所示。

图 4.34 【背景橡皮擦】工具选项栏

选项栏上的选项说明如下。

(1)【取样】:有"连续"、"一次"和"背景色板"3 种。"连续"随着拖动连续采取色样;"一次"只擦除包含第一次单击的颜色区域;"背景色板"只擦除包含当前背景色的区域。

(2)【限制】:有"不连续"、"连续"和"查找边缘"3 种限制模式。"不连续"擦除出现在画笔下任何位置的样本颜色;"连续"擦除包含样本颜色且互相连接的区域;"查找边缘"擦除包含样本颜色的连续区域,同时更好地保留形状边缘的锐化程度。

图 4.35 使用【背景橡皮擦】工具

(3)【容差】:低容差时,仅擦除与样本颜色非常相似的区域;高容差时,可擦除范围更广的颜色。

(4)【保护前景色】:勾选此复选框时,可防止擦除与工具箱中前景色匹配的区域。勾选【保护前景色】复选框时的擦除效果如图 4.35 所示。

3. 【魔术橡皮擦】工具

用【魔术橡皮擦】工具在图像中单击时，会将当前图层上与取样点相似的所有像素擦成透明的。如果当前图层是锁定透明度的，则这些像素会被擦成背景色。若当前图层是背景层，用【魔术橡皮擦】工具单击后会装换为普通图层，并将与单击点相似的像素擦成透明的。

【魔术橡皮擦】工具的选项栏如图 4.36 所示。

图 4.36　【魔术橡皮擦】工具选项栏

使用【魔术橡皮擦】工具的效果如图 4.37 所示。

图 4.37　使用【魔术橡皮擦】工具

4.5　填充颜色

在 Photoshop CS5 中可以使用【油漆桶】工具、【渐变】工具或【填充】命令将颜色或图案填充到选区、路径或整个图层中。

4.5.1　使用【填充】命令

在 Photoshop CS5 中，使用【填充】命令可以对整个图像或选取范围进行颜色填充，使用【填充】命令除了能填充一般的颜色之外，还可以填充图案。

操作步骤如下。

(1) 选中要进行填充的图层，如果是对某一个选取范围进行填充，则先在图像中创建选区。

(2) 执行【编辑】|【填充】命令，打开【填充】对话框。

(3) 在【填充】对话框中设置各选项，各选项功能如下。

【内容】：在【使用】下拉列表中可选择要填充的内容。选项有"前景色"、"背景色"、"颜色"、"图案"、"历史记录"、"黑色"、"50%灰色"及"白色"。当选择"图案"方式填充时，需在对话框中的【自定图案】下拉列表中选择图案。

【保留透明区域】：对图层填充颜色时，可以保留透明的部分不填入颜色。该复选框只有对透明的图层进行填充时才有效。

(4) 单击【好】按钮。

【填充】命令使用过程如图 4.38 所示。

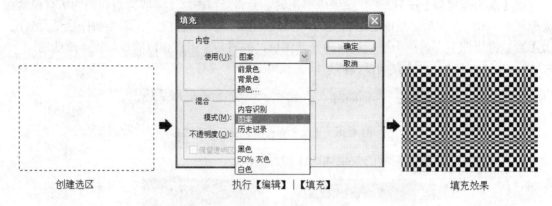

创建选区　　　　　　　　执行【编辑】|【填充】　　　　　　　填充效果

图 4.38　执行【填充】命令

提示：若要快速填充颜色，可按 Alt+Backspace 快捷键；若要快速填充背景色，可按 Ctrl+Delete 快捷键或 Ctrl+Backspace 快捷键。

4.5.2　【油漆桶】工具

【油漆桶】工具 ⬧ 是按照图像中像素的颜色进行填充色处理的，它的填充范围是与鼠标落点所在像素点的颜色相同或相近的像素点。

在工具箱中选择 ⬧ 工具，如果在【填充】下拉列表中选择【前景】选项，则以前景色进行填充；若选择【图案】选项，则工具栏中的【图案】下拉列表会被激活，从中可以选择用户已经定义的图像进行填充。【油漆桶】工具选项栏如图 4.39 所示。

图 4.39　【油漆桶】工具选项栏

用户可以自己定义图案，方法如下。

(1) 创建羽化值为 0 的矩形选区。

(2) 执行【编辑】|【图案定义】命令，弹出【图案定义】对话框，输入名称，单击【确定】按钮。

在油漆桶工具选项栏中单击【图案】列表，即可看到自定义的图案。在使用【填充】命令时，在【填充】对话框中，单击【自定图案】列表，也可看到自定义的图案。

4.5.3　课堂案例 10——包装纸图样

【学习目标】学习使用油漆桶工具和自定义图案。

【知识要点】创建一个文件来绘制图像后，将其定义为图案，并将该图案填充到另一个图像文件中，效果图如图 4.40 所示。

【效果所在位置】Ch04\课堂案例\效果\包装纸图样.jpg。

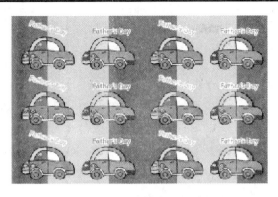

图 4.40　包装纸图样效果图

操作步骤如下。

(1) 新建文件。执行【文件】|【新建】命令，在【新建】对话框中设置宽度 400px，高度 170px，分辨率 300px/inch，白色背景，单击【确定】按钮。此时，就创建了一个名为"未标题-1"的图像文件。

(2) 按 Ctrl+R 键，显示标尺。鼠标在垂直标尺上按下左键向右拖动至水平标尺 100 刻度和 300 刻度位置，创建出两根垂直参考线。使用【矩形选框】工具 ，创建矩形选区(图 4.41) 。设置前景色为蓝色 RGB(57，90，255)，使用【油漆桶】工具 ，单击选区内部，把前景色倒入矩形选区。按 Ctrl+D 键取消选区。再创建矩形选区(图 4.42) ，设置前景色为绿色 RGB(176，255，40)，使用【油漆桶】工具 ，把前景色倒入矩形选区。填充效果如图 4.43 所示。

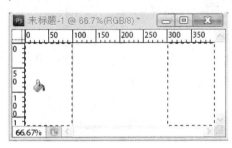

图 4.41　创建选区填充蓝色

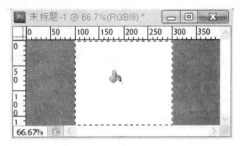

图 4.42　创建选区填充绿色

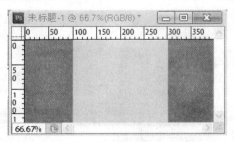

图 4.43　填充效果

(3) 按 Ctrl+R 键，关闭标尺。执行【视图】|【清除参考线】命令。

(4) 打开素材文件。执行【文件】|【打开】命令，选择文件夹"Ch04\课堂案例\素材\包装纸图样\卡通汽车.jpg"文件，单击【打开】按钮。打开的素材文件如图 4.44 所示。

(5) 用【移动】工具 按住素材图片拖动至"未标题-1"图像文件中，使其位于图像左半部分，此时会增加一个图层"图层 1"。使用【魔术橡皮擦】工具 ，在工具选项栏勾选【连续】复选框,单击白色区域(图 4.45) 。擦除白色区域后效果如图 4.46 所示。

图 4.44　卡通汽车素材文件　　图 4.45　拖动素材至"未标题-1"　　图 4.46　使用【魔术橡皮擦】工具

(6) 复制图层。在"未标题-1"图像文件中,在图层面板中按住"图层 1",拖动至图层面板底部的新建按钮上,从而复制产生一个新图层"图层 1 副本"。

(7) 使用【移动】工具,移动"图层 1 副本"至图像右半部分,并使用【油漆桶】工具,把喜欢的颜色填充到右边汽车的合适部位,效果如图 4.47 所示。

图 4.47　使用【油漆桶】工具改变汽车局部颜色

(8) 使用【文字】工具 T,在选项栏设置字体:Comic Sans MS,字号为 4.77 点,字的颜色为绿色 RGB(102,255,0),在图像中单击,输入"Father's day",单击选项栏上的 ✔ 按钮确认文字操作。在图层面板中,双击文字图层,弹出【图层样式】对话框(图 4.48) ,勾选【描边】复选框,单击颜色块,在拾色器中选择白色 RGB(255,255,255),单击【确定】按钮。按 Ctrl+T 快捷键,在选项栏 输入角度 15 度,单击选项栏上的 ✔ 按钮确认变换操作,效果如图 4.49 所示。按照前面的步骤创建另外一个文字层,文字颜色为蓝色 RGB(102,102,204),文字水平放置,效果如图 4.50 所示。

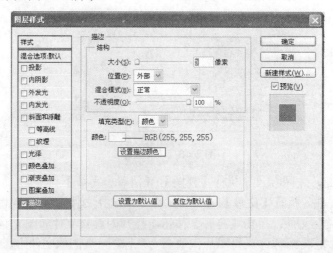

图 4.48　【图层样式】对话框-1

图 4.49　文字效果-1　　　　　　　　　　图 4.50　文字效果-2

（9）定义图案。按 Ctrl+A 组合键，全选图像。执行【编辑】|【定义图案】命令，弹出【图案名称】对话框，输入"父亲节礼品包装纸样"，单击【确定】按钮，如图 4.51 所示。

图 4.51　【图案名称】对话框

（10）新建文件。执行【文件】|【新建】命令，在【新建】对话框中设置宽度为 800px，高度为 519px，分辨率为 300px/inch，RGB 颜色模式，白色背景，单击【确定】按钮。此时，就创建了一个名为"未标题-2"的图像文件。

（11）填充图案。单击【油漆桶】工具 🪣，在选项栏设置填充源为图案，选择"父亲节礼品包装纸样"图案后，单击"未标题-2"图像，即可看到图案填充到整个背景层中了。

（12）保存文件。执行【文件】|【存储为】命令，把"未标题-2"图像存储为"包装纸图样.jpg"。

4.5.4　【渐变】工具

【渐变】工具 ▭ 可以创建多种颜色间的逐渐混合，可以从预设渐变填充面板中选取或创建自己的渐变。通过在图像中拖动鼠标即可用渐变色填充区域。起点(按下鼠标处)和终点(松开鼠标处)会影响渐变外观，具体取决于所使用的渐变工具。如果要填充图像的一部分，请选择要填充的区域。否则，渐变填充将应用于整个当前作用图层。【渐变】工具 ▭ 选项栏如图 4.52 所示。

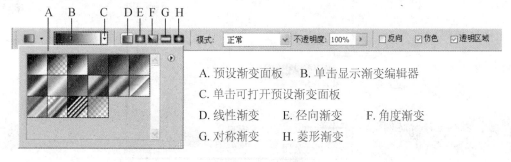

A. 预设渐变面板　　B. 单击显示渐变编辑器

C. 单击可打开预设渐变面板

D. 线性渐变　　E. 径向渐变　　F. 角度渐变

G. 对称渐变　　H. 菱形渐变

图 4.52　【渐变】工具选项栏

1. 使用【渐变】工具填充

(1) 选择【渐变】工具 ![] 。

(2) 在选项栏中，单击 ![] 渐变样本旁边的三角形 ▾ 按钮，打开预设渐变面板，单击选中需要的预设渐变。

(3) 在选项栏中，单击需要的渐变类型。渐变类型有以下 5 种。

① 【线性渐变】![] ：以直线从起点渐变到终点。

② 【径向渐变】![] ：以圆形图案从起点渐变到终点。

③ 【角度渐变】![] ：以逆时针扫过的方式围绕起点渐变。

④ 【对称渐变】![] ：使用对称线性渐变在起点的两侧渐变。

⑤ 【菱形渐变】![] ：以菱形图案从起点向外渐变，终点定义菱形的一个角。

不同渐变类型的渐变效果如图 4.53 所示。

图 4.53　不同渐变类型的渐变效果

(4) 在图层或图层选区中起点位置按下左键，拖动至终点释放左键，即可看到渐变填充效果。

提示：拖动鼠标填充渐变颜色时，若按 Shift 键，则可以按 45 度、水平或垂直的方向填充颜色。

　　　【渐变】工具不可用于位图、索引颜色或每通道 16 位模式的图像。

2. 定义渐变填充效果

当预设渐变样本不符合需要时，就必须自己定义渐变色了。在选项栏中，单击 ![] 渐变样本，就会弹出【渐变编辑器】对话框，如图 4.54 所示。

图 4.54　【渐变编辑器】对话框

定义渐变填充效果的方法如下。

(1) 在【预设】列表框中选中一个近似的预设渐变样式，并在其基础上进行编辑。

(2) 在渐变颜色条上单击起点色标，此时颜色： ▶列表框将会置亮，接着单击【颜色】
列表框右侧的 ▶ 按钮，选择一种颜色。当选择【前景】或【背景】选项时，则可用前景色或背
景色作为渐变颜色；当选择【用户颜色】时，需要用户自己指定一种颜色。选定起点颜色后，
该颜色会立刻显示在渐变颜色条上，接着用同样的方法指定渐变的终点颜色就可以了。

提示：如果用户要在颜色渐变条上增加一个颜色标志，则可以移动鼠标指针到颜色条的下方，
当指针变为小手形状时单击即可。

(3) 指定渐变颜色的起点和终点颜色后，还可以指定渐变颜色在颜色条上的位置，以及两
种颜色之间的中点位置。设置渐变位置既可以用鼠标拖动，也可以在【位置】文本框中直接输
入数值，如果要设置两种颜色之间的中点位置，则可以在渐变颜色条上按下中点标志◇，并拖
动鼠标即可。

(4) 设置渐变颜色后，如果用户要给渐变颜色设置一个透明蒙板。在渐变颜色条上方选中
起点不透明标志或终点不透明标志，然后在【不透明度】和【位置】文本框中设置不透明度和
位置，并且调整这两个透明标志之间的中点位置。

提示：如果用户要在颜色渐变条上增加一个不透明度标志，则可以移动鼠标指针到颜色条的上
方，当指针变为小手形状时单击即可。

(5) 设置好了以后，单击【确定】按钮。接下来，定义好的渐变填充效果就可以使用了。

4.5.5　课堂案例 11——花瓶

【学习目标】学习渐变工具的使用和自定义渐变填充效果。

【知识要点】使用渐变工具，在渐变编辑器中自定一种渐变效果，并在素材图片上应用这
种渐变效果，如图 4.55 所示。

【效果所在位置】Ch04\课堂案例\效果\花瓶.jpg。

图 4.55　花瓶效果图

操作步骤如下。

(1) 打开素材文件。执行【文件】|【打开】命令，选择文件夹"Ch04\课堂案例\素材\花瓶
\花瓶.jpg"文件，单击【打开】按钮。打开的素材文件如图 4.56 所示。

图 4.56　花瓶素材文件

(2) 在工具箱中单击█按钮，设置前景色和背景色为默认的黑白。

(3) 在工具箱中选取█工具。单击选项栏中的▆▆▆渐变样本，在弹出的【渐变编辑器】对话框中，单击预设的【前景到背景】样本将其选中。

(4) 单击起点色标█，在弹出的拾色器对话框中选择紫色 RGB(54，22，158)，如图 4.57 所示，单击【确定】按钮。

提示：被选中的色标是实心的█，未被选中的色标是空心的█。

(5) 在【渐变编辑器】中，移动鼠标到颜色渐变条上方，当指针变为小手形状时单击，即可看到增加了一个新的【不透明度】标志█，设置其不透明度为 0，如图 4.58 所示。

(6) 再增加一个新的【不透明度】标志█，设置其不透明度为 100，如图 4.59 所示。

(7) 按此操作，在颜色条上方共新创建 13 个【不透明度】标志，分别设置其不透明度值为 0 和 100，【位置】值差值为 3，如图 4.60 所示，单击【确定】按钮。

(8) 在图像中自右下向左上拖曳鼠标如图 4.61 所示，产生的渐变效果如图 4.62 所示。

(9) 保存文件为"花瓶.jpg"。

图 4.57　更改起点【颜色色标】为紫色　　　图 4.58　新建的第一个【不透明度】色标参数

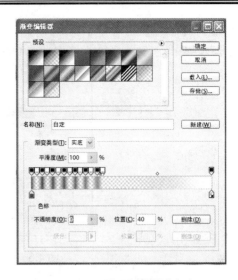

图 4.59 新建的第二个【不透明度】色标参数 　　　图 4.60 设置好的渐变颜色

图 4.61 应用渐变 　　　　　图 4.62 渐变效果

4.6 描　　边

4.6.1 【描边】命令

在 Photoshop CS5 中，执行【描边】命令可以用来制作描边的文字、按钮等一些特效。执行【描边】命令可以在选取范围或图层周围绘制出边框。

操作步骤如下。

(1) 首先创建选区。

提示：如果是对某个图层上的所有图像进行描边，则可以不创建选区，只需确保该图层为当前作用层就可开始描边，这样的话是直接描在当前层上。但如果是背景层，则必须先创建选区。

(2) 执行【编辑】|【描边】命令,打开【描边】对话框,如图 4.63 所示。

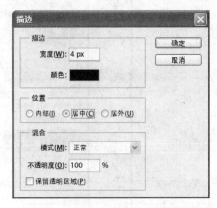

图 4.63 【描边】对话框

在【描边】对话框中设置如下内容。

①【宽度】:可以输入一个数值(范围为 1~16 像素)以确定描边的宽度。

②【颜色】:选择描边使用的颜色。

③【位置】:选择描边的位置,可在选区的内、中和外 3 种位置进行描边,如图 4.64 所示。

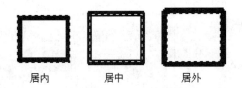

图 4.64 3 种描边位置

④【混合】:设置描出的边与现有图像的混合模式。

⑤【不透明度】:设置描出的边的不透明度。

(3) 单击【确定】按钮,即完成描边操作。

4.6.2 课堂案例 12——制作灯管字

【学习目标】学习【描边】命令的使用。

【知识要点】新建一个黑色背景的文件,创建一个文字选区,羽化该选区后描白色的边,效果如图 4.65 所示。

【效果所在位置】Ch04\课堂案例\效果\灯管字.jpg。

图 4.65 灯管字效果图

操作步骤如下。

(1) 新建文件。执行【文件】|【新建】命令，在【新建】对话框中设置宽为 425px，高为 340px，分辨率为 72PPI，白色背景，RGB 颜色模式，单击【确定】按钮。

(2) 设置前景色为黑色 RGB(0，0，0)，使用【油漆桶】工具  填充前景色到背景层。

(3) 创建文字。单击工具箱中【横排文字】工具 T，在选项栏设置字体：隶书，字号 200 点，文字颜色为黑色 RGB(0，0，0)，在图像中单击，输入"灯管"，按 Enter 键。

提示：由于背景是黑色，字也是黑色，所以输入的字看不到。单击图层面板中背景层前方的眼
　　　睛图标 👁，使背景层暂时不可见，这样就可看到文字了。

(4) 按 Ctrl+T 键，在选项栏设置高度为 120% H:120.00% ，单击 ✔ 按钮。这样文字就变高了一点。使用移动工具 ▶✛，把文字移动到图像中间。

(5) 创建选区。按住 Ctrl 键，在【图层】面板中单击文字图层的缩览图，即可看到出现文字选区，如图 4.66 所示。

(6) 羽化选区。执行【选择】|【修改】|【羽化】命令，弹出【羽化选区】对话框，输入羽化值 6，如图 4.67 所示，单击【确定】按钮。

图 4.66　文字选区

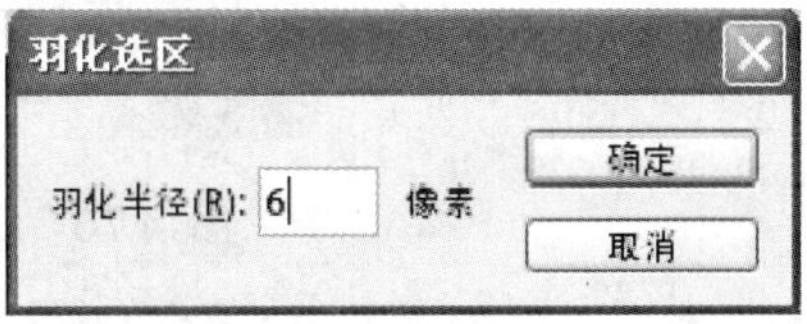

图 4.67　【羽化选区】对话框

(7) 新建图层。执行【图层】|【新建】|【图层】命令，在【图层】面板中产生一个名为"图层 1"的新图层。拖动"图层 1"到文字层下方，并使其成为当前作用层。

(8) 选区描边。执行【编辑】|【描边】命令，弹出【描边】对话框，设置描边线的宽度为 5，颜色为白色 RGB(255，255，255)，位置居中，模式为正常，不透明度为 100%，如图 4.68 所示，单击【确定】按钮。按 Ctrl+D 键取消选区，效果如图 4.69 所示。

图 4.68　【描边】对话框

图 4.69　效果

4.7　本 章 小 结

本章主要介绍了颜色的设置，介绍了 7 个工具(包括画笔、铅笔、橡皮擦、背景橡皮擦、

魔术橡皮擦、油漆桶和渐变)和 2 个命令(包括填充命令和描边命令)。对于画笔工具,熟悉画笔面板中的众多参数是很重要的,应掌握自定义画笔的方法。对于渐变工具,要注意区分几种不同的渐变类型,应掌握自定义渐变效果的方法。对于油漆桶工具,应掌握自定义图案的方法。本章通过 4 个课堂案例,具体地学习这些工具和命令的使用。

4.8　上 机 实 训

【实训目的】练习渐变工具的使用。

【实训内容】渐变色小狗。

　　效果所在位置:Ch04\实训\渐变色小狗.jpg,效果如图 4.70 所示。

图 4.70　渐变色小狗效果

【实训过程提示】

　　(1) 执行【文件】|【新建】命令,在【新建】对话框中设置宽度为 640px,高度为 480px,分辨率为 100PPI,RGB 颜色模式,白色背景,单击【确定】按钮。此时,创建了一个名为"未标题-1"的文件。

　　(2) 执行【文件】|【打开】命令,选择"Ch04\实训\素材\小狗.jpg",单击【打开】按钮。打开的素材如图 4.71 所示。

　　(3) 创建选区。选择工具箱中的【套索】工具，在选项栏中的设置【羽化】值为 10。在图像中沿小狗轮廓拖动鼠标创建选区,如图 4.72 所示。

图 4.71　小狗素材

图 4.72　创建选区

　　(4) 按 Ctrl+C 快捷键复制选区内图像,单击"未标题-1"文件,按 Ctrl+V 快捷键,粘贴到新文件中。此时,"未标题-1"文件中增加了一个图层"图层 1"。

　　(5) 选择图层 1,执行【选择】|【载入选区】命令,形成选区,如图 4.73 所示。

　　(6) 新建图层。执行【图层】|【新建】|【图层】命令,产生图层 2,如图 4.74 所示。

图 4.73　载入选区

图 4.74　新建图层

(7) 在工具箱中单击【渐变】工具，在选项栏中设置为"色谱渐变"，线性渐变，不透明度为 40%，如图 4.75 所示。在图层 2 上从左至右水平拖动鼠标应用渐变，如图 4.76 所示。

图 4.75　【渐变】工具选项栏

图 4.76　应用渐变

(8) 按 Ctrl+D 快捷键取消选区。在图层面板中，单击背景层，使其成为当前作用层。

(9) 设置前景色为黄色 RGB(247，244，149)，背景色为橙色 RGB(232，144，48)，在工具箱中单击【渐变】工具，在选项栏中设置为"前景色到背景色渐变"，线性渐变，不透明度为 100%，如图 4.77 所示。在背景层上从上至下垂直拖动鼠标应用渐变。

图 4.77　【渐变】工具选项栏

(10) 保存文件为"渐变色小狗.jpg"。

4.9　习题与上机操作

1. 判断题

(1) 定义图案时，选取的范围必须是一个矩形或者是椭圆形，并且不能带有羽化值，否则【编辑】|【定义图案】命令不能使用。　　　　　　　　　　　　　　　　　　　（　　）

(2) 拖动鼠标填充渐变颜色时，若按下 Shift 键，则可以按 45 度、水平或垂直的方向填充颜色。   (　　)

(3) 若要快速填充颜色，可按 Alt+Delete 键；若要快速填充背景色，可按 Alt+Backspace 键。   (　　)

(4) 使用【背景橡皮擦】工具可以用来擦除图像中相似颜色的像素。   (　　)

(5) 【渐变】工具可以用于位图、索引颜色或每通道 16 位模式的图像。   (　　)

2. 选择题

(1) 在普通图层使用背景色橡皮擦擦除图像后，其背景色将变为(　　)。

    A．透明色   B．白色

    C．与当前所设的背景色颜色相同   D．以上都不对

(2) 要显示【画笔】面板，可以按(　　)快捷键。

    A．F5   B．Shift+F5   C．F1   D．Ctrl+D

(3) 【渐变】工具提供的渐变方式有(　　)。

    A．线性渐变   B．径向渐变   C．菱形渐变   D．放射形渐变

(4) 【背景橡皮擦】可选择的擦除模式有(　　)。

    A．不连续   B．连续   C．邻近   D．查找边缘

(5) 在 Photoshop CS5 中执行【编辑】|【描边】命令时，选区的边缘与被描线条之间的相对位置可以是(　　)。

    A．居中   B．居内   C．居外   D．同步

(6) 以下有关【油漆桶】工具的描述，正确的有(　　)。

    A．与 ✎ 工具的使用原理基本一致，即均是根据颜色的相同或相似性进行工作

    B．设置了相关参数后可以一次性对多个图层上相同或相似颜色进行填充

    C．需要的时候可以使用图案对某个区域进行填充

    D．与 ◨ 工具和 ✎ 工具一样，在其选项栏上均有【容差】参数

3. 操作题

利用选区、渐变等操作，制作圆筒的图像效果，效果如图 4.78 所示。

图 4.78　圆筒效果

第5章 修饰图像

 教学目标

　　掌握图章工具组中【图案图章】工具和【仿制图章】工具的具体使用方法，修复工具组中的【污点修复画笔】、【修复画笔】、【修补】工具的使用方法，调整工具组中的【模糊】、【锐化】、【涂抹】工具与【加深】、【减淡】、【海绵】工具的区别及其使用方法。

 教学要求

知识要点	能力要求	相关知识	所占分值 (100 分)	自评 分数
图章工具	(1) 掌握自定义图案的方法 (2) 掌握使用【图案图章】工具进行盖印填充的方法 (3) 掌握使用【仿制图章】工具来修复图像的方法	一个课堂案例： 清除水面杂物	30	
修复工具	(1) 掌握使用【污点修复画笔】工具修复图像的方法 (2) 掌握使用【修复画笔】工具修复图像的方法 (3) 掌握使用【修补】工具修复图像的方法	两个课堂案例： 清除刺青、清除 眼纹	30	
调整工具	(1) 掌握使用【模糊】、【锐化】、【涂抹】工具修复图像的方法 (2) 掌握使用【加深】、【减淡】、【海绵】工具修复图像的方法	一个课堂案例： 打造立体感	20	
实训	练习修复图像的基本操作方法		20	

 学习重点

　　【图案图章】工具与【仿制图章】工具的区别与使用；【修复画笔】工具与【修补】工具的区别与使用。

5.1 图章工具组

利用图章工具可以使用类似图章印制的方式进行局部图像的复制或图案的盖印。图章工具组包括【图案图章】工具 和【仿制图章】工具 。这两个工具的快捷键为 E 键,反复按 Shift+E 键,可以实现这两个工具间的切换。

5.1.1 【图案图章】工具

使用【图案图章】工具 可以用预先定义的图案绘画。

【图案图章】工具的使用方法如下。

(1) 使用【矩形选框】工具 ,羽化值为 0,创建出要定义为图案的矩形选区(图 5.1),执行【编辑】|【定义图案】命令,弹出【图案名称】对话框(图 5.2),输入名称"玫瑰",单击【确定】按钮。选区中的图像就被定义为图案了。按 Ctrl+D 键取消选区。

图 5.1 创建矩形选区   图 5.2 【图案名称】对话框

(2) 单击工具箱中的【图案图章】工具 。在【图案图章】工具选项栏中选择定义的图案 (图 5.3)。移动鼠标到图像中拖动以使用选定的图案绘画。

图 5.3 【图案图章】工具选项栏

【对齐】:选中【对齐】复选框,可以保持图案与原始起点的连续性,即使松开鼠标后,再按住鼠标拖动也仍然保持与原始起点的连续性。若不选中【对齐】复选框,则每次松开鼠标后再按住鼠标拖动时会重新启用图案。效果对比如图 5.4 所示。

(a) 选中【对齐】复选框   (b) 不选中【对齐】复选框

图 5.4 效果对比

5.1.2 【仿制图章】工具

【仿制图章】工具🖳可以将图像一部分绘制到图像的另一部分，或者绘制到具有相同颜色模式的另一打开的图像文件中，也可将一个图层的一部分绘制到另一个图层。【仿制图章】工具对于复制图像或移去图像中的缺陷很有用。

【仿制图章】工具的使用方法如下。

(1) 单击工具箱中的【仿制图章】工具🖳。

(2) 在选项栏中，从画笔预设选取器中选取画笔笔头、设置模式、不透明度、流量、对齐等选项，【仿制图章】工具选项栏如图 5.5 所示。

🖳 ▾ | 🔹 ▾ 🖾 🖳 | 模式： 正常 ▾ | 不透明度： 100% ▸ 🖋 | 流量： 100% ▸ 🖋 | ☑对齐 | 样本： 所有图层 ▾ | 🔲 🖋

图 5.5 【仿制图章】工具选项栏

①【对齐】：如果选中【对齐】复选框，则连续对像素取样，即使松开鼠标，也不会丢失当前取样点。如果不选中【对齐】复选框，则会在每次停止并重新开始绘制时使用初始取样点的样本像素。

②【样本】：从指定的图层中进行取样。若要从当前图层中取样，则应选择【当前图层】；要从所有可见图层中取样，则应选择【所有图层】；要从调整图层以外的所有可见图层中取样，则应选择【所有图层】，然后单击【忽略调整层】按钮。

(3) 按住 Alt 键并单击图像来设置取样点。

(4) 移动鼠标到目标位置按住鼠标左键拖动，即可看到取样点的图像被复制到目标位置。仿制效果如图 5.6 所示。

(a) 原图　　　　　　　　(b) 仿制后图像

图 5.6 使用【仿制图章】工具

5.1.3 课堂案例 13——清除水面杂物

【学习目标】学习使用【仿制图章】工具仿制图像。

【知识要点】使用【仿制图章】工具清除照片中水面上的石头。本案例完成效果如图 5.7 所示。

【效果所在位置】Ch05\课堂案例\效果\湖面效果.jpg。

操作步骤如下。

(1) 打开素材文件。执行【文件】|【打开】命令，弹出【打开】对话框，选择文件夹"Ch05 \课堂案例\素材\清除水面杂物\湖面.jpg"，单击【打开】按钮。打开的素材图片如图 5.8 所示。

图 5.7 清除水面杂物效果图

（2）在工具箱中单击【缩放】工具 🔍，将图像的局部放大显示。单击【仿制图章】工具 🔖，在其选项栏中单击【画笔预设选取器】右侧的 ▾ 按钮，弹出【画笔选择】面板，选择合适的画笔笔头，如图 5.9 所示。

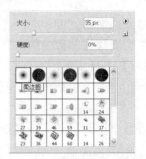

图 5.8　湖面素材　　　　　　　　　图 5.9　选择笔头

（3）将光标放置到图像需要复制的位置，按住 Alt 键的同时，仿制图章图标变为圆形十字光标 ⊕，如图 5.10 所示，单击定下取样点，松开鼠标，鼠标变成圆形光标 ○，移动鼠标到在图像中需要清除的位置多次单击，清除图像中的石头，效果如图 5.11 所示。使用同样的方法，清除图像中的其他石头。

图 5.10　取样　　　　　　　　　　图 5.11　仿制效果

（4）保存文件。执行【文件】|【存储为】命令，把文件保存成"湖面效果.jpg"。

5.2　修复工具

修复工具可用于修复图像中的瑕疵，不仅可以去除，还可以通过自动调整让修复的图像看起来更自然。修复工具包括【污点修复画笔】工具 🖌、【修复画笔】工具 🖊 和【修补】工具 🩹。这 3 个工具的快捷键为 J 键，反复按 Shift+J 快捷键，可以实现这 3 个工具间的切换。

5.2.1　【污点修复画笔】工具

【污点修复画笔】工具 🖌 可以快速移去图片中的污点和不理想的部分。它使用图像或图案中的样本像素进行绘画，并将样本像素的纹理、光照、透明度和阴影与所修复的像素匹配。【污点修复画笔】工具不要求指定样本点，它会自动从所修复区域的周围取样，其选项栏如图 5.12所示。

图 5.12　【污点修复画笔】工具选项栏

选项栏中有以下 3 种类型。

(1)【近似匹配】：使用选区边缘的像素来查找用作选定区域修补的图像区域。

(2)【创建纹理】：使用选区中的图像创建一个用于修复该区域的纹理。

(3)【内容识别】：当对选区中的图像进行修复时，将自动分析周围图像的特点，将图像进行拼接组合后覆盖在该区域并进行融合，从而达到快速无缝的拼接效果。其非常适合于修复图像中多余的线条，比如电线等。

【污点修复画笔】工具使用方法：单击工具箱中的【污点修复画笔】工具，在其选项栏中设置画笔的大小和硬度等选项，在图像中需要修复的位置单击。修复效果如图 5.13 所示。

图 5.13　使用【污点修复画笔】工具

5.2.2　【修复画笔】工具

【修复画笔】工具🖊可用于校正瑕疵，使它们消失在周围的图像中。【修复画笔】工具可将样本像素的纹理、光照、透明度和阴影与源像素进行匹配，从而使修复后的像素不留痕迹地融入图像的其余部分。

【修复画笔】工具的使用方法如下。

(1) 单击工具箱中的【修复画笔】工具🖊。

(2) 在其选项栏中设置画笔、模式、源、对齐、样本等选项。选项栏如图 5.14 所示。

图 5.14　【修复画笔】工具选项栏

选项栏中的修复源有【取样】和【图案】两种。

①【取样】：可以使用当前图像中取样点的像素来修复不理想部分。

②【图案】：可以使用某个图案来修复不理想部分，如果选择了【图案】作为源，则要从【图案】列表中选择一个图案。

(3) 如果选择【取样】作为源，可以这样来设置取样点：将鼠标置于图像中无瑕疵的部分，然后按住 Alt 键并单击取样。在图像中有瑕疵的部分按住鼠标左键短距离拖动或单击，松开鼠标时，样本像素都会与现有像素混合，效果如图 5.15 所示。

(a) 原图　　　　　　　　　　　(b) 修复后效果

图 5.15　使用【修复画笔】工具

提示：如果要从一幅图像中取样并应用到另一图像，则这两个图像的颜色模式必须相同，除非
　　　其中一幅图像处于灰度模式中。

5.2.3　课堂案例 14——清除刺青

【学习目标】学习使用【修复画笔】工具。

【知识要点】使用【修复画笔】工具修复图像瑕疵。本案例完成效果如图 5.16 所示。

【效果所在位置】Ch05\课堂案例\效果\清除刺青.jpg。

图 5.16　清除刺青效果图

操作步骤如下。

(1) 打开素材文件。执行【文件】|【打开】命令，弹出【打开】对话框，选择文件夹 "Ch05\课堂案例\素材\清除纹身\刺青.jpg"，单击【打开】按钮。打开的素材图片如图 5.17 所示。

(2) 在工具箱中单击【缩放】工具 🔍，将图片局部放大到适当比例。

(3) 在工具箱中单击【修复画笔】工具 ✐，在其选项栏中设置画笔大小为 15px，硬度 0%，源为取样。按住 Alt 键的同时，在人物腰部刺青上方较相近的地方单击取样，如图 5.18 所示。移动光标到纹身图像上单击或短距离涂抹，取样点区域的图像应用到涂抹的刺青位置，如图 5.19 所示。

(4) 多次操作，将刺青图像完全修复不见。

(5) 保存文件。执行【文件】|【存储为】命令，把文件保存成 "清除刺青.jpg"。

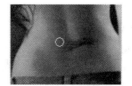

图 5.17　刺青素材　　　　图 5.18　取样　　　　图 5.19　修复

5.2.4 【修补】工具

使用【修补】工具 ，可以用其他区域或图案中的像素来修复选中的区域。其选项栏如图 5.20 所示。

图 5.20　【修补】工具选项栏

【修补】工具的使用方法如下。

(1) 在工具箱中单击【修补】工具 。

(2) 执行下列操作之一。

在选项栏中选中【源】单选按钮，在图像中拖动创建想要修复的图像区域。

在选项栏中选中【目标】单选按钮，在图像中拖动创建要从中取样的图像区域。

提示：创建选区时可以通过按下选项栏上的添加到选区 、从选区减去 和与选区相交 按钮来不断修改创建的选区边界，也可以在选择【修补】工具之前通过【套索】等工具建立选区。

(3) 将指针定位在选区内，并执行下列操作之一。

如果在选项栏中选中了【源】单选按钮，则应将选区拖动到想要从中进行取样的区域。松开鼠标按钮时，原来选中的区域被使用样本像素进行修补。修补效果如图 5.21 所示。

如果在选项栏中选中了【目标】单选按钮，则应将选区拖动到要修补的区域。松开鼠标按钮时，新选中的区域被用样本像素进行修补。

(a) 修补前　　　　　　　　(b) 修补后

图 5.21　使用【修补】工具

5.2.5 课堂案例 15——清除眼纹

【学习目标】学习使用【修补】工具。

【知识要点】使用【修补】工具修复图像中不理想部分。本案例完成效果如图 5.22 所示。

【效果所在位置】Ch05\课堂案例\效果\清除眼纹.jpg。

操作步骤如下。

(1) 打开素材文件。执行【文件】|【打开】命令，弹出【打开】对话框，选择文件夹"Ch05 \课堂案例\素材\清除眼纹\眼纹.jpg"，单击【打开】按钮。打开的素材图片如图 5.23 所示。

(2) 在工具箱中单击【缩放】工具 🔍，将图片局部放大到适当比例。

(3) 在工具箱中单击【修补】工具 ◌，在选项栏中设置单击【新选区】按钮 ▣，选择 修补：⊙源，在图像中右眼皱纹旁拖动创建修补源区域，如图 5.24 所示。移动鼠标到选区内部，按住鼠标左键

图 5.22 清除眼纹效果

拖动到下方无皱纹皮肤处，松开鼠标，效果如图 5.25 所示。

(4) 使用同样方法清除左眼眼纹。

(5) 保存文件。执行【文件】|【存储为】命令，把文件保存成"清除眼纹.jpg"。

图 5.23　眼纹素材　　　　图 5.24　创建修补源　　　　图 5.25　右眼修补效果

5.3　调整工具组

5.3.1 【模糊】、【锐化】和【涂抹】工具

【模糊】工具 ◌、【锐化】工具 △ 和【涂抹】工具 ◌ 位于工具箱中的同一位置。这 3 个工具的快捷键为 R 键，反复按 Shift+R 组合键，可以实现这 3 个工具间的切换。

这 3 个工具的使用方法基本相同。使用方法是：在工具箱中单击工具，在选项栏中设定笔头大小及硬度，设定模式及强度，然后移动鼠标到要处理的图像区域按住鼠标左键拖动。

【模糊】工具可柔化图像中的硬边缘或区域，从而减少细节。有时模糊是一种表现手法，将画面中不重要的部分进行模糊处理，就可以凸现主体。使用【模糊】工具可以使图片呈现远虚近实的效果。例如 3 个齿轮的图像中如果把远处的两个小齿轮进行模糊处理，就可以更凸现第一个齿轮，如图 5.26 所示。

(a) 原图　　　　　　　　　　(b) 局部模糊效果

图 5.26　使用【模糊】工具

　　【锐化】工具可强化色彩边缘，以提高清晰度。【锐化】工具与【模糊】工具不能当做互补工具使用。也就是说，不能因为模糊地太多了，就锐化一些。这种操作是不可取的，这样不仅不能达到想要的效果，反而会加倍地破坏图像。如果模糊效果过分了，就应该撤销该模糊操作重做，而不是用锐化去抵消。使用【锐化】工具可以使朦胧、不够清晰的图片变得清晰起来，但过度的锐化会使图像出现色斑。例如一幅仿手绘的图像，整个图像是比较朦胧的，如果对眼部进行锐化处理，眼睛就会变得明亮起来，如图 5.27 所示。

(a) 原图　　　　　　　　　　(b) 眼部锐化后

图 5.27　使用【锐化】工具

　　【涂抹】工具可模拟在湿颜料中拖动手指的动作，该工具可拾取描边开始位置的颜色，并沿拖动的方向展开这种颜色。【涂抹】工具选项栏中的【手指绘画】选项用于设定是否按前景色进行涂抹。例如彩色半调的字母进行局部涂抹后产生的效果如图 5.28 所示。

(a) 原图　　　　　　　　　　(b) 涂抹效果

图 5.28　使用【涂抹】工具

5.3.2　【减淡】、【加深】和【海绵】工具

　　【减淡】工具🖌、【加深】工具✋和【海绵】工具⬭位于工具箱中的同一位置。这 3 个工具的快捷键为 O 键，反复按 Shift+O 组合键，可以实现这 3 个工具间的切换。

　　【减淡】工具🖌和【加深】工具✋基于用于调节照片特定区域的曝光度的传统摄影技术，可用于使图像区域变亮或变暗。摄影师减弱光线以使照片中的某个区域变亮(减淡)，或增加曝光度使照片中的区域变暗(加深)。【海绵】工具可精确地更改区域的色彩饱和度。在灰度模式下，该工具通过使灰阶远离或靠近中间灰色来增加或降低对比度。

1) 【减淡】工具选项设置

在工具箱中选择【减淡】工具，其选项栏如图 5.29 所示。

图 5.29　【减淡】工具选项栏

在【减淡】工具选项的【范围】列表中有 3 个选项。

(1) 【中间调】：更改灰色的中间范围，即平均地对整个图像起作用。

(2) 【暗调】：对图像中较暗的地方起作用。

(3) 【高光】：对图像中较亮的地方起作用。

【减淡】工具选项的【曝光度】值决定一次操作对图像的提亮程度。

2) 【加深】工具选项设置

【加深】工具选项与【减淡】工具选项基本相同，只是它的【曝光度】值决定一次操作对图像的遮光程度。【减淡】工具与【加深】工具对图像进行调整的效果如图 5.30 所示。

(a) 原图　　　　　　(b) 使用【减淡】工具　　　　　(c) 使用【加深】工具

图 5.30　【减淡】工具与【加深】工具效果

3) 【海绵】工具选项设置

在工具箱中选择【海绵】工具，工具选项的【模式】框中有两个选项。

选择【去色】选项，【海绵】工具降低图像色彩饱和度，对图像进行变灰处理。

选择【加色】选项，【海绵】工具提高图像色彩饱和度，对图像进行提纯处理。

5.3.3　课堂案例 16——打造立体感

【学习目标】学习使用【加深】工具。

【知识要点】使用【加深】工具。本案例完成效果如图 5.31 所示。

【效果所在位置】Ch05\课堂案例\效果\人物立体感.jpg。

操作步骤如下。

(1) 打开素材文件。执行【文件】|【打开】命令，弹出【打开】对话框，选择文件夹"Ch05 \课堂案例\素材\打造立体感\人物.jpg"，单击【打开】按钮。打开的素材图片如图 5.32 所示。

(2) 在工具箱中单击【加深】工具，在其选项栏中范围设置为

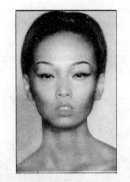

图 5.31　人物立体感效果

【中间调】，曝光度为 15%和笔触大小为 20px。

　　(3) 移动鼠标在人物的太阳穴和脸颊下方反复涂抹，直到效果满意为止。

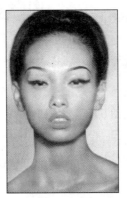

图 5.32　人物素材

(4) 保存文件。执行【文件】|【存储为】命令，把文件保存成"打造立体感.jpg"。

5.4　本章小结

　　本章介绍了图章工具组、修复工具组和调整工具组，这 3 组工具共包括 11 个工具，逐一介绍了它们的功能及使用方法。通过 4 个课堂案例学习了这些工具的应用，熟练地掌握这些工具能够进行一般的图像修复和修饰，为图像处理打下良好的基础。

5.5　上机实训

【实训目的】练习修复工具的使用。
【实训内容】修复汽车凹痕。
　　效果所在位置：Ch05\实训\汽车凹痕修复效果.jpg，效果如图 5.33 所示。

图 5.33　修复汽车凹痕效果

【实训过程提示】
　　(1) 打开素材文件。执行【文件】|【打开】命令，弹出【打开】对话框，选择文件夹"Ch05\实训\素材\汽车.jpg"，单击【打开】按钮。打开的素材图片如图 5.34 所示。

图 5.34　汽车凹痕素材

(2) 在工具箱中单击【修复画笔】工具，在其选项栏中设置画笔大小为 20px，源为取样。按住 Alt 键的同时，在汽车左边水平线清晰的地方单击取样。移动光标到凹痕上连续单击，修补凹痕处的水平线。

(3) 在工具箱中单击【修补】工具，在其选项栏中单击【新选区】按钮，选择 修补：⊙源，在凹痕处水平线上部拖动创建修补源区域。移动鼠标到选区内部，按住鼠标左键拖动到前方无凹痕处，松开鼠标，修补水平线上方的凹痕部位。

(4) 使用同样方法修补水平线下方的凹痕部位。

(5) 保存文件。执行【文件】|【存储为】命令，把文件保存成"汽车凹痕修复.jpg"

5.6　习题与上机操作

1. 判断题

(1)【模糊】、【锐化】和【涂抹】工具不能用于位图和索引颜色模式的图像。　（　　）

(2) 在使用【仿制图章】工具时，通过在选项栏中选中【对齐】复选框，无论对绘画停止和继续过多少次，都可以重新使用最新的取样点。　（　　）

(3) 在使用【修补】工具时，在选项栏中选中【源】单选按钮，在图像中拖动创建要从中取样的图像区域，然后将其拖动到待修补区域，可以完成修补工作。　（　　）

2. 选择题

(1) （　　）可用于调整图像饱和度。

　　A.【涂抹】工具　　　　　　　　　　　B.【加深】工具

　　C.【海绵】工具　　　　　　　　　　　D.【减淡】工具

(2) 使用（　　），可以用其他区域或图案中的像素来修复选中的区域。

　　A.【模糊】工具　　　　　　　　　　　B.【锐化】工具

　　C.【修补】工具　　　　　　　　　　　D.【橡皮擦】工具

(3) 要进行图章工具组中的【图案图章】工具和【仿制图章】工具的切换，可以通过反复按（　　）组合键实现。

　　A. Shift+E　　　　　B. Shift+O　　　　　C. Shift+J　　　　　D. Shift+R

(4) （　　）可用于复制取样点的图像。

　　A.【图案图章】工具　　　　　　　　　B.【仿制图章】工具

　　C.【模糊】工具　　　　　　　　　　　D.【减淡】工具

(5) 使用【仿制图章】工具在图像上取样时，(　　)。

 A．在按住 Shift 键的同时单击取样位置来选择多个取样像素

 B．在按住 Alt 键的同时单击取样位置

 C．在按住 Ctrl 键的同时单击取样位置

 D．在按住 Tab 键的同时单击取样位置

3. 操作题

  打开素材 Ch05\习题\红字.jpg，如图 5.35 所示，利用【修补】工具将图片下方的红字消除，效果如图 5.36 所示。

图 5.35　红字素材　　　　　　　　　　图 5.36　红字消除效果

第 6 章 图像色彩和色调的控制

 教学目标

熟练掌握图像色彩和色调调整操作。

 教学要求

知识要点	能力要求	相关知识	所占分值 (100 分)	自评分数
图像色调调整	掌握使用【色阶】、【自动色阶】、【自动对比度】、【自动颜色】、【曲线】、【亮度/对比度】命令调整图像色调	对比度、亮度、色阶	30	
图像色彩调整	掌握使用【色彩平衡】、【色相/饱和度】、【替换颜色】、【可选颜色】、【通道混合器】命令调整图像色彩	色相、饱和度	30	
特殊色调调整	掌握使用【去色】、【渐变映射】、【反相】、【色调均化】、【阈值】、【色调分离】、【变化】命令对图像进行特殊色调调整	灰度图像、黑白图像	30	
实训	练习使用【可选颜色】命令调整图像颜色		10	

 学习重点

图像色相、饱和度、对比度、亮度的调整；彩色图像去色和灰度图像上色；制作单色图像、黑白图像和反相图像。

在中文 Photoshop CS5 中，系统提供了众多调整图像色彩与色调的命令。在进行色彩和色调调整时，应注意以下几点。

(1) 如果在图像中未选择区域，则对整幅图像进行调整。如果选择区域，则对选择区域进行调整。此外，对于某些命令，用户还可以选择要调整的通道。

(2) 调整仅对当前层有效，对于其他层上的图像没有影响。

(3) 所有的色彩和色调命令均位于【图像】|【调整】菜单中，并且大多调整都可预览调整结果。

(4) 在打开的对话框中，若按 Alt 键，则对话框中的【取消】按钮将变为【复位】按钮，单击该按钮，可恢复默认的参数设置。

6.1　图像色调调整

对图像的色调进行控制主要是对图像亮度和对比度的调整，通过修改图像中像素的分布，达到在一定精度范围内调整色调的目的。当一幅图像比较暗淡时，可以通过此类命令使图像变亮；反之，一幅图像颜色过亮，可以通过此类命令使之变暗。因此，色调调整是用户经常要用到的图像操作，下面介绍一些常用的图像色调调整方法。

6.1.1　【色阶】调整

当图像偏亮或偏暗时，可使用色阶命令对其进行调整。利用该命令可通过调整图像的暗部、中间色调及高光区域，而且根据【色阶】对话框中提供的直方图，观察到有关色调和颜色在图中如何分配的相关信息。

操作步骤如下。

(1) 打开一幅需要调整的素材图片，发现图片较暗，如图 6.1 所示。

(2) 执行【图像】|【调整】|【色阶】命令，打开如图 6.2 所示的【色阶】对话框。

图 6.1　原图

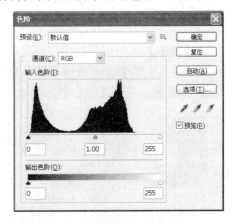

图 6.2　【色阶】对话框

① 【通道】：用于选择要调整色调的通道。

② 【输入色阶】：控制图像的选定区域的最暗或最亮色彩，可以通过输入数值或拖动三角滑块来调整图像。最左侧的数值框用于设置图像的暗部色调(低于该值的像素为黑色)，其取值范围为 0~253。通过修改该值，可将某些像素变为黑色；中间的数值框用于设置图像的中间

色调(即灰度)，其取值范围为 0.10～9.99；右侧数值框用于设置图像亮部色调(高于该值的像素为白色)，其取值范围为 2～255。通过修改该值，可将某些像素变为白色。这 3 个编辑框中的值分别对应了下面直方图中的 3 个黑色三角滑块，因此用户既可通过在各数值框中输入值来调整色调，也可通过在下面直方图中拖动黑色三角滑块来调整色调。

③【输出色阶】：用于限制图像的亮度范围，其值为 0～255。在其左侧数值框用来设置图像亮度最低的像素的显示亮度，该值越大，图像越亮。在其右侧数值框用来设置图像亮度最高的像素的显示亮度，减小该值可以降低图像的亮度。这 2 个值均在 0～255 之间。同样，这两个值也对应了下面的两个黑色三角滑块。【输入色阶】和【输出色阶】编辑框的作用相反。利用【输入色阶】编辑框，可使较暗的像素更暗，较亮的像素更亮；利用【输出色阶】编辑框，可使较暗的像素变亮，而使较亮的像素变暗。

④【自动】：单击该按钮，Photoshop CS5 将以 0.5%的比例调整图像的色阶。该命令将最亮的像素变为白色，最暗的像素变为黑色，从而使图像的亮度分布更加均匀。不过，在应用该功能时容易造成色偏。若按下 Alt 键后单击该按钮，该按钮将改变为【选项】按钮，单击之可打开【自动颜色校正选项】对话框，利用该对话框可设置黑色像素和白色像素的比例，如图 6.3 所示。它和【自动色阶】命令的作用相同。

图 6.3 【自动颜色校正选项】对话框

(3) 在【通道】下拉列表框中选择要调整的颜色通道，这里选择 RGB 通道一起调整。

(4) 在【输入色阶】文本框内设置色阶数值。分别输入 0、1.50、210，直到图像亮度合适为止，如图 6.4 所示。在【输出色阶】文本框内分别输入 41、242，得到的图像效果如图 6.5 所示。

图 6.4 设置【输入色阶】数值

图 6.5 限制图像的亮度范围

6.1.2　执行【自动色调】、【自动对比度】、【自动颜色】命令

执行【图像】|【自动色调】命令后，系统将自动调整整个图像的高光、中间调和暗调，可去除图像中不正常的高亮区和黑暗区。图 6.6 所示为执行该命令的前后对比效果图。

(a) 原图　　　　　　　　　　　　　(b) 执行【自动色调】命令效果图

图 6.6　执行【自动色调】命令的效果对比

执行【图像】|【自动对比度】命令后，系统会自动调整图像的对比度，它不会影响到图像中的颜色。如图 6.7 所示为执行该命令的前后对比效果图。

(a) 原图　　　　　　　　　　　　　(b) 执行【自动对比度】命令效果图

图 6.7　执行【自动对比度】命令的效果对比

执行【图像】|【自动颜色】命令可以调整图像中颜色的饱和度，效果如图 6.8 所示。

(a) 原图　　　　　　　　　　　　　(b) 执行【自动颜色】命令效果图

图 6.8　执行【自动颜色】命令的效果对比

6.1.3　调整【曲线】

【曲线】命令是一个用途非常广泛的色调调整命令，利用它可以综合调整图像的亮度、对比度和色彩等，其操作步骤如下。

(1) 打开一幅图片，如图 6.9 所示，执行【图像】|【调整】|【曲线】命令，打开【曲线】对话框，如图 6.10 所示。

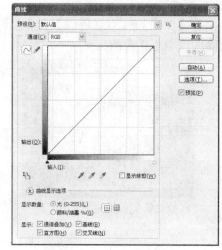

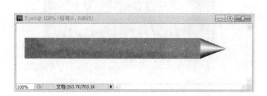

图 6.9　原图像　　　　　　　　　　　图 6.10　【曲线】对话框

【通道】下拉列表框用来选择图像的通道。其中有针对整个图像色调的 RGB 选项，也有红、绿、蓝单个颜色通道的选项。

位于【通道】下拉列表下面的是色调曲线图，表格的横坐标代表了原图像的色调，纵坐标代表图像调整后的色调。

【曲线】和【铅笔】选项是两种调整曲线的方法。打开【曲线】对话框时，系统默认的是【曲线】选项，使用鼠标在曲线上单击增加控制点，然后拖动即可改变曲线形状。当曲线向左上角弯曲时，图像色调变亮；反之，当曲线形状向右下角弯曲时，图像色调变暗。在【铅笔】选项下，鼠标指针在曲线图中变为图标，此时可以在图像中直接绘制曲线，选中图形的一部分，如图 6.11 所示。绘制结束后，单击按钮可显示曲线及其节点，单击右侧的【平滑】按钮可以使曲线变得平滑。

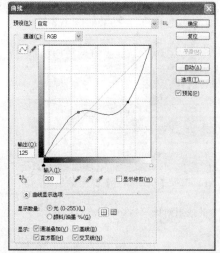

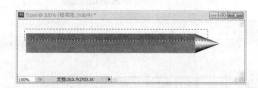

(a) 铅笔绘制曲线　　　　　　　　　　(b) 执行【铅笔】命令效果图

图 6.11　直接绘制曲线

(2) 保持【通道】下拉列表中的 RGB 为当前选项，移动鼠标至色调曲线图中，当鼠标接近曲线时，指针变为十字形状，此时单击鼠标，可以增加一个控制点，该控制点为实心的黑方块，呈选中状态。拖动控制点可以移动位置并改变曲线的形状，拖动控制点到色调曲线图外，松开鼠标可以将其删除。可以根据需要调整图表中的曲线，结果如图 6.12 所示。

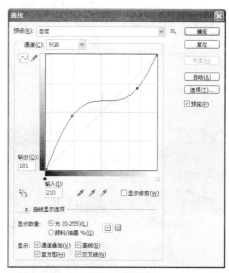

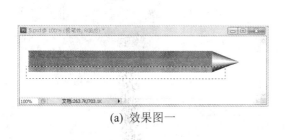

(a) 效果图一　　　　　　　　　　　　(b) 改变曲线形状一

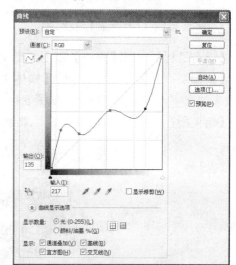

(c) 效果图二　　　　　　　　　　　　(d) 改变曲线形状二

图 6.12　调整【曲线】后的图像色调变化

提示：(1) 在键盘上按住 Ctrl 键，然后在图像中单击，可以将单击点所在的位置设置为色调曲线图中曲线上的控制点。

(2) 按住 Shift 键后单击曲线图中的控制点，可以选中多个控制点进行编辑。

(3) 按 Ctrl+D 组合键，可以取消对控制点的选择。

(4) 要移动控制点位置，可在选中该节点后用鼠标或 4 个方向键进行拖动。

(5) 按 Ctrl 键单击控制点，可以删除该控制点。

6.1.4 调整【亮度/对比度】

该命令可调整图像亮度和对比度，在调整的过程中，会损失图像中的一些颜色细节，其操作步骤如下。

(1) 打开一幅需要调整的图像。

(2) 执行【图像】|【调整】|【亮度/对比度】命令，打开【亮度/对比度】的对话框。

(3) 拖动【亮度】滑块可以改变亮度，拖动【对比度】滑块可以改变对比度，调节的同时可以预览到图像亮度和对比度的变化，如图 6.13 所示。

 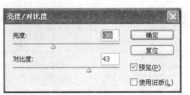 

(a)原图 (b)【亮度/对比度】对话框 (c) 执行【亮度/对比度】
命令效果图

图 6.13 调整图像【亮度/对比度】

6.1.5 课堂案例 17——制作霓虹字

【学习目标】学习【曲线】和【亮度/对比度】命令的使用。

【知识要点】使用工具箱中的【横排文字蒙版工具】和菜单中的图像色调调整命令制作霓虹效果的文字。本案例完成效果如图 6.14 所示。

【效果所在位置】Ch06\课堂案例\效果\霓虹字.psd。

图 6.14 霓虹字效果

操作步骤如下。

(1) 新建一个 400×200 像素，分辨率 150 像素/英寸，模式为 RGB 颜色，背景黄色的文件。

(2) 新建图层 1，选择【横排文字蒙版】工具，在图像中输入"霓虹字"文字，如图 6.15 所示。

(3) 将前景色设定为浅蓝 RGB 值为(75，95，170)，执行【编辑】|【描边】命令，在对话框中输入描边像素值为 5 像素，位置居外，效果如图 6.16 所示。

图 6.15　输入文字"霓虹字"

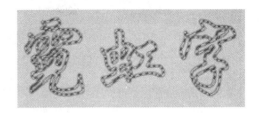

图 6.16　选区描边

（4）单击工具箱中的【渐变】工具 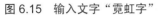，在选项栏中选择渐变方式为【线性】渐变，在渐变编辑器中执行【色谱渐变】命令，在选区内由左往右水平拖动做线性渐变，效果如图 6.17 所示。

（5）执行【选择】|【修改】|【收缩】命令，将文字选区向内收缩 3 像素，再次选中渐变工具中的【线性渐变】，勾选工具属性栏中的【反向】复选框，在选区内由左往右水平拖动做色谱渐变，效果如图 6.18 所示。

图 6.17　色谱渐变

图 6.18　【反向】色谱渐变

（6）执行【添加图层样式】按钮的【外发光】命令，设置如图 6.19(a)所示参数，效果如图 6.19(b)所示。

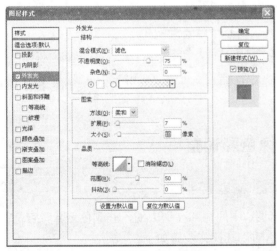

(a)【添加图层样式】对话框

(b)"霓虹字"效果图

图 6.19　添加"外发光"效果

（7）按 Ctrl+M 键，在打开的【曲线】对话框中用鼠标调节曲线的形状，注意观察图像中色彩的变化情况，效果如图 6.20 所示。

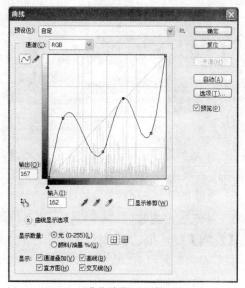

(a)【曲线】对话框

(b)"霓虹字"效果图

图 6.20 【曲线】效果

(8) 执行【图像】|【调整】|【亮度/对比度】命令，设置参数如图 6.21 所示，单击【确定】按钮。

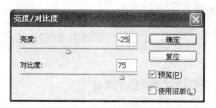

图 6.21 执行【亮度/对比度】命令

(9) 保存文件。执行【文件】|【存储为】命令，输入文件名"霓虹字.psd"，单击【保存】按钮。

6.2 图像色彩调整

1.【色彩平衡】

执行【色彩平衡】命令可以弥补图像中暗调、中间调和亮调中的一些颜色差异，它是靠调整某一个区域中互补色的多少来调整图像颜色的，其操作步骤如下。

(1) 打开一幅图像，如图 6.22(a)所示，执行【图像】|【调整】|【色彩平衡】命令，弹出如图 6.22(b)所示的【色彩平衡】对话框。

(2) 在【色彩平衡】选项中选中【中间调】单选按钮，即可将图像的中间色调作为色彩修正的重点。

提示：选择【高光】单选按钮，就可以将图像中较亮的色调作为色彩平衡的重点；选择【暗调】单选按钮，就可以将图像中较暗的色调作为色彩平衡的重点。

(3) 利用【色彩平衡】编辑框及其下面的滑块进行颜色调整，分别更改青色、洋红和黄色 3 个色彩通道的色彩平衡数值，单击【确定】按钮。调整后的效果如图 6.22(c)所示。

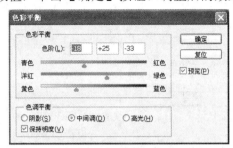

(a) 原图　　　　　　　(b)【色彩平衡】对话框　　　　　　　(c) 调整后效果

图 6.22　执行【色彩平衡】的效果对比

2.【色相/饱和度】

该命令不仅可以调整整个图像中颜色的色相、饱和度和亮度，它还可以针对图像中某一种颜色成分进行调整，其操作步骤如下。

打开一幅图片，如图 6.23(a)所示，执行【图像】|【调整】|【色相/饱和度】命令，弹出如图 6.23(b)所示的【色相/饱和度】对话框，调整色相、饱和度和明度的值，单击【确定】按钮，效果如图 6.23(c)所示。

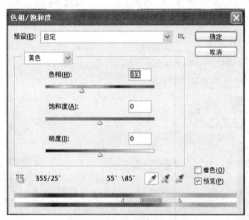

(a) 原图　　　　　　　(b)【色相/饱和度】对话框　　　　　　　(c) 调整后效果

图 6.23　【色相/饱和度】对话框

提示：在对话框中的下拉列表选择【全图】后，所作的调整对图像中所有颜色的像素有效；若选择其他颜色(如红色、黄色、绿色等)时，调整则仅对该颜色的像素有效。当在下拉列表中选择【全图】以外的其他选项时，对话框中的 3 个吸管和下方的颜色滑块可用。

【着色】：选中该复选框，可使灰色图像变为单一颜色的彩色图像，或使彩色图像变为单一颜色的图像，如图 6.24 所示。再次勾选【着色】复选框，则可以取消对其勾选，图像恢复着色以前的状态。

(a) 灰色原图　　　　　　　(b) 调整着色　　　　　　　(c) 红色效果图

图 6.24　在【色相/饱和度】对话框中选择【着色】复选框

3.【替换颜色】

【替换颜色】命令允许用户先选定颜色，然后改变它的色调、饱和度和明度，达到替换图像颜色的效果，其操作步骤如下。

打开一幅图片，执行【图像】|【调整】|【替换颜色】命令，弹出【替换颜色】对话框如图 6.25 所示，在对话框中单击【吸管】工具按钮，在图像或预览框中单击希望替换颜色的区域。在【变换】设置区设置色调、饱和度和明度，可预览到被选中区域的颜色变化。使用该命令前后效果对比如图 6.26 所示。

粉红色包包

蓝色包包

图 6.25　【替换颜色】对话框　　　　图 6.26　使用【替换颜色】命令前后效果对比

提示：在对话框的【选区】选项组中，有一个黑白两色的预览图像，这是系统默认状态下以蒙版的形式在预览框中显示图像。其中，被蒙版区域(即未选区域)为黑色，未蒙版区域(即选定区域或受影响区域)为白色，它代表的是选中颜色的范围，也就是需替换颜色的范围。通过对话框上方的一组吸管工具可以挑选、增加或减少需调整的颜色。使用时可以先选择吸管工具，然后在图像中或者是在预览图像中单击，以选择颜色，随后调整【颜色容差】选项，控制调整颜色的范围。

4.【可选颜色】

利用【可选颜色】命令可以有针对性地对红色、黄色、绿色、青色、蓝色、洋红色、白色、黑色等颜色进行调整，其操作步骤如下。

(1) 打开一幅图片，执行【图像】|【调整】|【可选颜色】命令，打开【可选颜色】对话框。

(2) 从对话框顶部的【颜色】下拉列表中选择要调整的颜色。

(3) 在【方法】区选择【相对】或【绝对】单选按钮。

①【相对】：表示按照总量的百分比更改现有的"青色"、"洋红"、"黄色"与"黑色"含量。

②【绝对】：表示按照绝对值增加或减少现有的"青色"、"洋红"、"黄色"与"黑色"含量。

(4) 在对话框中拖动滑块或在"青色"、"洋红"、"黄色"和"黑色"文本框中输入数值，以调整所选颜色的含量，如图 6.27 所示。

(a) 原图

(b)【可选颜色】对话框

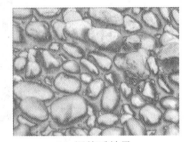
(c) 调整后效果

图 6.27　执行【可选颜色】命令的效果对比

5.【通道混合器】

利用【通道混合器】命令，用户可使用当前颜色通道的混合来修改颜色通道。它还可以从图像中的每个颜色通道选取不同的百分比以创建出高品质的灰度图像、棕褐色调或者其他的彩色图像，其操作步骤如下。

(1) 打开一幅图像，如图 6.28(a)所示，在【通道】控制面板中选择 RGB 通道。

(2) 执行【图像】|【调整】|【通道混合器】命令，弹出【通道混合器】对话框如图 6.28(b)所示。

(3) 在【输出通道】下拉列表中选择要混合的颜色的通道，可拖动滑块调整该通道颜色在输出通道中所在的比例。调整【常数】选项的比例，可以将一个具有不同不透明度的通道添加到输出通道中：负值时，通道为黑色；正值时，通道为白色。若选择【单色】复选框，可以创建灰度模式的彩色图像。调整效果如图 6.28(c)所示。

提示：【通道混合器】命令只能用于 RGB 和 CMYK 模式，并且在执行之前必须选中【通道】
控制面板中的主通道，而不能选中某一单色通道。

| (a) 原图 | (b) 【通道混合器】对话框 | (c) 调整后效果 |

图 6.28　执行【通道混合器】命令的效果对比

6. 课堂案例 18——闪电

【学习目标】学习使用【色阶】、【色相\饱和度】、【反相】命令调整图像色彩。

【知识要点】使用工具箱中的【魔棒工具】、【渐变工具】和图像色彩调整命令制作闪电
效果。本案例完成效果如图 6.29 所示。

【效果所在位置】Ch06\课堂案例\效果\闪电效果.psd。

图 6.29　"闪电"效果

操作步骤如下。

(1) 打开"Ch06\课堂案例\素材"文件夹中的"闪电效果.jpg"图像文件，如图 6.30 所示。

(2) 选择工具箱中的工具 ，在其选项栏中将【容差】设置为 30，单击图像中的蓝色部
分，选中所有蓝色区域，如图 6.31 所示。

图 6.30　闪电素材　　　　　　　图 6.31　创建选区

(3) 按 D 键将前景色设置为黑色，背景色设置为白色，在工具箱中选择【渐变】工具 ，

在工具选项栏中，选择渐变样式为【前景到背景】渐变，渐变类型为【线性渐变】▣。用鼠标在图像选择区域中从左上方拖到右下方，如图 6.32 所示效果。

（4）执行【滤镜】|【渲染】|【分层云彩】命令，按 Ctrl+F 组合键重复执行此命令，直至出现满意效果；执行【图像】|【调整】|【反相】命令将图像反相，效果如图 6.33 所示。

图 6.32　"闪电"线性渐变

图 6.33　使用【分层云彩】和【反相】命令

（5）执行【图像】|【调整】|【色阶】命令，在对话框中调整黑色三角滑块如图 6.34 所示，提高闪电的清晰度，效果如图 6.35 所示。

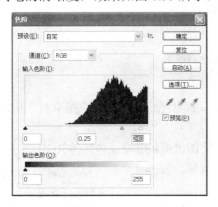
图 6.34　【色阶】对话框设置

图 6.35　色阶调整效果

（6）执行【图像】|【调整】|【色相/饱和度】命令，打开【色相/饱和度】对话框，选择【着色】复选框，输入色相值为 220，饱和度值为 70，亮度值为 0，单击【确定】按钮，如图 6.36 所示。

图 6.36　【色相/饱和度】对话框设置

(7) 保存文件。执行【文件】|【存储为】命令，输入文件名"闪电.jpg"，单击【保存】按钮。

7. 课堂案例 19——为黑白图片上色

【学习目标】学习使用【色彩平衡】命令调整图像色彩。

【知识要点】使用【色彩平衡】命令对图像选区部分进行色彩调整达到上色效果。本案例完成效果如图 6.37 所示。

【效果所在位置】Ch06\课堂案例\效果\彩色照片.jpg。

图 6.37　为黑白图片上色效果图

操作步骤如下。

(1) 打开素材文件。执行【文件】|【打开】命令，打开"Ch06\课堂案例\素材"中的"黑白照片.jpg"图像文件，如图 6.38 所示。

(2) 执行【图像】|【模式】|【RGB 颜色】命令，将图像由灰度模式转换为 RGB 颜色模式。

(3) 使用【套索】工具，在图片中创建出人物的面部、颈部等皮肤区域的选区，如图 6.39 所示。

图 6.38　原图

图 6.39　"黑白照片"—创建选区

(4) 执行【图像】|【调整】|【色彩平衡】命令，弹出【色彩平衡】对话框，由于人的面部等皮肤区域为肉色，为此可移动滑块上的三角符号偏向【红色】和【黄色】色彩，设置如图 6.40 所示，单击【确定】按钮。效果如图 6.41 所示。

(5) 利用同样的方法，对不同色彩选区创建选区，执行【色彩平衡】命令调整颜色。

(6) 保存文件。执行【文件】|【存储为】命令，输入文件名"彩色照片.jpg"，单击【保存】按钮。

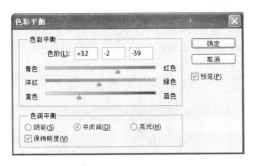

图 6.40　"黑白照片"—【色彩平衡】对话框　　　图 6.41　调整脸部等皮肤区域的颜色

6.3　特殊色调调整

1.【去色】

利用【去色】命令可去除图像中选定区域或整幅图像的彩色，从而将其转换为灰度图像，但它并不改变图像的模式，效果如图 6.42 所示。

(a)　原图　　　　　　　　　(b)　去色效果图

图 6.42　执行【去色】命令的效果对比

2.【渐变映射】

【渐变映射】命令可将相等的图像灰度范围增加渐变效果，使图像产生出一种特殊的颜色效果，其操作步骤如下。

(1) 打开一幅图片，如图 6.43 所示，执行【图像】|【调整】|【渐变映射】命令，打开【渐变映射】对话框，如图 6.44 所示。

(2) 在渐变列表中选择系统提供的渐变图案，或单击渐变图案打开【渐变示例】对话框，选择需要的渐变示例选项，单击【确定】按钮。渐变填充效果如图 6.45 所示。

图 6.43　原图　　　　　图 6.44　【渐变映射】对话框　　　图 6.45　渐变填充效果

3.【反相】

利用【反相】命令可反转图像的颜色，如将黑色变为白色、白色变为黑色等，看起来就像是该图片的照片底片，它是唯一在色调转换过程中不丢失颜色信息的命令。也就是说，用户可再次执行该命令来恢复原图像。图 6.46 显示了图像色彩反相前后效果。

图 6.46 执行【反相】命令的效果对比

4.【色调均化】

利用【色调均化】命令可均匀地调整整个图像的亮度色调。在使用此命令时，Photoshop CS5 会将图像中最亮的像素转化为白色，最暗的像素变亮，其他像素的颜色也相应地进行调整，若是图像中存在选区，执行该命令后，会打开【色调均化】对话框，如图 6.47 所示。

(a)【色调均化】对话框

(b) 原图

图 6.47 【色调均化】对话框和原图

选择对话框中的【仅色调均化所选区域】选项，将只在选区内均匀分布像素，效果如图 6.48(a) 所示；选择【基于所选区域色调均化整个图像】选项，则根据所选区域的像素来色调均化整个图像，效果如图 6.48(b)所示。

(a) 效果图一   (b) 效果图二

图 6.48 执行【色调均化】命令的效果对比

5.【阈值】

利用【阈值】命令可以将彩色图像转换为对比度很高的黑白图像。此命令可将某个色阶指定为阈值，所有比该阈值亮的像素会被转换为白色，所有比该阈值暗的像素会被转换为黑色。

操作步骤如下。

(1) 打开一幅图片，执行【图像】|【调整】|【阈值】命令，打开【阈值】对话框。

(2) 在对话框中拖动滑块或在【阈值色阶】文本框中输入数值，调整所需的颜色效果。效果如图 6.49 所示。

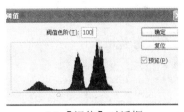

(a) 原图　　　　　　　(b)【阈值】对话框　　　　　(c) 执行【阈值】命令效果图

图 6.49　执行【阈值】命令的效果对比

6.【色调分离】

【色调分离】命令可以为图像中每个通道指定色调级别或亮度值的数目，然后将像素映射为最接近的色调。比如说在 RGB 模式下的图像中，选择 2 个色调级可以产生 6 种颜色，即 2 种红色、2 种绿色、2 种蓝色。

打开一幅图片，并执行【图像】|【调整】|【色调分离】命令，系统将打开【色调分离】的对话框，在【色阶】文本框中输入所需的色阶数，然后单击【确定】按钮即可完成操作。效果如图 6.50 所示。

(a) 原图　　　　　　(b)【色调分离】对话框　　　(c) 执行【色调分离】命令效果图

图 6.50　执行【色调分离】命令的效果对比

7.【变化】

【变化】命令用于调整图像的色彩。

(1) 打开一幅图片，执行【图像】|【调整】|【变化】命令，打开【变化】对话框，如图 6.51 所示。

①【变化】对话框上方的 4 个单选按钮用于对图像中需要调整部分的像素进行选择，其中【阴影】指暗色调部分，【中间色调】指中间色调部分，【高光】指高亮色调部分。若选择【饱和度】单选按钮，通过单击【低饱和度】和【饱和度更高】预览图可以减少或增加饱和度。在对话框中，可以通过观察处理前后的对比效果，进行调整图像的暗部、中间调、亮部和饱和度。

②【精细/粗糙】滑块用于设置每次调整的数量，选中【显示修剪】复选框，可用以霓虹预览显示图像中因调整被剪切掉的区域。

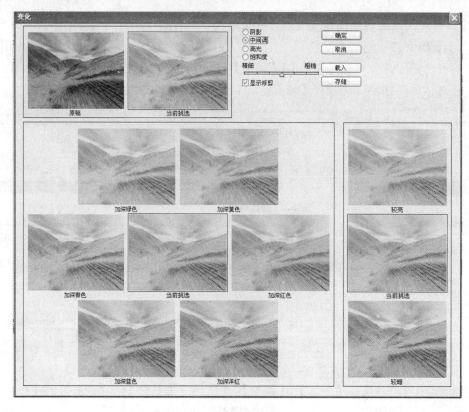

图 6.51　【变化】对话框

③ 在对话框左下角的 7 个图像中，【当前挑选】预览图用于显示调整后的图像，另外 6 个预览图用于调整颜色(如更蓝、更黄等)。单击 6 个预览图中的任何一个均可增加与该预览图对应的颜色。

④ 选择【原稿】预览图，可以使图像恢复到编辑前的状态，重新对其进行调整。

(2) 根据前面所述方法在对话框中选择颜色预览图，对图像的饱和度、颜色及亮度进行调整。调整完毕后，单击【确定】按钮退出对话框，则调整前后效果如图 6.52 所示。

(a) 原图　　　　　　　　　　　　　　　　(b) 调整后效果

图 6.52　执行【变化】命令的效果对比

8. 课堂案例 20——暴风雨

【学习目标】学习使用【阀值】调整图像。

【知识要点】使用【点状化】滤镜、【阀值】和【动感模糊】滤镜制作暴风雨效果。本案例完成效果如图 6.53 所示。

【效果所在位置】Ch06\课堂案例\效果\暴风雨效果.psd。

图 6.53　"暴风雨"效果

操作步骤如下。

(1) 打开"Ch06\课堂案例\素材\暴风雨.jpg"图像文件，如图 6.54 所示。

(2) 执行【图层】|【复制图层】命令，复制背景层为背景副本层并作为当前层，如图 6.55 所示。

图 6.54　原图

图 6.55　复制背景层

(3) 执行【滤镜】|【像索化】|【点状化】命令，设置单元格大小为 5，对图像进行点状化处理，效果如图 6.56 所示。

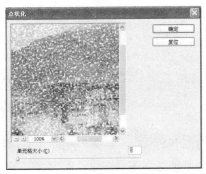

(a)【点状化】对话框

(b) 执行【点状化】命令效果图

图 6.56　执行【点状化】命令的效果

(4) 执行【图像】|【调整】|【阈值】命令，阈值色阶 200，将点化效果处理后的点转化为黑白色调，在弹出的对话框中按如图 6.57 所示进行设置。

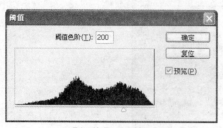
(a)【阈值】对话框

(b) 执行【阈值】命令效果图

图 6.57　执行【阈值】命令的效果

（5）选择【图层】面板中的混合模式，设置为【线性减淡】模式，如图 6.58 所示。

（6）执行【滤镜】|【模糊】|【动感模糊】命令，设置角度-45 度，距离 20 像素，如图 6.59 所示。

图 6.58　设置【线性减淡】模式的效果

图 6.59　设置【动感模糊】的效果

（7）保存文件。执行【文件】|【存储为】命令，输入文件名"暴风雨效果.psd"，单击【保存】按钮。

6.4　本章小结

　　本章主要介绍了图像色彩和色调的调整。通过学习对色相、色阶、饱和度、明度、对比度、色调等概念有了具体的认识，并掌握图像色调和色彩调整的操作方法。通过 4 个课堂案例的讲解对色彩、色调调整的应用有了一定的了解，为制作高品质的图像打下基础。

6.5　上机实训

【实训目的】练习使用【可选颜色】命令调整图像颜色。

【实训内容】花朵变颜色。利用【可选颜色】命令有针对性地对某种颜色进行调整，使其发生颜色的改变。

效果所在位置：Ch06\实训\效果\花朵变颜色效果.psd，效果如图 6.60 所示。

图 6.60　花朵变颜色效果

【实训过程提示】

(1) 打开"Ch06\实训\素材\花朵变颜色.tif"文件，如图 6.61 所示。

(2) 执行【图像】|【调整】|【可选颜色】命令，打开【可选颜色】对话框。从对话框顶部的【颜色】下拉列表中选择黄色。

(3) 在对话框中拖动滑块或在"青色"、"洋红"、"黄色"、"黑色"文本框中输入数值，以调整所选颜色的含量，如图 6.62 所示，单击【确定】按钮。

图 6.61　花朵素材　　　　　　　　图 6.62　设置【可选颜色】对话框

(4) 保存文件。执行【文件】|【存储为】命令，输入文件名"花朵变颜色效果.psd"，单击【保存】按钮。

6.6　习题与上机操作

1. 判断题

(1)【去色】命令可以将彩色模式转换为灰度模式。　　　　　　　　　　　　　（　　　）

(2)【阈值】命令可以将彩色或灰阶的图像变成高对比度的黑白图。　　　　　　（　　　）

(3)【色相/饱和度】、【替换颜色】和【可选颜色】命令均可对图像中特定的颜色进行修改。   (   )

2. 单选题

(1) 下列哪个命令用来调节色偏?(   )

  A．色调均化   B．阈值   C．色彩平衡   D．亮度/对比度

(2) 能够将彩色图像变成灰度图像的命令是(   )。

  A．色调分离   B．色调均化   C．色相/饱和度   D．去色

(3) 当图像偏蓝时,使用变化命令应当给图像增加何种颜色?(   )

  A．黄色   B．洋红   C．绿色   D．蓝色

(4) 一个图像的色调太暗,需要提升它的亮度,可以使用(   )命令的功能进行调整。

  A．色阶   B．曲线   C．亮度/对比度   D．以上都可以

3. 多选题

(1) 下列哪个色彩模式的图像不能执行【通道混合器】命令?(   )

  A．Lab 模式   B．RGB 模式   C．CMYK 模式   D．多通道模式

(2) 下列哪个色彩模式的图像不能执行可选颜色命令?(   )

  A．Lab 模式   B．RGB 模式   C．CMYK 模式   D．多通道模式

4. 操作题

通过调整使素材图像(图 6.63)呈手绘效果,并使图像四周留白,描黑边,要求完成后效果如图 6.64 所示。

图 6.63 斑马素材   图 6.64 手绘效果

提示: 打开 "Ch06\习题\素材\01.tif" 图像文件。执行【图像】|【调整】|【色调分离】命令,
在对话框中输入色阶数值为 4。设置背景色为白色,执行【图像】|【画布大小】命令,
宽度为 301,高度为 207,使图像四周留白。设置前景色为黑色,按 Ctrl+A 组合键将图
像全选,执行【编辑】|【描边】命令,在对话框中设置描边宽度 2 像素,位置居内。

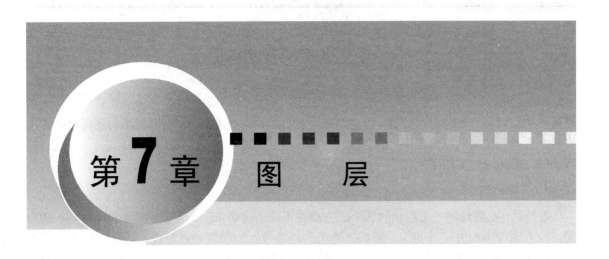

第7章 图 层

 教学目标

　　了解什么是图层、图层的类型和图层的基本操作，掌握图层的应用技巧，实现简单的图像合成和处理。

 **教学要求**

知识要点	能力要求	相关知识	所占分值 (100 分)	自评 分数
图层的概念和 图层面板	理解图层、了解图层面板、了解图层类型		15	
编辑图层	掌握创建和删除图层、复制图层、调整图层的叠放次序、图层的链接与合并、创建图层组、创建剪贴蒙版操作	一个课堂案例：呼啦圈女孩	20	
图层样式	了解常用图层样式，掌握图层样式的添加、复制、清除、隐藏操作，学会使用【样式】面板	一个课堂案例：制作玻璃字	20	
图层蒙版	理解图层蒙版，掌握图层蒙版的建立、图层蒙版的删除和停用	一个课堂案例：图像合成	20	
图层混合模式	了解图层混合模式，掌握混合选项的使用	一个课堂案例：为衣服添加印花	15	
实训	练习图层的基本操作		10	

 **学习重点**

　　图层的编辑操作、图层样式的使用、图层蒙版的使用、图层混合模式的使用。

7.1 图层的概念及图层面板

Photoshop CS5 的图层功能十分强大，图层可以将一个图像中的各个部分独立出来，然后对其中的任何一个部分进行处理，而这些处理不会影响到别的部分。利用图层功能可以创造出许多令人难以想象的特殊效果，结合图层的混合模式、透明度，以及图层的样式，才能真正发挥 Photoshop CS5 强大的功能。

1. 图层的概念

在绘画中，假设将一张图画的各个部分画在不同的透明纸上，纸上有图像的地方是不透明的，没有图像的地方是透明的，然后把透明的纸叠放在一起就可以形成一幅完整的图画。在 Photoshop CS5 中，图层就相当于这些透明的纸，透过图层上的透明区域可以看到下面的图层，可以通过移动图层来定位图层上的内容，也可以更改图层的不透明度以使内容部分透明，如图 7.1 所示。

图 7.1 图层

图层具有以下一些特点。

(1) 对一个图层的操作可以是独立的，丝毫不影响其他图层，这些操作包括剪切、复制、粘贴和填充，以及工具栏中各种工具的使用。

(2) 图层中没有图像的部分是完全透明的，有图像的部分可以调节其透明度。

(3) 对图层的编辑处理工作，既可以通过图层菜单中的命令来实现，也可以使用图层面板进行操作。

(4) 当同时拥有多个图层时，图层总是向下覆盖的。

2. 图层类型

在 Photoshp CS5 中，不同种类的图层其属性和功能略有差别，可以将图层分为以下几类。

(1) 普通图层：最基本也是最常用的图层形态，对图像的操作基本上都在普通图层中进行。

(2) 背景图层：背景图层与普通图层的区别在于背景图层永远位于图像的最底层，且许多适合于普通图层的操作在背景图层中却不能完成。背景图层和普通图层之间可以互相转换。双击背景图层或执行【图层】|【新建】|【背景图层】命令，可将背景图层转化为普通图层。一个图像可以没有背景层，但如果有背景层，只能有一个背景层。

(3) 调整图层：利用图层的色彩调整功能创建的图层，与色彩调整命令相比，调整图层可以调整其下边所用图层的色彩，而不改变各图层的内容。

(4) 文字图层：由文字工具创建的图层。在文字图层中可以进行大部分的图像处理，但有

些滤镜功能无法使用。通过执行【图层】|【栅格化】|【文字】命令，可以将文字图层转化为普通图层，转化后不能再进行文本编辑。

(5) 形状图层：利用形状工具创建的图层，由填充图层和形状路径两部分组成。前者用于决定向量对象的着色模式，后者用于确定向量对象的外形。

各图层类型如图 7.2 所示。

图 7.2　图层类型

3.【图层】面板

对图层的操作绝大部分都是在【图层】面板中完成的。如果【图层】面板没有显示，可以执行【窗口】|【图层】命令，显示【图层】面板，如图 7.3 所示。

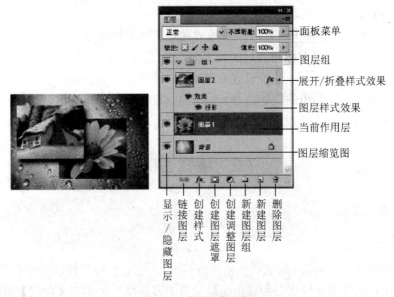

图 7.3　【图层】面板

下面介绍【图层】面板的组成。

(1)【图层名称】：在图层中定义出不同的名称以便区分，如果在建立图层时没有命名，Photoshop 会自动依次定名为"图层 1"、"图层 2"，以此类推。

（2）【图层缩览图】：显示当前图层中图像缩览图，通过它可以迅速辨识每一个图层。

（3）【指示图层可见性】 👁：用于显示或隐藏图层。单击【指示图层可见性】按钮可以切换显示或隐藏状态。

（4）【作用图层】：表示正在被用户使用的图层，蓝色的图层即为【作用图层】。一幅图像中可以有多个作用图层，绝大部分编辑命令都只对当前作用图层有效。当要切换作用图层时，只需单击图层名称或缩览图像即可，按住 Ctrl+左键进行复选，可以选中多个【作用图层】。

（5）【链接图层】 🔗：当框中出现链条形图标时，表示这一图层与作用图层链接在一起，因此可以与作用图层同时进行移动、旋转和变换等操作。

（6）【创建样式】 fx.：单击此按钮可以打开一个菜单，从中选择一种图层样式以应用于当前所选图层。

（7）【创建图层蒙版】 ◻：单击此按钮可以建立一个图层蒙版。

（8）【新建图层组】 ◻：单击此按钮可以创建一个新图层组。

（9）【创建调整图层】 ◑.：单击此按钮可以打开一个菜单，从中创建一个填充图层或者调整图层。

（10）【新建图层】 ◻：单击此按钮可以建立一个新图层。

（11）【删除图层】 🗑：单击此按钮可以将当前所选图层删除，或者用鼠标拖动图层到该按钮上也可以删除图层。

（12）【图层混合模式】 正常 ▾：在此列表框中可以选择不同图层混合模式，来决定这一图层图像与其他图层叠合在一起的效果。

（13）【锁定】 🔒：在此选取指定要锁定的图层内容。

（14）【不透明度】 不透明度: 100% ▸：用于设置图层总体不透明度。当切换作用图层时，不透明度显示也会随之切换为当前作用图层的设置值。

（15）【填充】 填充: 100% ▸：用于设置不透明度。

对图层操作时，一些常用的控制命令，如新建、复制和删除图层等可以通过【图层】面板菜单中的命令来完成，这样可以大大提高工作效率。

7.2　编辑图层

7.2.1　创建和删除图层

1. 创建图层

创建新图层有以下几种方法。

方法一：用按钮创建新图层。创建图层最简单的方法是直接单击【图层】面板上的【新建图层】按钮 ◻，即可在当前图层的上面创建一个新图层，图层的名字默认为"图层 1、图层 2、……"，双击【图层】面板中图层名字可以将其重命名。

方法二：通过菜单命令创建新图层。执行【图层】|【新建】|【图层】命令，将弹出【新建图层】对话框，如图 7.4 所示。

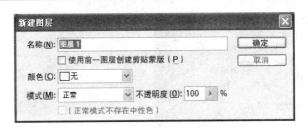

图 7.4　【新建图层】对话框

(1)【名称】：设置新图层的名称。

(2)【使用前一图层创建剪贴蒙版】：选中该复选框则前一图层将作为该图层的剪贴蒙版。剪贴蒙版可以在不破坏图像的情况下做到局部显示图像的效果。

(3)【颜色】：用来设置图层操作状态区域和指示图层可见性区域的颜色。

(4)【模式】：用于指定该图层中的像素和其下图层中像素的混合模式。

(5)【不透明度】：设置图层的不透明度。

方法三：通过粘贴图像创建新图层。当向某一图层中直接粘贴剪贴板的图像时，这幅图像将会在该图层上面形成一个新的图层。如果在粘贴之前在原有的图层上没有选区，则剪贴板的图像会位于整个新图层的中央，如果在原来的图层上创建选区，则剪贴板的图像会位于选区的中央。

2. 删除图层

可以通过以下方法删除图层。

方法一：选择所要删除的图层，按住鼠标左键，将其拖到图层右下角的【删除图层】按钮 🗑 上，松开鼠标，完成对此图层的删除。

方法二：选中所要删除的图层后，单击【删除图层】按钮 🗑，此时弹出询问对话框，单击【是】按钮确定删除图层，单击【否】按钮为取消删除。

方法三：在【图层】面板中选择要删除的图层，单击【面板菜单】按钮 ≡，在弹出的【面板】菜单中执行【删除图层】命令。在【图层】面板菜单中，包括【删除图层】、【删除隐藏图层】两种删除图层命令，其意义分别删除当前图层和删除所有隐藏的图层。

7.2.2　调整图层顺序

调整图层顺序就是调整图层面板中图层的堆叠顺序，图层的堆叠顺序会直接影响到图像的效果。在图层面板中位于上方的图层遮挡下方的图像，如图 7.5 所示。

背景层的顺序不能改变，背景层总是并且只能处于最下方。

在图层面板中移动图层的操作方法有如下两种。

方法一：先选定要调整次序的图层，然后再执行【图层】|【排列】子菜单中的命令。选中两个图层时可以执行【反向】命令进行图层的调换。

提示：按住 Ctrl 键的同时单击各图层，可选中多个图层；按住 Ctrl 键的同时单击已经选中的图层，可取消该图层的选中。

方法二：在【图层】面板中将鼠标移到要调整次序的图层上，按住鼠标左键拖动至适当的位置，也可以完成图层的次序调整。

(a) 图层 2 遮挡图层 1

(b) 图层 1 遮挡图层 2

图 7.5　图层顺序与效果

7.2.3　复制图层

在实际的图像处理过程中经常会出现一个图层多次使用的现象，为了提高效率，就需要对已经存在的图层进行复制。复制图层可以在图像文件间进行，也可以在一个图像文件中进行。

同一图像文件中复制图层的方法有多种。

方法一：用鼠标将要复制的图层拖到按钮 ⬛ 上，即可将图层复制，图层名称为原图层名后面加上"副本"，如图 7.6 所示。

图 7.6　复制图层

方法二：在【图层】面板中选中要复制的图层，执行【图层】|【复制图层】命令，弹出【复制图层】对话框，在文本框中设置新图层的名称。在【文档】下拉列表框中选择将新图层复制到哪个文档中，默认为原图层所在的文档，【复制图层】对话框如图 7.7 所示。

方法三：在【图层】面板中右击要复制的图层，在弹出的快捷菜单中执行【复制图层】命令。

方法四：在【图层】面板中选择要复制的图层，单击【面板菜单】按钮 ≣，在弹出的【面板】菜单中执行【复制图层】命令。

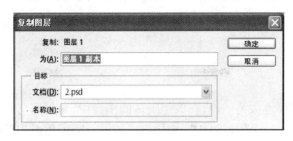

图 7.7　【复制图层】对话框

不同文件之间复制图层，可以在源文件中使用【移动工具】按钮▶✥将选中的图层直接拖动到目标图像窗口中，源图像中的图层不会消失。

7.2.4　图层的链接与合并

1. 图层链接

对图层的链接是比较常用的图层操作之一，将相关的图层链接到一起，可以将某些操作同时应用于具有链接关系的图层。例如，可以同时缩放链接层图像，同时移动链接层而保持链接层图像的相对位置。

要进行图层链接，首先在【图层】面板中选定一个图层，按住 Ctrl 键的同时单击其他图层，使多个图层呈选中状态，单击图层面板下方的【链接图层】按钮 ⛓，当图层名称旁边出现 ⛓ 图标时，表示该图层和当前作用层链接到了一起，如图 7.8 所示。

图 7.8　链接图层

如果要取消图层的链接关系，则单击图层面板下方的【链接图层】按钮 ⛓ 图标，可取消链接关系。

2. 图层合并

在一幅图像中，建立的图层越多，则该文件所占用的磁盘空间也就越多。因此，对一些不必要分开的图层可以将它们合并以减少文件所占用的磁盘空间，同时也可以提高操作速度。

图层的合并主要通过菜单命令来完成，选择相应的命令就可以将相关的图层进行合并。图层合并命令有以下 3 个。

(1)【向下合并】：用来把当前图层和其下边的图层合并，合并后的新图层的名称为下边图层的名称。

(2)【合并可见层】：将所有可见图层合并，即将所有带 👁 图标的图层合并，合并后的名称也为当前图层的名称。

(3)【拼合图层】：合并所有的图层，包括可见和不可见图层。如果图层面板中包括不可见图层，系统将弹出询问对话框，单击【好】按钮即可合并所有图层，合并后的图像将不显示那些不可见的图层内容。

7.2.5　使用图层组

图层组即将若干图层组成为一组。在图层很多的图像中，使用图层组可以很好地组织图层，把关系紧密的图层组织到一个图层组中，这样可以通过调整图层组的顺序改变图像效果。

方法一：执行【图层】|【新建】|【组】命令，这时在【图层】面板中出现类似文件夹图标 ▽ ▢ 组1，可以用鼠标拖动图层将其放入组中。

方法二：先选中一个或多个图层，执行【图层】|【新建】|【从图层建立组】命令，可以将事先选中的图层直接放到建立的组中，如图 7.9 所示。

图 7.9　将【图层】加入【组】

对组的其他操作与对图层的操作基本相同，所不同的是不能直接对图层组套用图层样式。另外，当删除组时，系统会弹出询问对话框，单击【组和内容】按钮，则删除图层组及其中的图层；单击【仅限组】按钮，只删除图层组，保留组中的图层；单击【取消】按钮则取消删除。

7.2.6　创建剪贴蒙版

剪贴蒙版可以使用某个图层的内容来遮盖其上方的图层。剪贴图层将在基底图层的非透明区域显示，剪贴图层中的所有其他内容将被遮盖掉，也就是说下方的图层作为蒙版，上方的图层作为过滤对象，如图 7.10 所示。

图 7.10　剪贴蒙版

建立剪贴蒙版的操作步骤如下。

(1) 在【图层】面板中排列图层，使用有透明区域的图层作为基底层，使基底图层位于剪贴图层的下方。

(2) 按住 Alt 键，将鼠标移动到【图层】面板中剪贴图层和基底图层之间的分隔线上，当鼠标变成两个交迭的圆 ⊕ 时，单击鼠标左键，即可看到剪贴图层的缩览图前出现一个箭头 ↴。也可以在【图层】面板中选择剪贴图层，执行【图层】|【创建剪贴蒙版】命令。

7.2.7　课堂案例 21——呼啦圈女孩

【学习目标】学习【图层】的应用。

【知识要点】本例制作中，主要考虑人物与呼啦圈的遮挡关系，如何将人物套在呼啦圈中，通过【图层】的剪切创建等操作来实现。通过层的剪切创建，制作出人套在呼啦圈之间的效果，本案例效果图如图 7.11 所示。

【效果所在位置】Ch07\课堂案例\效果\呼啦圈女孩.psd。

图 7.11　"呼啦圈女孩"效果图

操作步骤如下。

(1) 打开素材文件，执行【文件】|【打开】命令，选择"Ch07\课堂案例\素材\呼啦圈女孩\女孩.jpg"文件，单击【打开】按钮。

(2) 在工具箱中单击【魔棒工具】 ⚲ 按钮，在其选项栏设置容差为 32，配合 ⬚【添加到选区】并保持 ☑连续 复选框被选中，选中人物以外的所有图像内容(图 7.12)。执行【选择】|【反向】命令从而得到人物轮廓选区(图 7.13)。

(3) 执行【图层】|【新建】|【通过剪切的图层】命令，把背景中人物剪切到图层 1 中。【图层】面板如图 7.14 所示。

图 7.12　选中人物外图像

图 7.13　【反向】

图 7.14　【图层】面板

(4) 执行【文件】|【打开】命令，选择"Ch07\课堂案例\素材\呼啦圈女孩\呼啦圈.jpg"文件，单击【打开】按钮。

(5) 单击【魔棒工具】，容差设为 32，配合 ⬚【添加到选区】并保持 ☑连续 复选框被选中，勾选出呼啦圈以外的所有白色图像内容(图 7.15) 。执行【选择】|【反向】命令从而得到呼啦圈轮廓的选区(图 7.16) 。

(6) 在文件间复制图像。执行【编辑】|【拷贝】命令，复制选区中的呼啦圈。切换到"女孩.jpg"文件窗口，在【图层】面板中选择【创建新图层】按钮 ⬚ 建立"图层 2"，保持图层 2被选中，执行 【编辑】|【粘贴】命令把呼啦圈粘贴到图层 2 中。执行【编辑】|【自由变换】命令把呼啦圈旋转 90 度，适当减小高度，加大宽度，摆放到恰当位置，如图 7.17 所示。

图 7.15　选中白色区域　　　　　图 7.16　执行【反向】命令

图 7.17　复制图层并变换

(7) 在"女孩.jpg"图像中复制图层。把"图层 2 副本"拖动到"图层 1"下方。使用【多边形套索】工具 ⬚，在图层 2 上创建选区，如图 7.18 所示，按 Delete 键删除被选中的这部分呼啦圈。人物就被套入到呼啦圈中了。

图 7.18　【图层】面板

(8) 保存文件。执行【文件】|【存储为】命令，输入文件名"呼啦圈女孩.psd"，单击【确定】按钮。

7.3　图层样式

Photoshop CS5 提供了各种效果(如阴影、发光和斜面)来更改图层内容的外观。图层样式是应用于一个图层或图层组的一种或多种效果。

7.3.1　常用图层样式

在【图层样式】对话框中，有 10 种图层样式可供选择，各图层样式的参数在【图层样式】对话框中进行设置。图层样式只对图层有效，而对选区无效。

1. 阴影效果

无论是文字、按钮、边框，还是一个物体，如果加上一个阴影，则会顿时产生层次感，为图像增色不少。Photoshop 提供了两种阴影效果的制作，分别为【投影】和【内阴影】。这两种阴影效果的区别在于：【投影】是在图层对象背后产生阴影，从而产生投影视觉；【内阴影】则是在图层内容的内部添加阴影，使图层具有立体外观。这两种图层样式只是产生的图像效果不同，而其参数选项是一样的，如图 7.19 所示。各选项含义如下。

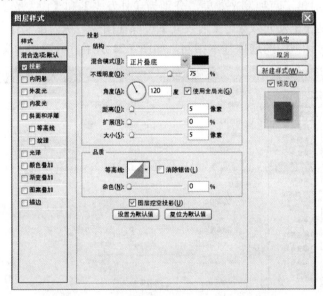

图 7.19　【图层样式】对话框中的【投影】选项

(1)【混合模式】：选定投影的图层混合模式，在其右侧有一颜色框，单击它可以打开对话框选择阴影颜色。

(2)【不透明度】：设置阴影的不透明度，值越大阴影颜色越深。

(3)【角度】：用于设置光线照明角度，即阴影的方向会随角度的变化而产生变化。

(4)【使用全局光】：可以为同一图像中的所有图层样式设置相同的光线照明角度。

(5)【距离】：设置阴影的距离，变化范围为 0～30 000，值越大距离越远。

(6)【扩展】：设置光线的强度，变化范围为 10%～100%，值越大投影效果越强烈。

(7)【大小】：设置阴影柔化效果，变化范围为 0～250，值越大柔化程度越大。当其值为 0 时，该选项的调整将不会产生任何效果。

(8)【品质】：在此选项组中，可通过设置【等高线】和【杂色】选项来改变阴影效果。

(9)【图层挖空投影】：控制投影在半透明图层中的可视性或闭合。

不同参数设置下的阴影效果如图 7.20 所示。

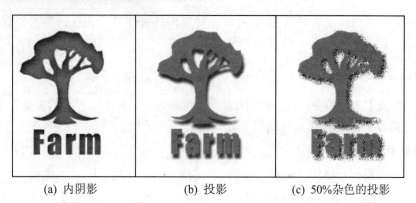

(a) 内阴影　　　　　　(b) 投影　　　　　　(c) 50%杂色的投影

图 7.20　投影与内阴影效果对比

2. 发光效果

Photoshop CS5 提供了两种发光效果，分别为【外发光】和【内发光】。其中【外发光】可以在图像边缘外制作出发光效果，【内发光】可以在图像边缘内部制作出发光效果。【内发光】与【外发光】对话框中的选项基本相同，如图 7.21 所示。各选项含义如下。

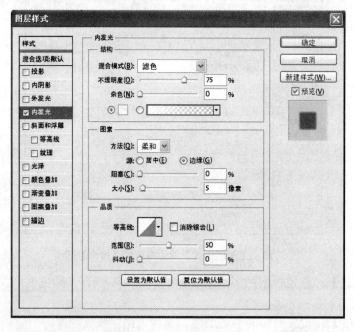

图 7.21　【图层样式】对话框中的【内发光】选项

(1) 单色按钮：选中该按钮，可选择光的颜色，单击颜色方块 ⊙■，会弹出【拾色器】对话框，选择颜色后单击【确定】按钮即可。

(2) 渐变色按钮：选中该按钮，可使用一种渐变颜色作为光的颜色。单击渐变色块 ⊙ [▭] 按钮，就会弹出【渐变色编辑器】对话框，选择渐变色后单击【确定】按钮即可。

(3)【方法】：选择发光的柔和度。有"柔和"、"精确"两种方法可选。

(4)【内发光】对话框中，源部分增设了两个单选按钮，即"居中"和"边缘"。居中表示光线从中心向外扩散，边缘表示光线从外向中心扩散，其对比效果如图 7.22 所示。

　　(a) 外发光单色　　(b) 内发光单色 边缘　(c) 内发光单色 居中　(d) 内发光渐变 居中

图 7.22　发光效果对比

(5)【阻塞】：用于设置光的扩散程度。

(6)【大小】：用于设置光的模糊程度。

(7)【等高线】：用于设置光的轮廓形状。

(8)【范围】：用于设置光的轮廓范围。

(9)【抖动】：用于设置光中的颜色杂点数。

3. 斜面和浮雕效果

利用【斜面和浮雕】图层样式可以制作出具有立体感的图像或文字。选项参数如图 7.23 所示。各选项含义如下。

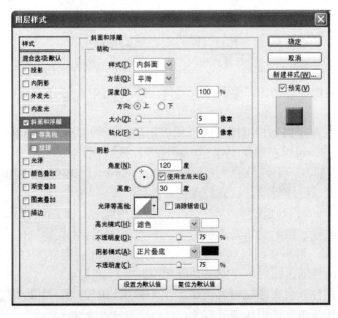

图 7.23　【图层样式】对话框中的【斜面和浮雕】选项

(1)【样式】：选择斜面和浮雕的具体形态。

①【外斜面】：可以在图层内容外部边缘产生一种斜面的光线照明效果，此效果类似于投

影效果，只不过在图像两侧都有光线照明效果而已。

②【内斜面】：可以在图层内容的内部边缘产生一种斜面的光线照明效果，此效果与内投影效果非常相似。

③【浮雕效果】：创建图层内容相对它下面的图层凸出的效果。

④【枕状浮雕】：创建图层内容的边缘陷进下面图层的效果。

⑤【描边浮雕】：创建边缘浮雕效果。

几种斜面和浮雕效果如图 7.24 所示。

(a)【外斜面】效果　　(b)【内斜面】效果　　(c)【浮雕】效果　　(d)【枕状浮雕】效果

图 7.24　【斜面和浮雕】各种样式效果对比

(2)【方法】：选择斜面和浮雕的清晰度。

①【平滑】：斜面比较平滑。

②【雕刻清晰】：产生一个较生硬的平面效果。

③【雕刻柔和】：产生一个柔和的平面效果。

(3)【深度】：用于控制斜面和浮雕效果的深浅程度。设置的数值越大，浮雕的效果越明显。

(4)【方向】：选择斜面和浮雕的方向。

(5)【高光模式】：用于设置高光区域的色彩混合模式，其右侧的颜色框用于设置高光区域的颜色，其下方的"不透明度"用于设置高光区域的不透明度。

(6)【阴影模式】：用于设置阴影区域的色彩混合模式，其右侧的颜色框用于设置阴影区域的颜色，其下方的"不透明度"用于设置阴影区域的不透明度。

4. 其他图层样式

除上面介绍的阴影、发光、斜面和浮雕之外，Photoshop CS5 还有其他几种图层样式，分别介绍如下。

(1)【光泽】：在图层内部根据图层的形状应用阴影，创建出光滑的磨光效果。

(2)【颜色叠加】：可以在图层上填充一种纯色。此图层样式与使用【填充】命令填充前景色的功能相同，与建立一个纯色的填充图层类似，只不过【颜色叠加】图层样式比上述两种方法更方便，因为可以随便更改已填充的颜色。

(3)【渐变叠加】：可以在图层内容上填充一种渐变颜色。此图层样式与在图层中填充渐变颜色的功能相同，与创建渐变填充图层的功能相似。

(4)【图案叠加】：可以在图层内容上填充一种图案。此图层样式与使用【填充】命令填充图案的功能相似，与创建图案填充图层功能相似。

(5)【描边】：此样式会在图层内容边缘产生一种描边的效果。功能类似于【描边】命令，但它的可修改性更好，因此使用起来更方便。

7.3.2　创建图层样式

创建图层样式的过程就是为图层添加图层样式效果，其操作步骤如下。

(1) 打开一幅图像，选中要应用图层样式的图层。

提示：背景层不可以添加图层样式。

(2) 执行【图层】|【图层样式】命令，或者单击【图层】面板中的  按钮，或者在【图层】面板中双击该图层。

(3) 弹出【图层样式】对话框，在此对话框中设置图层样式的参数，完成设置后单击【确定】按钮。

如果要在同一个图层中应用多种图层样式，则可以在打开【图层样式】对话框后，在此对话框左侧的列表中依次选择要应用的效果，此时在右侧将显示与图层样式相关的选项设置，依次设置参数，完成设置后单击【确定】按钮，如图 7.25 所示。

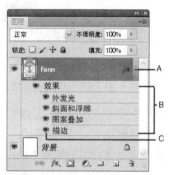

A. 展开、折叠图层效果按钮
B. 图层效果　C. 显示隐藏图层效果

图 7.25　【图层】样式

7.3.3　复制样式

如果要把一个已经制作完毕的图层样式效果应用到其他图层，就可以通过"复制/粘贴"的方法来实现。

方法一：在【图层】面板中具有图层样式效果的图层上右击，从弹出的快捷菜单中执行【拷贝图层样式】命令，然后在欲添加图层样式效果的图层上右击，从弹出的快捷菜单中执行【粘贴图层样式】命令，就可以实现图层样式效果的复制。

方法二：在【图层】面板中，选中具有图层样式效果的图层，执行【图层】|【图层样式】|【拷贝图层样式】命令，然后再选中欲添加图层样式效果的图层，执行【图层】|【图层样式】|【粘贴图层样式】命令，就可以为选中的图层添加同样的图层样式效果了。

7.3.4　清除和隐藏图层样式

1. 清除图层样式

如果要去掉图层所携带的所有图层样式效果，那么在【图层】面板中，在需要去掉图层样式效果的图层上右击，在弹出的快捷菜单中执行【清除图层样式】命令即可。

2. 隐藏图层样式

如果不想去掉图层的图层样式效果，但需要这个图层暂时不显示图层样式效果，那么在【图层】面板中的该图层的图层效果上右击,在弹出的快捷菜单中执行【停用图层效果】命令即可。此时该图层所携带的所有图层样式效果前的眼睛图标会变为浅灰色。

通过在【图层】面板中,单击效果前的眼睛图标,则可以切换所有效果的可见性。通过在【图层】面板中,单击某一效果前的眼睛图标,则可以切换单一效果的可见性。如图 7.26 所示。

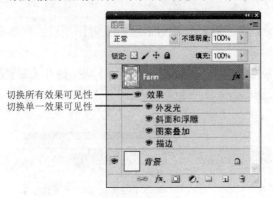

图 7.26　切换图层效果可见性

如果在【图层】面板中某个图层的图层样式效果上右击,在弹出的快捷菜单中选择【隐藏所有效果】命令,则会使当前图像文件中所有图层的图层样式效果都暂时不可见,此时所有图层样式效果前的眼睛图标都为浅灰色,原来的【隐藏所有效果】命令会变为【显示所有效果】命令。

7.3.5　使用【样式】面板

Photoshop CS5 带有大量的已经设置好的图层样式,称为内置样式,可以通过【样式】面板菜单载入各种内置样式。内置样式中包括抽象样式、纹理、虚线笔画、玻璃按钮、投影效果、文字效果、纹理等。

执行【窗口】|【样式】命令可以显示或关闭【样式】面板,如图 7.27 所示。

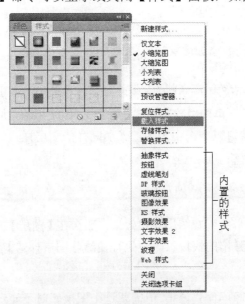

图 7.27　【样式】面板及面板菜单

1. 应用样式

在【图层】面板中单击要应用图层样式的图层，使其成为当前作用层，然后在【样式】面板中单击【样式】按钮，就可以直接套用所选样式。图 7.28 所示为几种样式套用的效果。

图 7.28　套用【样式】后的图像

2. 载入样式

在【样式】面板中单击【面板菜单】按钮，弹出【面板】菜单，在菜单中内置样式部分单击内置样式名，会弹出一个 Adobe Photoshop CS5 Extended 对话框(图 7.29)，若单击【确定】按钮则内置样式会替换【样式】面板中当前显示的样式按钮；若单击【追加】按钮则内置样式会添加到【样式】面板中当前显示的样式按钮的末尾。

图 7.29　Adobe Photoshop CS5 Extended 对话框

3. 复位样式

当【样式】面板中添加或删除了一些样式按钮后，希望恢复到 Photoshop CS5【样式】面板初始的状态，则可在【样式】面板中单击【面板菜单】按钮，弹出【面板】菜单，在菜单中执行【复位样式】命令。

4. 保存样式

图层样式效果不但可以在同一幅图像上使用，也可以应用到不同的图像中，用户只需要将制作好的图层样式保存在【样式】面板中，以后制作相同样式时从【样式】面板中单击相应的样式按钮即可。

将制作好的图层样式效果保存在【样式】面板中的方法，主要有以下两种。

方法一：在【图层】面板中选择具有图层样式的图层，再将鼠标移动到【样式】面板的空白处，当鼠标的光标变成油漆桶形状时单击，就会弹出【新建样式】对话框(图 7.30)，在文本框中输入新样式的名称，单击【确定】按钮即可。

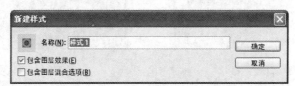

图 7.30　【新建样式】对话框

方法二：在【图层】面板中选择具有图层样式的图层，再单击【样式】面板右上角的【面板菜单】按钮，在弹出的【面板】菜单中执行【新建样式】命令，在【新建样式】对话框中输入名称，单击【确定】按钮即可。

图 7.31　删除样式

5. 删除样式

【样式】面板中的样式按钮是可以删除的。删除【样式】面板中的样式按钮的方法主要有以下两种。

方法一：移动鼠标到【样式】面板中的要删除的样式按钮上，按住 Alt 键，当鼠标变为小剪子 时，单击即可删除。

方法二：移动鼠标到【样式】面板中的要删除的样式按钮上右击，在弹出的快捷菜单中执行【删除样式】命令即可，如图 7.31 所示。

7.3.6　课堂案例 22——玻璃字

【学习目标】学习创建图层样式。

【知识要点】通过外发光、斜面和浮雕、描边多种图层样式效果制作出透明玻璃文字，本案例效果如图 7.32 所示。

【效果所在位置】Ch07\课堂案例\效果\玻璃字.psd。

图 7.32　玻璃字效果图

操作步骤如下。

(1) 打开素材文件。执行【文件】|【打开】命令，选择"Ch07\课堂案例\素材\背景.jpg"，单击【打开】按钮，如图 7.33 所示。

(2) 在工具箱中单击【文字】工具按钮，在其选项栏设置字体为 Impact，字号为 150 点，文字颜色为黑色。单击图像窗口，输入"Class"，单击选项栏中的【提交】按钮，效果如图 7.34 所示。

图 7.33　背景素材

图 7.34　输入文字

(3) 在【图层】面板中双击文字图层，弹出【图层样式】对话框，单击【斜面和浮雕】按钮，设置样式为内斜面，方法为平滑，深度为 100，方向为上，大小为 8，软化为 0，角度为

90，高度为 20，光泽等高线为滚动斜坡-递减，高光模式不透明度 95，阴影模式不透明度 75，如图 7.35 所示。

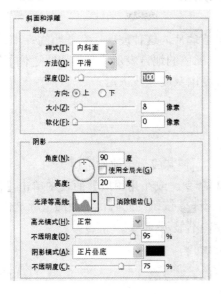

图 7.35　设置【斜面和浮雕】

（4）接着，在【图层样式】对话框中单击【描边】按钮，设置大小为 1，位置为内部，混合模式为叠加，不透明度为 100，填充类型为颜色，颜色为白色 RGB(255,255,255)，如图 7.36 所示。

（5）接着，在【图层样式】对话框中单击【外发光】按钮，设置混合模式为正片叠底，不透明度为 30，颜色为黑色 RGB(0,0,0)，大小为 15，范围为 50，如图 7.37 所示。

（6）接着，在【图层样式】对话框中单击【混合选项】按钮，设置填充不透明度为 0，单击【确定】按钮，如图 7.38 所示。此时，文字本身的黑色不见了，文字变成了透明的。

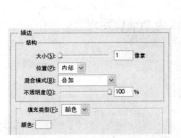
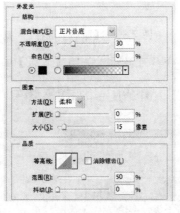

图 7.36　设置【描边】　　　图 7.37　设置【外发光】　　　图 7.38　设置【混合选项】

（7）保存文件。执行【文件】|【存储为】命令，输入文件名"玻璃文字.psd"，单击【确定】按钮。

7.4 图层蒙版

图层蒙版可以理解为在当前图层上面覆盖一层玻璃片，这种玻璃片有透明的、半透明的、完全不透明的。然后用各种绘图工具在蒙版上涂色，黑色的地方表示蒙版不透明遮住了图像内容。白色则表示蒙版透明露出图像内容，透明的程度由灰度深浅决定。

7.4.1 添加图层蒙版

为图层添加图层蒙版的方法如下。

(1) 在【图层】面板中，单击要添加蒙版的图层，使其成为当前作用层。

(2) 执行【图层】|【图层蒙版】|【显示全部】命令，或在【图层】面板中单击【添加图层蒙版】按钮 ，或在【蒙版】面板(图 7.39)中单击 按钮。此时，添加的蒙版是白色的，表示显示全部的图像，即没有任何部分的图像被蒙住不显示。

图 7.39 【蒙版】面板

提示：执行【窗口】|【蒙版】命令，可显示或关闭【蒙版】面板。

(3) 在【图层】面板中单击图层蒙版缩览图，蒙版被选中成为当前作用对象，如图 7.40 所示。

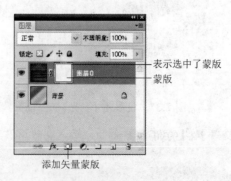

图 7.40 【图层】面板

（4）创建选区，选择要蒙住的区域，在选区中填充黑色，或者设置前景色为黑色，使用工具箱中的【画笔】工具在蒙版上涂抹。蒙版上黑色的部分对应的图像就被蒙住了。在【蒙版】面板中单击【反相】按钮，则可以使效果反过来，如图 7.41 所示。在蒙版上苹果外围的选区中填充黑色后，图层上这部分区域的图像被蒙住了，自然就透出了下面图层上的图像。

图 7.41　在蒙版上填充或绘制黑色

7.4.2　图层蒙版的停用与删除

1. 停用图层蒙版

方法一：在蒙版图标上右击，在弹出的快捷菜单(图 7.42)中执行【停用图层蒙版】命令。

方法二：执行【图层】|【图层蒙版】|【停用】命令来停止图层蒙版的遮挡效果，如图 7.43 所示。启用图层蒙版方法和停用图层蒙版类似。

图 7.42　快捷菜单

图 7.43　停用图层蒙版

2. 删除图层蒙版

方法一：在蒙版图标上右击，在弹出的快捷菜单中执行【删除图层蒙版】命令。

方法二：执行【图层】|【图层蒙版】|【删除】命令。

方法三：在【图层】面板中，拖动蒙版缩览图至【删除图层】 按钮上松开鼠标，会弹出 Adobe Photoshop CS5 Extended 对话框提示操作，如图 7.44 所示。

图 7.44　Adobe Photoshop CS5 Extended 对话框

对话框中的 3 个按钮的含义如下。

(1)【应用】：把当前蒙版与当前图层合并。应用蒙版后蒙版也就不存在了，如图 7.45 所示。

(2)【取消】：退出删除操作。

(3)【删除】：删除图层蒙版。

图 7.45　应用蒙版后

7.4.3　课堂案例23——图像合成

【学习目标】学习使用【图层】蒙版，实现图像的合成。

【知识要点】通过【图层】蒙版，制作图像混合效果，使图像产生叠加虚化的过渡效果，本案例效果如图 7.46 所示。

【效果所在位置】Ch07\课堂案例\效果\图像合成.psd。

图 7.46　图像合成效果

操作步骤如下。

(1) 打开素材文件。执行【文件】|【打开】命令，选择"Ch07\课堂案例\素材\图像合成"文件夹中的"风景.jpg"和"汽车.jpg"文件，单击【打开】按钮，如图 7.47、图 7.48 所示。

图 7.47　风景.jpg　　　　图 7.48　汽车.jpg

(2) 在"汽车.jpg"图像文件中，执行【选择】|【全选】命令，再执行【编辑】|【拷贝】命令。在"风景.jpg"图像文件中，执行【编辑】|【粘贴】命令，产生"图层 1"。

(3) 对"图层 1"执行【编辑】|【自由变换】命令，适当缩放并调整到合适位置，如图 7.49 所示。

图 7.49 调整图像位置

(4) 选中图层 1 作为当前作层，单击【图层】面板中【添加图层蒙版】按钮 ◻，建立【图层蒙版】，如图 7.50 所示。

(5) 单击【图层蒙版】缩览图，使其成为当前作用对象。

(6) 设置前景色为黑色，在工具箱中单击【画笔】工具，在其选项栏中设置为"柔边圆"笔触，大小为 150，移动鼠标到图像窗口，在需要蒙住的图像上拖动鼠标，在这个过程中可按住左中括号键减小画笔，或按右中括号键加大画笔，在靠近汽车轮廓处使用小一些的笔头。不断涂抹，最终得到需要的效果。蒙版如图 7.51 所示。

图 7.50 建立【图层蒙版】　　　　图 7.51 在蒙版上绘画黑色

(7) 保存文件。执行【文件】|【存储为】命令，输入文件名"图像合成.jpg"，单击【保存】按钮。

7.5 图层混合模式

7.5.1 图层混合模式简介

图层混合模式是图像合成时较为重要的功能。通过这项功能可以完成较多的图像合成效果。例如，在一幅风景图像中加入一人物头像，并将图层混合模式设置为【正常】模式，效果如图 7.52 所示。如果将图层混合模式分别设置为【颜色加深】和【叠加】模式，这时图像合成后的效果将发生变化，如图 7.53 和图 7.54 所示。

图 7.52 【正常】模式　　　　图 7.53 【颜色加深】模式　　　　图 7.54 【叠加】模式

执行【图层】|【图层样式】|【混合选项】命令，在弹出的【图层样式】对话框中，对【混合选项】进行设置，如图 7.55 所示。

混合选项说明如下。

(1)【常规混合】：设置【混合模式】和【不透明度】两种常规选项。

(2)【高级混合】：对图层的属性进行更细致的设置，包括以下几点内容。

①【填充不透明度】：与透明度的填充很相似，但不同的是这里的透明度的设置不但对图层本身进行处理，还对所套用的额外属性包括【混合模式】或【样式】等也会受到影响。

②【通道】：用于设置图层高级选项将会影响到的通道，在默认状态下所有通道皆处于选中状态。

③【挖空】：其下拉列表中提供了 3 种模式供选择，即无、浅和深。

④【混合颜色带】：其下拉列表中会根据当前图像色彩模式出现各个原色通道，拖动【本图层】和【下一图层】滑杆上的小三角滑标，即可设定色彩模式混合时的像素范围。

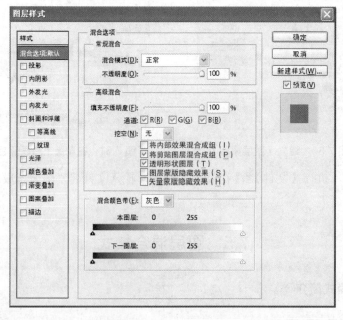

图 7.55 【混合选项】设置

提示：背景层不能设置混合模式。

7.5.2　课堂案例 24——为人物衣服添加印花效果

【学习目标】学习使用图层混合，实现衣服添加印花的效果

【知识要点】变换卡通图像，使之大致与布料凸凹相匹配从而增加立体感，通过图层混合实现衣服添加印花效果，本案例效果如图 7.56 所示。

【效果所在位置】Ch07\课堂案例\效果\印花效果.psd。

图 7.56　印花效果

操作步骤如下。

(1) 打开素材文件。执行【文件】|【打开】命令，选择"Ch07\课堂案例\素材\为衣服添加印花效果"文件夹中的"布料.jpg"和"柯南.jpg"文件，单击【打开】按钮，如图 7.57、图 7.58 所示。

图 7.57　布料.jpg

图 7.58　柯南.jpg

(2) 对"柯南.jpg"图像，使用【魔棒】工具，设容差为 32，配合【添加到选区】并保持☑连续复选框被选中，勾选出人物以外的所有图像内容，按住 Ctrl+Shift+I 键进行【反向】选取从而得到人物轮廓的选区。执行【编辑】|【拷贝】命令。

(3) 在"布料.jpg"图像，执行【编辑】|【粘贴】命令，生成"图层 1"。

(4) 将"图层 1"作为当前作用层，执行【编辑】|【自由变换】命令，宽和高都缩放 70%，水平斜切 18 度，如图 7.59、图 7.60 所示，按 Enter 键确认变换操作。

(5) 执行【编辑】|【变换】|【变形】命令，通过调增控制句柄变形使之尽量与布料的凸凹相匹配，如图 7.61 所示。

图 7.59　【自由变换】选项栏

图 7.60 【自由变换】

图 7.61 【变形】

(6) 保持图层 1 为作用层，单击【图层】面板中【添加图层样式】按钮 fx，在对话框中对混合选项进行如图 7.62 所示的设置，单击【确定】按钮。此时的【图层】面板如图 7.63 所示。

图 7.62 【混合选项】设置

图 7.63 【图层】面板

(7) 保存文件。执行【文件】|【存储为】命令，输入文件名"印花效果.jpg"，单击【保存】按钮。

7.6 本章小结

本章主要介绍了图层的概念、基本属性以及常用操作，详细介绍了图层样式、图层蒙版、图层混合模式，并通过 4 个课堂案例来加深对图层的认识。

通过本章的学习，可以学会创建和使用图层，熟悉各种类型图层的特点，熟练掌握图层的操作，为处理图像打下坚实的基础。

7.7 上机实训

【实训目的】练习图层编辑操作。
【实训内容】
(1) 翻倒的酒瓶。
(2) 眼睛。

【实训过程提示】

1. 翻倒的酒瓶

效果所在位置：Ch07\上机实训\效果\翻到的酒瓶.jpg，效果如图 7.64 所示。

(1) 执行【文件】|【新建】命令，设置宽 640，高 480，分辨率为 100PPI，RGB 颜色模式，白色背景，单击【确定】按钮，创建一个新的图像文件"未标题-1"。

(2) 使用【渐变】工具在背景层进行从浅蓝色 RGB(227, 224,251)到蓝色 RGB(159,151,254)的线性渐变。

(3) 打开素材文件。执行【文件】|【打开】命令，打开"Ch07\上机实训\素材\翻倒的酒瓶\酒瓶.jpg"，素材如图 7.65 所示。单击工具箱中的【多边形套索】工具，设置工具选项栏中的【羽化】选项值为 3 像素。在图像中勾勒出酒瓶的外形，将其复制到新建的图像文件中，如图 7.66 所示。

图 7.64　翻倒的酒瓶效果

图 7.65　酒瓶素材

图 7.66　复制图像

(4) 在【图层】面板中，按住"图层 1"拖动到【新建图层】按钮上松开鼠标，复制出 6 个副本图层。

(5) 选择最上面的图层"图层 1 副本 6"，执行【编辑】|【变换】|【旋转】命令，将旋转中心移至左下角，然后旋转酒瓶。其他的酒瓶依次用以上的方法旋转。依次从下向上调整各图层的不透明度，其效果如图 7.67 所示。

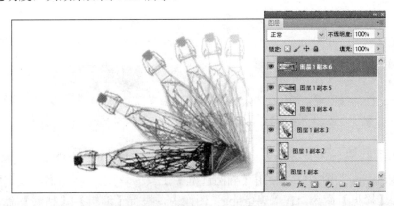

图 7.67　旋转酒瓶并调整各图层的不透明度

(6) 单击"图层 1 副本 6"图层的眼睛图标，关闭该图层，关闭背景层。选择其他任意一个可见图层，执行【图层】|【合并可见图层】命令，合并所有可见图层。再单击背景层和"图

层 1 副本 6"前方的眼睛图标，显示图层，如图 7.68 所示。

图 7.68　合并图层设置

(7) 选择水平放置的酒瓶"图层 1 副本 6"图层，执行【滤镜】|【模糊】|【高斯模糊】命令，设置模糊半径为 3.5，将酒瓶变成模糊状。

2. 眼睛

效果所在位置：Ch07\上机实训\效果\鸡蛋上的眼睛.psd，效果如图 7.69 所示。

图 7.69　眼睛效果

(1) 打开素材文件。执行【文件】|【打开】命令，选择"Ch07\上机实训\素材\眼睛"文件夹中的"鸡蛋.jpg"和"眼睛.jpg"，单击【打开】按钮，如图 7.70、图 7.71 所示。

图 7.70　鸡蛋.jpg

图 7.71　眼睛.jpg

(2) 在"眼睛.jpg"图像中，使用【椭圆选框】工具勾出眼睛轮廓，设定羽化值为 5，执行【编辑】|【拷贝】命令。在"鸡蛋.jpg"图像中，执行【编辑】|【粘贴】命令，此时产生"图层 1"。

(3) 单击"图层 1"使其成为当前作用层，执行【编辑】|【自由变换】命令，适当缩放并调整图像位置，如图 7.72 所示。

(4) 单击【磁性套索工具】按钮 ✍ 勾出眼珠轮廓，设定羽化值为 1，执行【图层】|【新建】|【通过拷贝的图层】命令复制眼珠轮廓内的图像并建立"图层 2"，如图 7.73 所示。按 Ctrl+D 组合键取消选区。

图 7.72　复制/粘贴

图 7.73　通过拷贝的图层

(5) 选中背景图层，执行【图层】|【新建】|【通过拷贝的图层】命令，产生 "背景副本" 图层，把"背景副本"图层放到最上方，让其覆盖其他所有图层。调整"背景副本"图层的不透明度为 74%，并设置混合模式为【颜色】，如图 7.74 所示。

(6) 分别对"图层 2"和"图层 1"设置混合模式为【正片叠底】。

(7) 选中"图层 2"，执行【图像】|【调整】|【色相/饱和度】命令进行如图 7.75 所示的设置，注意确保【着色】复选框被选中，调整眼珠的颜色。

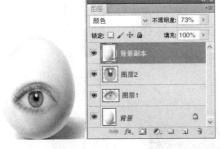

图 7.74　混合模式为【颜色】、不透明度为 74%

图 7.75　【色相/饱和度】设置

7.8　习题与上机操作

1. 判断题

(1) 背景图层是一种不透明的图层，用于图像的背景，用户可以对其应用混色模式。(　　)

(2) 在图像中输入文字时，首先要建立一个普通图层，然后在该图层中输入文字。(　　)

(3) 普通图层可以通过混色模式来实现同其他图层的融合。(　　)

(4) 作用图层表示正在被用户使用的图层，一幅图像中只能有一个作用图层。(　　)

(5) 用形状工具在图像中绘制图形时，就会在【图层】面板中自动产生一个形状图层。(　　)

(6) 只有连续排列的图层才能链接。 ( )

(7) 图层样式不能应用于背景图层和图层组。 ( )

2. 单选题

(1) 在【图层】面板内显示图层时，方框内显示( )。

    A. 画笔图标　　　　　B. 眼睛图标　　　C. 链接图标　　　　　D. 缩览图

(2) 对普通图层，如果使用【移动】工具移开图层时，空余区域自动成为( )。

    A. 白色区域　　　　　B. 前景色区域　　　C. 透明区域　　　　　D. 背景色区域

(3) 对文字图层执行滤镜时，首先应当作( )。

    A. 定文字选区　　　　　　　　　　B. 栅格化图层

    C. 选择滤镜种类　　　　　　　　　D. 文字处在激活状态

3. 多选题

(1) 对背景图层能使用的功能有( )。

    A. 能改变图层的混合模式　　　　　B. 不能调整图层的不透明度

    C. 能复制与粘贴　　　　　　　　　D. 能自由变换

(2) 将背景层转换成普通层的方法有( )。

    A. 执行【编辑】菜单中的【自由变换】命令

    B. 双击【图层】面板中的【背景图层】，设定为图层

    C. 在【图层】面板中，执行【新建】中的【背景图层】命令

    D. 在【图层】面板中，按住 Alt 键，双击背景图层的缩略图

(3) 使用以下哪几个命令可以将文字图层转换为普通图层？( )。

    A. 【栅格化】　　　　　　　　　　B. 【栅格化】|【文字】

    C. 【栅格化】|【图层】　　　　　　D. 【栅格化】|【所有图层】

4. 操作题

    打开"Ch07\习题\素材\"文件夹中的"汽车.jpg"和 "树林.jpg"文件。利用图层、选区等操作，制作合成图像效果，效果如图 7.76 所示。

图 7.76　合成图像效果

第 **8** 章　路径与形状

 教学目标

　　掌握路径工具和图形工具的使用方法，能够熟练地创建和编辑路径，灵活运用路径工具绘制和调整各种矢量图形和路径，实现编辑图像的目的。

 **教学要求**

知识要点	能力要求	相关知识	所占分值（100 分）	自评分数
路径	理解路径的概念，认识【路径】面板及其功能	课堂案例：算珠字	10	
创建路径	掌握使用【钢笔】工具组创建路径的方法		30	
编辑路径	掌握【路径选择】工具组，能熟练地移动、修改、复制、变换、储存、删除、对齐路径	课堂案例：金鱼	30	
形状工具的基本功能和绘制方法	掌握【形状】工具组的使用方法，能熟练绘制各种形状	课堂案例：大头贴	20	
实训	练习路径的基本操作		10	

 学习重点

　　路径的特征，钢笔工具组、路径选择工具组和形状工具组的使用，路径与选区的相互转换。

8.1 路　　径

Photoshop CS5 也具有制作矢量图形的功能。在 Photoshop CS5 中通过【钢笔】工具组和【形状】工具组来绘制矢量的形状和线条即路径，并且路径和选区可以互相转换，对路径也可以进行描边和填充操作。

8.1.1　路径的概念

路径是用【钢笔】工具绘制出来的一系列点、直线和曲线的集合。放大或缩小对其没有任何影响，且路径本身不能被打印出来。

路径由点和线构成，路径上的点都称为锚点，也称为节点，包括平滑点和角点两种。

(1) 平滑点：具有一个或两个控制柄的锚点称为平滑点，通过控制柄可调节两侧曲线的弯曲度。

(2) 角点：不具有控制柄的锚点称为角点，角点也称为拐点。

平滑点和角点是可以互相转换的。路径中的点如图 8.1 所示。

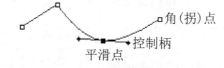

图 8.1　平滑点和角点

路径从状态上分为开放路径和闭合路径两种。

(1) 开放路径：即路径的起点和终点不重合，如图 8.2(a)所示。

(2) 闭合路径：即路径的起点和终点是重合的，如图 8.2(b)所示。

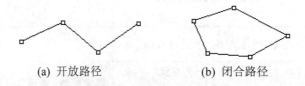

(a) 开放路径　　　　　　　　(b) 闭合路径

图 8.2　开放路径和闭合路径

另外，路径中可以含有多个独立的子路径，这些子路径可以是开放的，也可以是闭合的。

8.1.2　【路径】面板

Photoshop CS5 提供了一个【路径】面板，在【路径】面板中可以查看和管理路径。执行【窗口】|【路径】命令可以打开或关闭【路径】面板。【路径】面板如图 8.3 所示。

正常情况下，如果使用位于【工具箱】中的【路径】工具来绘制出一条路径的时候，【路径】面板中将自动生成一个名为【工作路径】的路径层。路径层只是用来存放路径的，各个路径层之间不存在层次关系。在图像中只能显示当前路径层中的路径，而不能同时显示多个路径层中的路径。在绘制路径时，如果没有新建路径层，新绘制的路径会被暂时存放在工作路径层中，但工作路径不能永久保存。

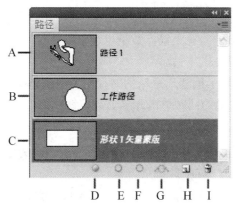

A. 存储的路径   B. 临时的工作路径   C. 矢量蒙版路径
D. 用前景色填充路径   E. 用画笔描边路径   F. 将路径作为选区载入
G. 从选区生成工作路径   H. 创建新路径   I. 删除当前路径

图 8.3 【路径】面板

【路径】面板中的各按钮含义分别如下。

(1)【用前景色填充路径】 ⬤ ：按钮用于将当前的路径内部填充设定内容。如果只选中一条路径的局部或者选中了一条未闭合的路径，则 Photoshop CS5 将填充路径的首尾以直线段连接后所确定的闭合区域。如果需要进行填充设置，则可以在按住 Alt 键的同时，单击此 ⬤ 工具按钮，则在填充前首先会弹出一个对话框，用于设置【填充路径】的相应属性，如图 8.4 所示。

(2)【用画笔描边路径】 ◯ ：其作用是使用前景色沿路径的外轮廓进行路径描边，主要就是为了在图像中留下路径的外观。按住 Alt 键的同时，单击此 ◯ 工具按钮，则会弹出一个【描边路径】对话框，如图 8.5 所示。在此对话框中，可以选择描边工具。

(3)【将路径作为选区载入】 ◯ ：单击该按钮可将当前被选中的路径转换成选区。按住 Alt 键的同时，单击此 ◯ 工具按钮，则可以弹出一个设置对话框，此处的对话框名称为【建立选区】对话框，如图 8.6 所示。对于开放型路径，系统将自动以直线段连接起点与终点以组成系统默认的闭合区域，而一条由两个端点构成的路径即直线段，不能进行单独转换。

图 8.4 【填充路径】对话框   图 8.5 【描边路径】对话框   图 8.6 【建立选区】对话框

(4)【从选区生成工作路径】 ⬡ ：单击该按钮可将选区转换为路径。按住 Alt 键，然后单击此 ⬡ 工具按钮，则可弹出【建立工作路径】对话框，如图 8.7 所示。【容差】选项决定着转换过程所允许的误差范围，其设置范围为 0.5～10，单位为像素，其设置值越小，则转换精确度越高，代价是所得到的路径上锚点数量也越多。默认情况下此值为 2.0 像素。一般不需改动默认值。

（5）【创建新路径】 ：用于创建一个新的路径层。单击该按钮即可在【路径】面板中增加一个新的路径层。按住 Alt 键的同时单击此 工具按钮，则可以弹出【新路径】对话框，如图 8.8 所示。【名称】选项用以设置当前新建路径层的名称。

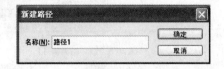

图 8.7　【建立工作路径】对话框　　　　图 8.8　【新路径】对话框

【创建新路径】按钮的另外一个作用是快速完成路径层的复制工作。如果需要得到一个已经存在的路径层的副本，则可以直接将此路径层列表条拖动至 工具按钮处，释放鼠标后即可完成复制此路径层的工作，即得到一个名为"路径 1 副本"、内容与路径 1 完全相同的新路径层。

（6）【删除当前路径】 ：用于删除工作路径。如果要删除一个路径层，可以先选中该路径层，然后单击此 工具按钮即可。当然，也可以直接将要删除的路径层列表条拖动到此 工具按钮上来完成删除当前路径的工作。

提示：单击【路径】面板中灰色空白区域可使路径在图像窗口中不可见。单击【路径】面板中的路径可使路径在图像窗口中可见。

8.1.3　课堂案例 25——算珠字

【学习目标】学会使用【路径】面板，实现路径与选区的转换，并对路径进行描边。

【知识要点】建立文字选区、选区转换成路径、使用自定义画笔描边路径制作"算珠字"。本案例效果如图 8.9 所示。

【效果所在位置】Ch08\课堂案例\效果\算珠字.jpg。

操作步骤如下。

（1）新建文件。宽 300 像素，高 400 像素，分辨率 72PPI，颜色模式 RGB，白色背景。

（2）创建选区。使用【横排文字蒙版】工具 ，输入"中"字。字体为黑体，字号为 300 点，如图 8.10 所示。

图 8.9　"算珠字"效果

（3）选区转换为路径。在【路径】面板下方单击【从选区生成工作路径】按钮 ，如图 8.11 所示。单击【路径】面板灰色区域以隐藏工作路径，路径在图像窗口中就看不见了。

（4）定义画笔。新建"图层 1"，使用【椭圆选框】工具 ，建立正圆选区，将前景色设为白色，背景色设为黑色，使用【渐变工具】 在图层 1 的圆形选区内作"从前景色到背景色"的径向渐变，效果如图 8.12 所示。按 Ctrl+D 组合键取消选区。执行【编辑】|【定义画笔预设】命令，弹出对话框，输入画笔名称"my1"，单击【确定】按钮。删除"图层 1"。

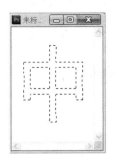
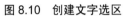

图 8.10　创建文字选区

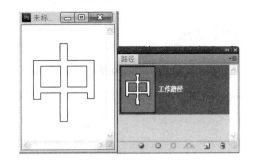

图 8.11　生成工作路径

（5）设置画笔。在工具栏选择【画笔】工具 ，在工具选项栏单击【切换画笔面板】按钮 ，打开【画笔】面板，笔触选择"my1"，直径为 15，【间距】为 100%，使每个笔尖形状分开，如图 8.13 所示。

（6）路径描边。设置前景色为红色 RGB(255,0,0)，背景层为当前作用层。在【路径】面板中单击【工作路径】按钮，使路径在图像窗口中显示出来。单击【路径】面板下方的【用画笔描边路径】按钮 ，即可看到如图 8.14 所示效果。单击【路径】面板中灰色空白区域隐藏路径。

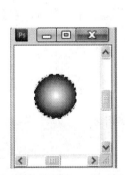

图 8.12　定义画笔

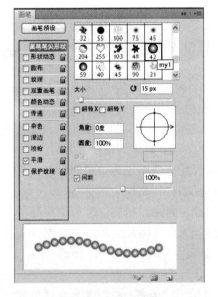

图 8.13　设置画笔

图 8.14　用画笔描边路径

（7）保存文件。执行【文件】|【存储为】命令，输入文件名"算珠字.jpg"，单击【保存】按钮。

8.2　绘制路径

在创建路径时，通常先创建出粗糙的路径轮廓，再对路径的锚点进行修改，从而使路径更加精确。创建路径时一般使用【钢笔】工具组中的工具。

8.2.1 【钢笔】工具组

工具箱中的【钢笔】工具组如图 8.15 所示。

图 8.15 【钢笔】工具组

1.【钢笔工具】

【钢笔工具】用于绘制折线和曲线路径,其工具选项栏如图 8.16 所示。

图 8.16 【钢笔工具】选项栏

该工具选项栏中的主要选项含义如下。

(1)【形状图层】 :利用【钢笔工具】将在新的图层上绘制矢量图形。

(2)【路径】 :利用【钢笔工具】可以创建新的工作路径层或在当前工作路径层上继续编辑工作路径。

选项栏中间部分工具按钮组 显示的是绘制路径和形状的工具,单击各个按钮,可方便地完成各工具之间的相互切换。

(1)【自动添加/删除】:勾选此复选框,则【钢笔工具】定位到所选路径上方时,它会变成【添加锚点工具】;当【钢笔工具】定位到锚点上方时,它会变成【删除锚点工具】。

(2)【路径合并】 :原路径加上新路径为结果路径。

(3)【路径相减】 :原路径减去新路径为结果路径。

(4)【路径相交】 :原路径与新路径相交部分为结果路径。

(5)【路径镂空】 :原路径加上新路径的和减去原路径与新路径相交部分为结果路径。

【钢笔工具】的使用方法如下。

(1) 在工具箱中选择【钢笔】工具 。

(2) 移动鼠标到图像上,鼠标形状为 ,在图像上合适位置单击或按下左键拖动,以定义第一个锚点,即路径的起点。

提示:单击产生的是角点,按下左键拖动产生的是平滑点。

(3) 移动鼠标到下一个位置,单击或按下左键拖动,产生第二个锚点。

(4) 移动鼠标到再下一个位置,继续单击或按下左键拖动,以产生更多锚点。

提示:最后添加的锚点总是显示为实心方形,表示已选中状态。当添加更多的锚点时,以前定义的锚点会变成空心并被取消选择。

(5) 要闭合路径,则将鼠标定位在第一个(空心)锚点上。如果放置的位置正确,钢笔工具指针旁将出现一个小圆圈 ,单击可闭合路径。若要保持路径开放,按住 Ctrl 键并单击远离所有对象的任何位置。

2.【自由钢笔工具】

【自由钢笔工具】 用于绘制曲线路径。操作方法就像用铅笔在纸上绘图一样。在绘图时，将自动添加锚点，其操作方法如下。

(1) 在工具箱中单击【自由钢笔工具】按钮 。工具选项栏如图 8.17 所示。

图 8.17　【自由钢笔选项】

【曲线拟合】值介于 0.5～10.0 像素。此值越高，创建的路径锚点越少，路径越简单。

(2) 移动鼠标到图像上，鼠标形状为 ，在图像中按下左键拖动，会有一条路径尾随指针，释放鼠标，工作路径即创建完毕。

在【自由钢笔工具】的选项栏选中【磁性的】复选框，则【自由钢笔】转换成【磁性钢笔】工具 。【磁性钢笔】工具可以绘制与图像中定义区域的边缘对齐的路径。在图像上拖动鼠标时，会自动分辨需要绘制的路径边缘。【宽度】为介于 1～256 之间的像素值，磁性钢笔只检测从指针开始指定距离以内的边缘。【对比】为介于 1～100 之间的百分比值，指定将该区域看作边缘所需的像素对比度。此值越高，图像的对比度越低。【频率】为介于 0～100 之间的值，此值越高，路径锚点的密度越大。

【磁性钢笔】工具的使用方法如下。

(1) 在图像中单击，设置第一个紧固点。

(2) 移动指针或沿要描的边拖动。

(3) 如果边框没有与所需的边缘对齐，则单击一次以手动添加一个紧固点，并使边框保持不动。继续沿边缘操作，根据需要添加紧固点。如果出现错误，按 Delete 键删除上一个紧固点。

(4) 按 Enter 键结束开放路径。双击闭合包含磁性段的路径。

【磁性钢笔】工具的使用如图 8.18 所示。

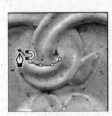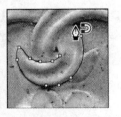

图 8.18　使用【磁性钢笔】工具

3.【添加锚点工具】

【添加锚点工具】 的主要功能是在已经绘制的路径上添加锚点。默认情况下，当【钢笔工具】定位到锚点上方时,它会变成【添加锚点工具】。

其操作方法是:在工具箱中单击【添加锚点工具】按钮,移动鼠标到路径中需要添加锚点的位置,当鼠标指针呈 ♦₊ 形状时,单击即可在当前路径的单击处添加一个锚点,如图 8.19 所示。

图 8.19　使用【添加锚点工具】

4.【删除锚点工具】

【删除锚点工具】 ₋♦ 的主要功能是在路径上删除锚点。默认情况下,当【钢笔工具】定位到锚点上方时,它会变成【删除锚点工具】。

其操作方法是:在工具箱中选择【删除锚点工具】 ₋♦ ,将指针定位到要删除的锚点上,当鼠标指针呈 ♦₋ 形状时,单击即可将该锚点删除。此时路径自动调整以保持连贯,如图 8.20 所示。

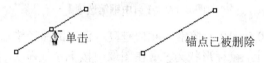

图 8.20　使用【删除锚点工具】

5.【转换点工具】

【转换点工具】 ⊾ 用于平滑点与角点相互转换和调节某段路径的控制句柄,即调节当前路径曲线的曲率。

1) 使用【转换点工具】 ⊾ 转换锚点类型

(1) 平滑点转换为角点。在工具箱中选择【转换点工具】 ⊾ ,把鼠标移动到路径上的某一平滑点,单击鼠标,此时该锚点变为角点,两个控制柄均被删除,两侧路径段均变为直线,如图 8.21 所示。

图 8.21　平滑点转换为角点(两个控制柄均被删除)

(2) 角点转换为平滑点。在工具箱中选择【转换点工具】 ⊾ ,把鼠标移动到路径上的某一角点,按下左键拖动,则该锚点变为平滑点,此时的平滑点有两个控制柄,该点两侧都变为曲线,如图 8.22 所示。

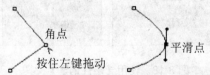

图 8.22　角点转换为平滑点(具有两个控制柄)

用上面的方法得到的平滑点具有两个控制柄,使用【转换点工具】 ⊾ 可以使平滑点只具有一个控制柄。在工具箱中选择【转换点工具】，把鼠标移动到路径上的某一平滑点，按住 Alt 键的同时单击，此时该锚点的一个方向线被删除，一侧路径段变为直线，如图 8.23 所示。

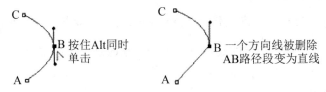

图 8.23　删除一个控制柄

另外，在把角点转换为平滑点的同时，按住 Alt 键，则该锚点变为平滑点，但只有一个控制柄，该锚点一侧为曲线，另一侧为直线，如图 8.24 所示。

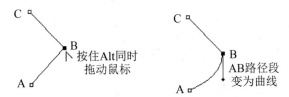

图 8.24　角点转换为平滑点(只具有一个控制柄)

2) 使用【转换点工具】调节某段路径曲率

(1) 如果要同时调整平滑点两侧曲线路径段的弯曲度，则在工具箱中选择【转换点工具】，把鼠标移动到路径上的某一角点按下左键拖动，则在该锚点变为平滑点的同时，不释放左键，继续拖动，此时两个控制柄在同一直线上且同时调整该平滑点两侧路径段的弯曲度(图 8.25) 。

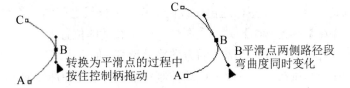

图 8.25　同时调整锚点两侧路径弯曲度

(2) 如果要只调整平滑点一侧曲线路径段的弯曲度，则应该先把锚点转换为平滑点，释放鼠标，再移动鼠标靠近锚点需要调整这一侧的控制柄按下左键拖动控制柄(图 8.26) 。

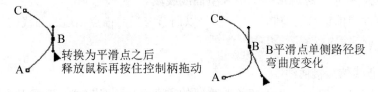

图 8.26　调整锚点单侧路径弯曲度

8.2.2　各种路径的绘制

1. 绘制折线路径

折线路径上的锚点都是角点，路径段都是直线段。

(1) 选择工具箱的【钢笔工具】，在图像上一个合适的位置单击，创建直线路径的起始点。

(2) 把鼠标移动到图像的另一目标位置，再单击鼠标，创建直线路径的第二个锚点，在两个点之间自动连接上一条直线段。

提示：作为起点的锚点变成空心点，作为终点的锚点变为实心点，实心的锚点称为当前锚点。

(3) 如果继续移动鼠标在图像的其他位置单击，这时连接当前锚点又出现一条直线线段，两条直线线段就连成了一条折线。如此反复，最后单击鼠标所生成的锚点总是成为当前锚点，锚点之间总是以直线线段相连。

(4) 要结束开放路径，可单击工具栏上的 工具或按住 Ctrl 键，然后单击路径以外的任何位置即可；如结束闭合路径，只需将鼠标指针移到起始锚点上(鼠标指针右下角会出现一个小圆圈)，然后单击左键，即可结束闭合路径，最终得到含有多个锚点且锚点之间以直线段相连的折线路径，如图 8.27 所示。

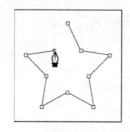

图 8.27　使用【钢笔工具】创建折线路径

2. 绘制曲线路径

曲线路径可以是单峰型或 S 型，这由曲线两端点的方向线之间的夹角来决定。

(1) 选择工具箱的【钢笔工具】 ，在图像上一个合适的位置单击鼠标，创建第一个点，这时不要松开鼠标，向要使平滑曲线隆起的方向拖动鼠标，便可出现以起点为中心的一对控制句柄，如果要使曲线向上拱起，从下向上拖动控制句柄；如果要使曲线向下凹进，则从上向下拖动控制句柄(两个控制句柄的长度与夹角决定曲线的形状，以后还可以再做调整)。绘出第一条控制句柄后，松开鼠标，在图像的另一目标位置单击，创建第二个锚点，不松开鼠标，此时若向与起始点方向线的反方向拖动，释放鼠标就形成一条单峰曲线线段；若向与起始点方向线相同的方向拖动，释放鼠标就形成一条 S 型曲线线段。

(2) 继续拖动当前锚点的控制句柄，仍可以调节与当前锚点相边的曲线的形状。

3. 绘制直线与曲线的混合路径

1) 先绘制直线然后接曲线

选择工具箱中的 工具，先按照绘制直线的方法画出一条直线，选择直线的第二个锚点，按住 Alt 键并拖动鼠标，出现控制句柄后松开鼠标。在图像的任意位置再单击鼠标，直线后面画出一条曲线，拖动控制句柄可以调节曲线的弧度。

2) 先绘制曲线然后接直线

选择工具箱中的 工具，先按照绘制曲线的方法画一条曲线，选择曲线的第二个锚点，按住 Alt 键，然后在图像的任意位置单击鼠标，曲线的第二个锚点与新设定的锚点之间自动连接出一条直线。

4. 用【自由钢笔】工具绘制任意路径

用工具可以画出任意形状的路径，这完全由用户自由控制。用工具创建路径的方法前面已经讲过，在此不再重复。

5. 根据选择范围创建路径

选区可以转换成工作路径。当图像上有选区存在时，按住 Alt 键的同时单击【路径】面板下方的【从选区生成工作路径】按钮，将出现一个对话框，设置好【容差】选项后单击【确定】按钮即可。

6. 使用形状工具创建路径

使用形状工具新建路径的方法是选择形状工具后，在形状工具的选项栏上选择创建工作路径按钮，然后在图像上单击并拖鼠标即可绘制出所需路径。

8.3　编辑路径

路径的编辑包括路径的移动、修改、复制、变换、存储、删除和剪贴操作。然而编辑路径的前提是要先选中整条路径、选中路径上的部分路径段或选中路径上的锚点。路径的选择操作通过路径选择工具组实现。

8.3.1　【路径选择】工具组

【路径选择】工具组包括两个工具，一个是路径选择工具，另一个是直接路径选择工具，如图 8.28 所示。

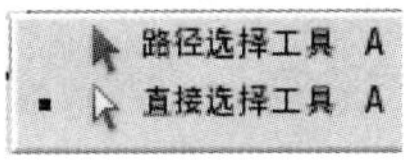

1.【路径选择工具】

【路径选择工具】用于选择整条或多条路径，其工具选项栏如图 8.29 所示。

图 8.28　【路径选择】工具组

图 8.29　【路径选择工具】选项栏

【路径选择工具】使用方法：选择【路径选择工具】，将鼠标指针移动至需要选择的路径的区域内单击，即可选中此条路径；如需同时再选择其他路径，结合 Shift 键用同样的方法即可同时选中多条路径。选中的路径上所有的锚点都呈黑色实心状态，表示此路径呈选中状态，此时可对该路径进行移动复制等操作，如图 8.30 所示。

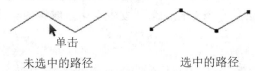

单击

未选中的路径　　　　　选中的路径

图 8.30　使用【路径选择工具】选择整条路径

2.【直接选择工具】

【直接选择工具】用于选择路径段和锚点。其使用方法：选择【直接选择工具】，将鼠标指针移动至需要选择的路径段或锚点上单击,即可选择该路径段或锚点。也可以拖动鼠标以定义出一个矩形区域,则所有包含在此矩形区域中的锚点和路径段都会被选中。选中的路径段上锚点为空心状态,在空心锚点上单击即可使该锚点被选中,被选中的锚点呈黑色实心状态。对选中的路径段或锚点可进行移动或删除等操作,如图 8.31 所示。

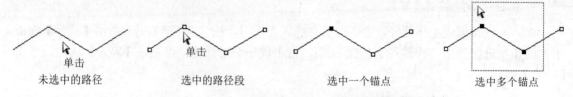

图 8.31　使用【路径选择工具】选择路径段或锚点

提示:选中一个锚点后,再用单击的方式选择另一个锚点时,原来被选中的锚点会自动变为未选中状态。按住 Shift 键的同时单击多个空心锚点,可使其都呈选中状态。选中的锚点再次用【直接选择工具】单击则取消选中状态。

8.3.2　编辑路径

1. 移动路径、路径段或锚点

如果要移动整条路径时,应当先使用【路径选择工具】选中这条路径,再按住鼠标拖动到目标位置。整条路径移动后路径形状不变,但位置发生了变化,如图 8.32 所示。

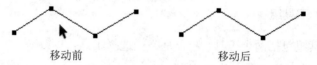

图 8.32　移动整条路径(移动后路径形状不变但位置变)

如果要移动路径上的某一路径段时,应当先使用【直接选择工具】选中该路径段,再按住鼠标拖动到目标位置。这会使整条路径的形状发生变化,但整条路径的位置不变,如图 8.33 所示。

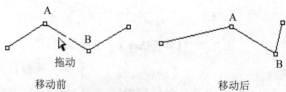

图 8.33　移动路径段(移动后路径形状变化但整条路径的位置不变)

如果要移动路径上的某一锚点时,应当先使用【直接选择工具】选中该锚点,再按住鼠标拖动到目标位置。这也会使整条路径的形状发生变化,但整条路径的位置不变,如图 8.34 所示。

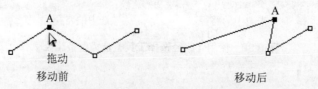

图 8.34　移动锚点(移动后路径形状变化但整条路径的位置不变)

2. 复制路径

1) 在同一个路径中复制子路径

在使用【路径选择工具】 在图像窗口中选中要复制的子路径，按住 Alt 键拖动，可复制该子路径，如图 8.35 所示。路径 1 中含有两个子路径。

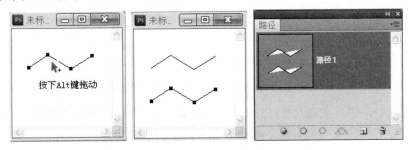

图 8.35　复制子路径

2) 在同一个 Photoshop 文件中复制路径

方法一：在【路径】面板中选中要复制的路径，然后用鼠标拖动至【路径】面板下方的【创建新路径】按钮 上。

方法二：在【路径】面板中选中需要复制的路径层后右击，在弹出的快捷菜单中执行【复制路径】命令。如图 8.36 所示。

图 8.36　复制路径

3) 在两个 Photoshop 文件之间复制路径

方法一：打开两个图像，使用【路径选择工具】 在要复制的源图像中选择路径，将源图像中的路径拖动到目标图像中。

方法二：将路径从源图像的【路径】面板中拖动到目标图像。

方法三：使用【路径选择工具】 在要复制的源图像中选择路径，执行【编辑】|【拷贝】命令，然后在目的图像中执行【编辑】|【粘贴】命令，则路径被复制到【路径】面板中的现用路径上。

3. 变换路径

先使用【路径选择工具】 选中路径，再执行【编辑】|【变换】命令或按住 Ctrl+T 快捷键。此时，被选中路径周围出现变换框(图 8.37)，利用变换框上的控制句柄对路径进行变换。在变换框上右击弹出快捷菜单(图 8.38)，利用快捷菜单上的缩放、旋转、斜切等命令可对路径进行缩放、旋转、斜切等变换。操作方法与选区的变换相同。

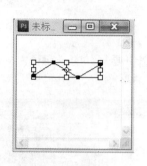

图 8.37　变换框　　　　　图 8.38　变换路径快捷菜单

在变换过程中，也可在选项栏(图 8.39)中直接输入数值进行精确的变换。变换完成后单击
工具选项栏右侧的【提交】按钮✔或按 Enter 键确认即可。

图 8.39　【变换】选项栏

4. 删除路径、路径段或锚点

如果要删除路径，首先应在【路径】面板选中它，然后拖动至【路径】面板下方的【删除当前路径】按钮上即可，或者在选中当前路径层后右击并在弹出的快捷菜单中执行【删除路径】命令也可删除当前路径层。

如果仅仅只是要删除路径中的子路径，则应先使用【路径选择工具】选中子路径，然后执行【编辑】|【清除】命令或按 Delete 键。

如果要删除路径段或锚点，则应先使用【直接选择工具】选中路径段或锚点，然后执行【编辑】|【清除】命令或按 Delete 键。删除锚点也可使用【删除锚点】工具。

5. 对齐或分布子路径

在工具箱中选择【路径选择工具】后，选项栏出现一组路径对齐和分布按钮。

对齐按钮分别是：【顶对齐】、【垂直居中对齐】、【底对齐】、【左对齐】、【水平居中对齐】、【右对齐】。

分布按钮分别是：【按顶分布】、【垂直居中分布】、【按底分布】、【按左分布】、【水平居中分布】、【按右分布】。

其使用方法是：选取工具箱中的【路径选择工具】，在图像编辑窗口中选择要进行对齐或分布的多个路径，然后在其工具属性栏中根据自己的需要选择合适的按钮即可将选择的路径以指定的对齐或分布命令排列。

8.3.3　存储路径

在【路径】面板还没有选择任何路径的情况下，使用【钢笔】工具在图像上绘制路径，那么在【路径】面板上会自动创建【工作路径】，如果不保存【工作路径】，再次在没有选择任何路径的情况下，使用【钢笔】工具在图像上绘制路径，那么原【工作路径】的内容将丢失，如果在以后的图像编辑过程中要使用原路径，就需要把它先保存起来。

在【路径】面板上选择【工作路径】，单击【路径】面板右上角的面板菜单按钮，在弹出的面板菜单(图 8.40)中执行【存储路径】命令，打开【存储路径】对话框(图 8.41)，输入名称，单击【确定】按钮即可。

图 8.40 【路径】面板菜单

图 8.41 【存储路径】对话框

提示：如果不指定路径名称，系统则按照"路径 1"、"路径 2"等默认名称给存储的路径命名。

8.3.4 课堂案例 26——金鱼

【学习目标】学会使用【钢笔工具】创建路径，编辑路径。

【知识要点】使用【钢笔工具】创建路径，并通过复制路径、填充路径、将路径作为选区载入、渐变等操作完成本案例，本案例效果如图 8.42 所示。

图 8.42 "金鱼"效果

【效果所在位置】Ch08\课堂案例\效果\金鱼.jpg。

操作步骤如下。

(1) 新建文件"未标题-1"。宽为 640，高为 480 像素，分辨率为 72 像素/英寸，RGB 模式，白色背景。

(2) 打开素材。执行【文件】|【打开】命令，选择"Ch08\课堂案例\素材\金鱼.tif"，单击【打开】按钮。

(3) 使用【钢笔工具】在素材图像上沿金鱼的外轮廓绘制一个封闭的路径，如图 8.43 所示。

(4) 在文件间复制路径。在素材文件中使用【路径选择工具】选中路径，按住鼠标拖动到"未标题-1"文件窗口中，按住 Ctrl+T 组合键，适当缩小。移动该路径到图像窗口的左上方，如图 8.44 所示。

(5) 在文件中复制路径。"未标题-1"文件为当前文件。在【路径】面板中，按住"路径 1"拖动到【路径】面板下方的【创建新路径】按钮上，产生"路径 1 的副本"。

(6) 在【路径】面板中，选中"路径 1 的副本"，按住 Ctrl+T 组合键，出现变换框，在变换框内部右击，弹出快捷菜单，执行【水平翻转】命令，按 Enter 键确认变换。移动该路径到图像窗口的右下方，如图 8.45 所示。

图 8.43　在素材上绘制路径

图 8.44　路径 1

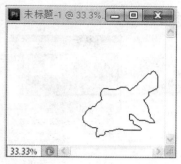
图 8.45　路径 1 副本

(7) 设置前景色为金黄色 RGB(255,140,0)，在【路径】面板中单击"路径 1"使其成为当前路径，单击【路径面板】下方的【用前景色填充路径】按钮 。设置前景色为白色，画笔笔触为硬边，直径为 20，单击产生圆点作为鱼眼睛。

(8) 在【路径】面板中单击"路径 1 副本"使其成为当前路径，单击【路径】面板下方的【将路径作为选区载入】按钮 ，如图 8.46 所示。

(9) 新建"图层 1"。设置前景色为黄色 RGB(255,255,0)，背景色为红色 RGB(255,0,0)，在工具箱中选择【渐变工具】 ，在"图层 1"的选区中，进行从前景到背景的线性渐变，如图 8.47 所示。按 Ctrl+D 组合键取消选区。设置前景色为白色，画笔笔触为硬边，直径为 20，单击产生圆点作为鱼眼睛。

图 8.46　路径转换为选区

图 8.47　线性渐变

(10) 在【图层】面板中双击"图层 1"，弹出【图层样式】对话框，选择【阴影】选项，设置距离为 12，单击【确定】按钮。最后，保存文件为"金鱼.psd"。

8.4　形状

Photoshop CS5 中的形状工具不仅能绘制常用的几何形状，还可以利用它们直接创建路径，而且用它们创建出的路径都可以用路径的所有方法来进行修改和编辑。

8.4.1　【形状】工具组

【形状】工具分别由矩形工具、圆角矩形工具、椭圆工具、多边形工具、直线工具和自定形状工具 6 种工具组成，通过这几种工具可以方便地绘制出常见的基本图形。

【形状】工具的使用方法很简单，首先选取工具箱中的相应形状工具，并在其工具选项栏中设置好相应的选项，然后移动鼠标至图像编辑窗口中，按住左键拖动，即可绘制出需要的形状。

在默认情况下，工具箱中的矢量图形工具显示为【矩形工具】 ，按住鼠标不放或右击可弹出其他的矢量工具，如图 8.48 所示。

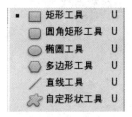

图 8.48　【形状】工具组

当选择好一种形状工具后，工具的选项栏会显示出该工具的各种属性及选项，如图 8.49 所示。

图 8.49　【形状】工具选项栏

在此工具选项栏中提供的 按钮作用分别如下。

◆【创建形状图层】

在使用形状工具绘制形状时，选择 创建形状图层可以建立一条路径并且还可以建立一个形状图层，而且在形状内将自动填充前景色，如图 8.50 所示。

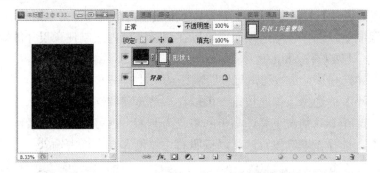

图 8.50　选择形状图层时绘制出的图形及其对应的【图层】面板和【路径】面板

◆【创建工作路径】

在使用形状工具绘制形状时，选择 工具创建工作路径会在【路径】面板上产生一条路径，但不会自动建立一个新的形状图层。

◆【填充像素】

在使用形状工具绘制形状时，选择 会在图像窗口中产生一个以当前前景色填充的新图形，但不会自动创建一个新的形状图层，也不会在【路径】面板上产生新的路径层，如图 8.51 所示。

在选项栏中的各形状按钮的后面有一个下三角按钮，选择不同的形状工具创建不同的形状时，单击下三角按钮时弹出的内容也将不同。

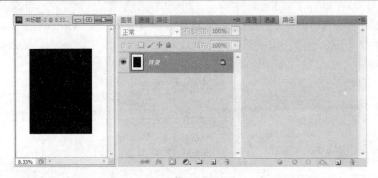

图 8.51　选择填充像素属性时绘制出的图形及其对应的【图层】面板和【路径】面板

1.【矩形工具】□

单击【矩形工具】按钮，选项栏中的设置如图 8.52 所示。

图 8.52　【矩形工具】选项栏

在这个【矩形选项】对话框中，有 4 个单选按钮和两个复选框可以进行设置。

(1)【不受限制】：选择该单选按钮，可以在图像区域内绘制任意尺寸的矩形，在该状态下要绘制正方形，需要按住 Shift 键。

(2)【方形】：选择该单选按钮，可以绘制任意尺寸的正方形。

(3)【固定大小】：选择该单选按钮，可以在右边宽度和高度栏中输入具体的数值来设定所绘矩形的宽、高值(默认情况下宽、高值的单位为厘米，也可更改为像素)。

(4)【比例】：选择该单选按钮，可以按照右边宽度和高度栏中输入的比例大小来设定所绘制矩形的宽、高之比。

(5)【从中心】：选择此复选框，表示在图像中绘制矩形时的起始点是作为所绘矩形的中心而不再是所绘矩形的左上角。

(6)【对齐像素】：选择此复选框，可将矩形的边缘自动对齐像素边界。

2.【圆角矩形工具】□

单击【圆角矩形工具】按钮，选项栏中的设置和直角矩形属性设置基本一样，只是多了一个设置圆角矩形的圆角程度的【半径】编辑栏，在其中输入的半径数值越大，绘制的圆角矩形的圆角程度就越大。

3.【椭圆工具】○

单击【椭圆工具】按钮，选项栏中的设置和直角矩形基本一样。在【椭圆选项】对话框中的设置不再限定所绘制的为正方形而是限定为正圆形。

4.【多边形工具】

单击【多边形工具】按钮，选项栏如图 8.53 所示。

图 8.53　【多边形工具】选项栏

选项栏中各参数的意义如下。

(1)【半径】：在其中输入数值，设置多边形外接圆的半径。设置后使用多边形工具，在图像中拖动就可以绘制固定尺寸的多边形。

(2)【平滑拐角】：选择该复选框，将多边形的夹角平滑。

(3)【星形】：选择该复选框，可绘制星形，并且其下的各个参数的设置也可启用。

(4)【平滑缩进】：选择该复选框，绘制的星形的内凹部分以曲线的形式表现，如图 8.54 所示。

五边形　　星形　　平滑拐角星形　　平滑缩进星形

图 8.54　多边形

5.【直线工具】

单击【直线工具】按钮，其选项栏如图 8.55 所示。

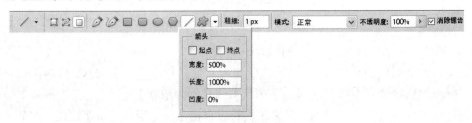

图 8.55　【直线工具】选项栏

在弹出的【箭头】对话框中，主要设置直线路径起点和终点的箭头属性。

(1)【起点和终点】：选择这两复选框，表示绘制的直线的起点和终点是带有箭头的。

(2)【宽度】：设置箭头的宽度，使用线条的粗细作为比较，如 500%表示箭头的宽度为线条粗细的 5 倍。

(3)【长度】：设置箭头的长度，同样使用线条的粗细作为比较。

(4)【凹度】：设置箭头的凹度，使用箭头的长度作为比较，数值范围为：−50%～50%。

6.【自定形状工具】

单击【自定形状工具】按钮,此时选项栏如图 8.56 所示。

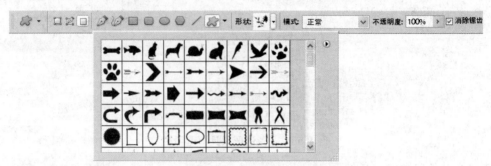

图 8.56 【自定形状工具】选项栏

在选项栏中的【形状】列表中可以选择系统提供的各种形状。单击列表右上方的 按钮,在弹出式菜单中选择【全部】选项,即可载入 Photoshop CS5 自带的全部形状。

将鼠标移动到列表右下角,当鼠标变为双向箭头时,拖动鼠标可调整列表大小。

8.4.2 保存自定形状

在 Photoshop CS5 中,还可以将自己绘制的路径或形状保存在系统中,具体方法如下。

(1) 先制作出需要保存的形状或路径,并配合路径调整工具调整其至合适大小。

(2) 用【路径选择】工具 选中所绘制路径,右击并在弹出的快捷菜单中执行【定义自定形状】命令或者执行【编辑】|【定义自定形状】命令,弹出【形状名称】对话框,在其中输入名称,单击【确定】按钮,如图 8.57 所示。

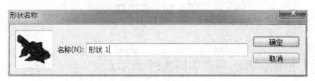

图 8.57 【形状名称】对话框

(3) 在形状列表中,就添加了刚才保存的形状。

如果对自定义形状的名称或形状不满意,可以在显示栏中选中该形状,然后在形状按钮上右击并在弹出的快捷菜单中执行【重命名形状】或【删除形状】命令。

要使用保存好的自定义形状时,可在工具箱中单击【自定形状工具】按钮,在其选项栏中的【形状】列表中单击选中形状,然后在图像窗口中拖动鼠标即可绘制出所定义的形状或路径了。

8.4.3 课堂案例 27——大头贴

【学习目标】学习使用【自定形状工具】。

【知识要点】使用【自定形状】、【选区】与【路径】之间的转换,制作大头贴效果,本案例效果如图 8.58 所示。

【效果所在位置】Ch08\课堂案例\效果\大头贴.psd。

图 8.58 "大头贴"效果

操作步骤如下。

(1) 新建文件"未标题-1"。执行【文件】|【新建】命令，宽 266px，高 287px，分辨率 100PPI，RGB 颜色模式，白色背景。

(2) 选择工具箱上【渐变】工具，在工具栏上单击█████打开【渐变编辑器】对话框，选择【预设】渐变中的"紫，绿，橙渐变"，单击【角度渐变】按钮。在背景图层中心按下鼠标拖动至右下角释放鼠标，完成渐变，效果如图 8.59 所示。

(3) 打开素材。执行【文件】|【打开】命令，选择"Ch08\课堂案例\素材\大头贴\照片.jpg"，单击【打开】命令。

(4) 在素材文件中，按 Ctrl+A 键全选，执行【编辑】|【拷贝】命令，回到"未标题-1"图像，执行【编辑】|【粘贴】命令，形成图层 1，按住 Ctrl+T 组合键适当缩放调整图层 1 中图像的大小和位置，如图 8.60 所示。

(5) 工具箱上单击░【自定形状】按钮，在工具栏上选中░并单击░按钮找到"红心"的形状，在图像上拖动鼠标绘制心形路径，使用【路径选择】工具░移动心形路径到合适位置，如图 8.61 所示。

图 8.59　角度渐变

图 8.60　拷贝素材

图 8.61　绘制心形路径

(6) 把路径转换为选区。在【路径】面板中，单击【将路径作为选区载入】按钮░，得到心形选区。

(7) 羽化选区。执行【选择】|【修改】|【羽化】命令，输入【羽化】值为 5。

(8) 执行【选择】|【反向】命令，在【图层】面板中选择"图层 1"为当前层，按 Delete 键删除心形外的图像。按 Ctrl+D 组合键取消选区。在【图层】面板中单击背景层，使其成为当前作用层。此时的【图层】面板如图 8.62 所示。

(9) 在工具箱上单击【画笔工具】按钮░，在选项栏选择笔触为"流星"，画笔直径为 29，在选项栏单击【切换画笔面板】按钮░，在【画笔】面板中勾选【画笔笔尖形状】复选框、【形状动态】复选框、【散布】复选框、【颜色动态】复选框，其中设置间距为 55%，大小抖动为 86%，颜色前景/背景抖动为 100%，散布为 800%，其他保持默认值。【画笔】面板如图 8.63 所示。

(10) 设置前景色为黑色，背景色为白色。移动鼠标到图像窗口拖动，产生零星的形状。

(11) 保存文件。执行【文件】|【存储为】命令，输入文件名"大头贴.jpg"，单击【保存】按钮。

图 8.62　【图层】面板

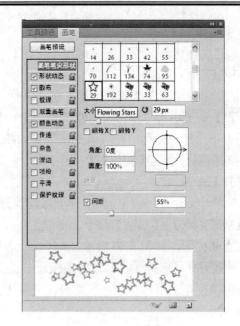

图 8.63　设置【画笔】面板

8.5　本 章 小 结

本章主要介绍了路径的概念，路径面板，钢笔工具组、路径选择工具组、形状工具组的使用，各种路径的绘制方法，路径的编辑和存储方法。通过 3 个课堂案例，学习路径应用的相关方法。

8.6　上 机 实 训

【实训目的】练习路径的绘制和编辑。

【实训内容】

(1) 苹果。

(2) 石头。

【实训过程提示】

1. 苹果

效果所在位置：Ch08\实训\效果\"苹果.tif"，效果如图 8.64 所示。

图 8.64　苹果效果

(1) 打开素材"Ch08\实训\素材\苹果\苹果.tif"，使用【钢笔工具】沿苹果的外轮廓绘制一个封闭的路径，如图 8.65 所示。

(2) 新建文件"未标题-1"：640*480 像素，72 像素/英寸，RGB 模式。

(3) 文件间复制路径。使用【路径选择工具】 ，把苹果的路径拖动到"未标题-1"中，存储该路径为"路径 1"，移动"路径 1"放置在左侧，如图 8.66 所示。

(4) 在【路径】面板中，按住"路径 1" 拖动到【新建路径】按钮上产生"路径 1 副本"，对其进行水平翻转变换，移动放置在右侧，如图 8.67 所示。

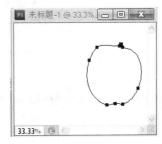

图 8.65　苹果素材　　　　　图 8.66　路径 1　　　　　图 8.67　路径 1 副本

(5) 右侧路径转为选区，设置前景色为绿色，背景色为黄色，使用【渐变工具】为径向渐变，直径为 1 像素，硬度为 1%的画笔描"路径 1 副本"。

(6) 新建"图层 1"，左侧路径转为选区，设置前景色为黄色，背景色为红色，【渐变工具】为线性渐变。双击"图层 1"，在【图层样式】对话框中勾选【阴影】复选框，此时在其右下侧出现阴影效果。

(7) 保存文件。执行【文件】|【存储】命令，输入文件名"苹果.tif"，单击【保存】按钮。

2. 石头

效果所在位置：Ch08\实训\效果\石头.psd。效果如图 8.68 所示。

图 8.68　石头效果

(1) 建立一个 800*600 像素，100 像素/英寸，RGB 模式的图像文件。

(2) 新建"图层 1"，填充白色，设置前景色为白色，背景色为黑色，执行【滤镜】|【渲染】|【云彩】命令，如图 8.69 所示。

(3) 对图层 1 建立图层蒙版，并选中图层 1 的【图层】蒙版，执行【滤镜】|【渲染】|【分层云彩】命令多次，直到接近图 8.70 所示的效果。

(4) 单击"图层 1"【缩略图】按钮。执行【滤镜】|【渲染】|【光照效果】命令，并对【光照效果】对话框做如图 8.71 所示的设置，注意在【光照效果】对话框下方的【纹理通道】下拉菜单中选中图层 1 蒙版，并勾选白色部分凸起，单击【确定】按钮。

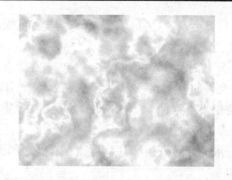

图 8.69　【云彩】　　　　　　　　图 8.70　多次执行【分层云彩】

(5) 删除图层 1 的【图层】蒙版，这时石头纹理效果已经出现了，图层 1 的效果如图 8.72 所示。

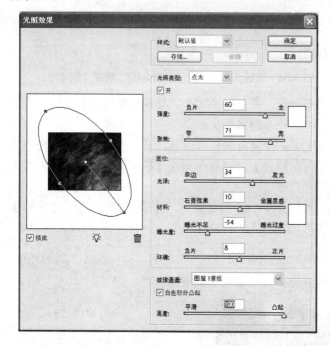

图 8.71　【光照效果】的设置　　　　　　　　图 8.72　图层 1 效果

(6) 使用【钢笔】工具画出石头轮廓(图 8.73)，把【路径】转换为【选区】，设置【羽化】为 2，如图 8.74 所示。执行【选择】|【反向】命令，按 Delete 删除，按 Ctrl+D 组合键取消选区。

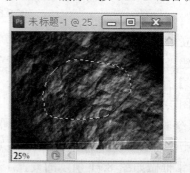

图 8.73　创建路径　　　　　　　　　图 8.74　路径转换为选区

(7) 在【图层】面板中双击"图层 1"，对【图层样式】中的【内阴影】进行设置，如图 8.75 所示。

(8) 新建图层，产生"图层 2"，按住 Ctrl 键单击"图层 1"的【缩略图】按钮，出现选区。使用【油漆桶】工具填充黑色。按 Ctrl+D 组合键取消选区，再按 Ctrl+T 组合键自由变换，适当缩小高度后按 Enter 键确认变换。在【图层】面板中把图层 2 放到图层 1 的下面，以制作出石头影子的效果。

(9) 保存文件。执行【文件】|【存储】命令，输入文件名"石头.psd"，单击【保存】按钮。

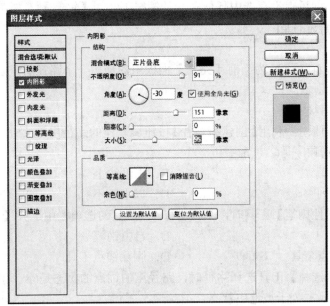

图 8.75　【内阴影】设置

8.7　习题与上机操作

1. 判断题

(1) 利用【钢笔】工具绘制路径过程中，不用切换其他工具也可以进行锚点的添加和删除操作。　　　　　　　　　　　　　　　　　　　　　　　　　　　　　　（　　）

(2) 将路径转换成选区时无法设置羽化值。　　　　　　　　　　　　（　　）

(3) 用【直接选择】工具单击路径的某处时，此路径上的所有锚点都处于被选中状态。（　　）

(4) 在【圆角矩形】工具的选项栏中输入的【半径】值越大，绘制出的圆角矩形的圆角程度就越大。　　　　　　　　　　　　　　　　　　　　　　　　　　　　（　　）

(5) 对路径进行描边操作时，可以在描边路径对话框中设置描边工具的属性。　（　　）

(6) 选择【形状】工具绘制形状时，如果选择【填充像素】按钮，则会在【图层】面板上自动新建一个图层，但在【路径】面板上不会自动新建一个路径层。　　　（　　）

(7) 工作路径能被自动存储，以便在下次没有选择任何路径时继续编辑此工作路径。（　　）

(8) 对于路径也可以利用自由变换命令对其进行变换。　　　　　　　（　　）

2. 单选题

(1) 在【钢笔工具】和【形状】工具的选项栏中，能够自动创建新图层的按钮是(　　)。

  A．形状图层按钮 ▢　　　　　　　B．创建工作路径按钮 ▨

  C．填充像素按钮 ▢　　　　　　　D．以上都不对

(2) 绘制物体边缘路径时，对所选物体边缘与背景之间的对比度有要求的是(　　)。

  A．钢笔工具　　　　　　　　　　B．自由钢笔工具

  C．磁性钢笔工具　　　　　　　　D．形状工具

(3) 在【路径】面板上没有选中任何路径的情况下，用【钢笔】工具在图像中绘制路径，在路径面板上自行创建的是(　　)。

  A．工作路径

  B．路径 N+1(路径 N 为当前【路径】面板中的最后一个路径层)

  C．路径 N 副本

  D．以上都不对

(4) 在【路径】面板上，利用【创建新路径】按钮 � 新建的路径层 1，路径层 2，路径层 3……在路径面板上的排列顺序是(　　)。

  A．由上往下　　　　　　　　　　B．由下往上

  C．任意排列　　　　　　　　　　D．以上都不对

(5) 要利用【磁性钢笔】工具时，只需在(　　)工具的选项栏中选择【磁性的】选项。

  A．钢笔　　　　　　　　　　　　B．自由钢笔

  C．增加锚点工具　　　　　　　　D．删除锚点工具

(6) 利用【直接选择】工具选择路径时，路径上的锚点的状态是(　　)

  A．全部显示并处于被选中状态

  B．全部显示但均处于未被选中状态

  C．全部显示并有部分处于被选中状态

  D．不能全部显示且无锚点处于被选中状态

(7) 存储路径命令存储的是(　　)。

  A．工作路径　　　　　　　　　　B．当前路径

  C．最近使用过的路径　　　　　　D．最低层的路径层的内容

(8) 一条路径创建好后，在非路径的任意地方按(　　)键并单击鼠标，即可结束当前路径的操作。

  A．Ctrl　　　　　B．Shift　　　　　C．Alt　　　　　D．Tab

3. 多选题

(1) 【路径】面板中，可以完成的对路径的操作有(　　)。

  A．新建路径　　　　　　　　　　B．复制路径

  C．建立剪贴路径　　　　　　　　D．存储路径

(2) 路径的绘制方法有(　　)。

  A．利用路径绘制工具绘制　　　　B．将现有的选区转换成路径

  C．利用形状工具绘制路径　　　　D．利用画笔直接绘制路径

(3) 在对路径进行描边操作之前首先要进行的设置有( )。

　　A．设置前景色　　　　　　　　B．设置将选绘图工具的属性

　　C．设置羽化值　　　　　　　　D．设置背景色

(4) 下列工具中，不能结合其他操作创建路径的有( )。

　　A．渐变工具　　　B．油漆桶工具　　C．钢笔工具　　　D．选框工具

(5) 对路径进行修改的方式有( )。

　　A．用路径选择工具，选项栏中选择【显示定界框】选项后选中路径再进行路径变换

　　B．利用快捷键 Ctrl+T，然后对选中路径进行自由变换

　　C．利用编辑菜单中的变换命令对选中路径进行变换

　　D．利用直接选择工具对路径的某一或某些锚点进行位置变换

(6) 在【多边形】工具 的选项栏中，下列对于多边形选项的说法正确的是( )。

　　A．半径设置的是多边形的内接圆半径

　　B．平滑拐角设置的是多边形的夹角平滑

　　C．缩进边依据设置的是星形的尖角程度，百分比越小，尖角程度越大

　　D．平滑缩进则是使星形的内凹部分以曲线的形式表现

(7) 下列有关路径与选区互相转化的设置的说法中，不正确的是( )。

　　A．将路径转化为选区时，可以设置选区的羽化程度

　　B．将选区转化为路径时，只能设置转化时所允许的误差

　　C．将选区转化为路径时，选区的羽化程度在转化时不会丢失

　　D．若图像中原有选区，则将路径转化为选区时，原选区一定会发生改变

4. 操作题

(1) 利用【自定形状】工具结合路径功能绘制出任意虚线边框的形状。效果图如图 8.76、图 8.77 所示。

图 8.76　练习题 1 效果图 1 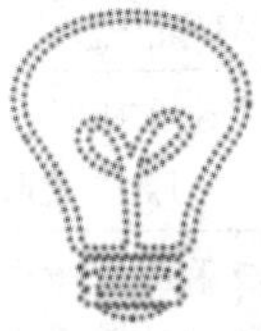　　　　　图 8.77　练习题 1 效果图 2

提示：利用【路径】面板中的【描边路径】工具图标，且先设置
　　　适当的画笔属性。

(2) 打开 "Ch08\习题\素材\打开蘑菇.tif"，使用路径将该图片填充到一个心形的路径中，效果如图 8.78 所示。

提示：利用【路径】面板中的【填充路径】工具图标。

图 8.78　练习题 2 效果图

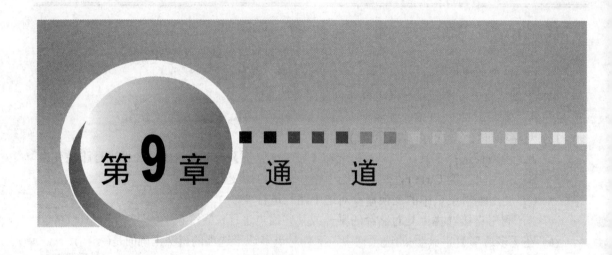

第 9 章　通　道

　教学目标

　　了解通道的类型及其特性；掌握通道的基本操作，能熟练地创建和载入 Alpha 通道；了解快速蒙版的用途，能熟练应用快速蒙版编辑选区；掌握使用计算命令进行通道计算的方法。

　教学要求

知识要点	能力要求	相关知识	所占分值 （100 分）	自评 分数
通道	(1) 了解 3 种通道的特性 (2) 认识通道面板，掌握通道的复制、删除、合并、分离操作 (3) 掌握 Alpha 通道的创建与载入	一个课堂案例： 撕裂的邮票	40	
快速蒙版	(1) 了解快速蒙版的用途 (2) 熟练应用快速蒙版编辑选区	一个课堂案例： 林中清泉	20	
图像混合运算	(1) 了解应用图像命令和计算命令的功能 (2) 掌握使用计算命令进行通道计算的方法	一个课堂案例： 凹陷字	20	
实训	练习通道的基本操作及应用		20	

　学习重点

　　Alpha 通道、快速蒙版、通道计算。

9.1 通道的基本概念

从图像的角度理解，通道类似一种黑白底片，光通过该底片汇集在一起形成图像。通道中黑色的部份阻挡光无法通过，白色部分让光可以透过，灰色部分为半透过，即削弱光的强度。

在 Photoshop CS5 中，通道主要用来保存图像的色彩信息和选区。一个图像最多可有 56 个通道，所有的新通道都具有与原图像相同的尺寸和像素数目。

在 Photoshop CS5 中，通道主要有颜色通道、Alpha 通道和专色通道 3 种。

1. 颜色通道

保存图像颜色信息的通道称为颜色通道。在 Photoshop CS5 工作窗口中，不管是新建的文件还是打开的文件，都会随着不同的颜色模式建立不同的通道。这些通道存放着图像的色彩资料。只要以支持图像颜色模式的格式存储文件，即会保留颜色通道。

图像文件的颜色通道数取决于其颜色模式。例如，打开一幅 RGB 模式的图像，在【通道】面板中看到 4 个通道：红 R、绿 G 和蓝 B 3 个单色通道和 1 个 RGB 复合通道。再例如，打开一幅 CMYK 模式的图像，在【通道】面板中看到 5 个通道：青色 C、洋红 M、黄色 Y 和黑色 K 4 个单色通道，一个 CMYK 复合通道，如图 9.1 所示。默认情况下，位图模式、灰度模式、双色调和索引颜色模式图像都只有一个通道，Lab 模式图像有 4 个通道。

(a) RGB 颜色模式　　　　(b) CMYK 颜色模式　　　　(c) Lab 颜色模式

图 9.1　颜色模式与通道

每一个单色通道实质上是一个 256 级的灰度图像，再用一个颜色合成通道将单色通道合成在一起，构成了一幅完整的彩色图像。在【通道】面板中通道都显示为灰色，它通过不同的灰度来显示 0～256 级亮度的颜色。如果需要将通道以原来的颜色显示，执行【编辑】|【预设】|【显示与光标】命令，在打开的【预置】对话框中选中【通道用原色显示】复选框，这样通道就显示原来的颜色，但这样将占用更多的计算机内存。

2. Alpha 通道

Alpha 通道用来存储图像上的选区，是附加通道。用【选取】工具建立的选区只能使用一次，而使用通道就可以将选区保存起来，随时调用。当将一个选区保存后，在【通道】面板中会自动生成一个新通道，这个新通道称为 Alpha 通道。

Alpha 通道实际上是一幅 256 色灰度图像，其中黑色部分为透明区，白色部分为不透明区，而灰色部分为半透明区。利用 Alpha 通道可制作一些特殊效果。

只有当以 Photoshop PSD、PDF、TIFF、PSB 或 Raw 格式存储文件时，才会保留 Alpha 通道。

3. 专色通道

Photoshop CS5 中除了可新建 Alpha 通道外，还可以新建专色通道。专色通道主要用来辅助印刷，它可以使用一种特殊的混合油墨，替代或附加到图像颜色油墨中。在印刷彩色图像时，图像中的各种颜色都是通过混合 CMYK 四色油墨获得的。但是由于色域的原因，某些特殊颜色无法通过混合 CMYK 四色油墨得到，就可用【专色】通道为图像增加一些特殊混合油墨来辅助印刷。专色通道主要用来增加图像在印刷时除标准印刷色(CMYK)以外的油墨颜色，而且专色通道中设置的油墨颜色在输出时将生成一个独立的印刷胶片(印版)。

3 种通道如图 9.2 所示。

图 9.2　3 种通道

9.2　通道的使用方法

通过【通道】面板可以建立新通道，复制、删除、合并及拆分通道等。

9.2.1 【通道】面板

执行【窗口】|【通道】命令，可显示或关闭【通道】面板，【通道】面板如图 9.3 所示。

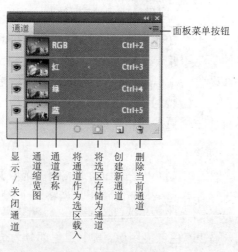

图 9.3　【通道】面板

【通道】面板中各按钮的功能说明如下。

(1) 图标：单击该图标可以显示该通道，反之隐藏该通道。

(2)【将通道作为选区载入】　：单击该按钮，可将当前选中的 Alpha 通道中的内容转换为选区载入图像窗口。

(3)【将选区存储为通道】　：单击该按钮，可将当前图像中的选区保存到一个新的 Alpha 通道中。该功能与执行【选择】|【保存选区】命令的功能相同。

(4)【创建新通道】　：单击该按钮，可快速新建一个 Alpha 通道。按住鼠标左键，将某个通道拖动到按钮　上，可以复制该通道。

(5)【删除当前通道】　：单击该按钮，可删除被选择的通道。按住鼠标左键，将某个通道拖动到　按钮上，也可以删除该通道。

(6)【面板菜单】　：单击该按钮会弹出【通道】面板菜单，如图 9.4 所示。

图 9.4　【通道】面板菜单

9.2.2　通道的基本操作

1. 复制通道

方法一：在【通道】面板中，选择要复制的通道拖动到【创建新通道】按钮　上。

方法二：选中要复制通道，单击【面板菜单】按钮　，弹出【通道】面板菜单，执行【复制通道】命令，弹出【复制通道】对话框，如图 9.5 所示。

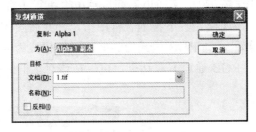

图 9.5　【复制通道】对话框

其中各选项说明如下。

(1)【为】：可设置复制后产生的通道的名称。

(2)【文档】：选择目标图像文件。选择不同的图像文件，可将 Alpha 通道复制到另一个图像文件中，选择【新建】选项，可将 Alpha 通道复制到一个新建的图像文件中，此时【名称】文本框被置亮激活，在其中可输入新图像文件的名称。

(3)【反相】：选中该复选框，功能等同于执行【图像】|【调整】|【反相】命令，复制后的通道颜色会以反相显示，即黑变白和白变黑。

提示：复合通道不能复制。在不同图像文件间复制通道，只能在具有相同分辨率和尺寸的图像文件间复制。

2. 删除通道

为了节省硬盘的存储空间，提高程序运行速度，可以把没有用的通道删除。删除通道的方法有以下 3 种。

方法一：在【通道】面板中选择要删除的通道，单击【删除当前通道】按钮🗑，会弹出提示对话框，单击【是】按钮可删除当前选择通道。

方法二：选择要删除的通道，拖动到【删除当前通道】按钮🗑上。

方法三：选中要删除通道，单击【面板菜单】按钮▤，弹出【通道】面板菜单，执行【删除通道】命令，就可以删除当前选择通道。

提示：如果删除了某个原色通道，则通道的色彩模式将变为多通道模式。不能删除复合通道(如 RGB 通道、CMYK 通道等)。

3. 分离通道

选中要分离的通道，单击【面板菜单】按钮▤，弹出【通道】面板菜单，执行【分离通道】命令，可以将选中的通道分离出来成为一个独立文件。

执行分离操作后，每一个通道都会从原图像中分离出来，以单独的窗口显示在屏幕上，且均为灰度图，其文件名为原文件名加上通道名称的缩写，如"文件名_R. 扩展名"、"文件名_G. 扩展名"、"文件名_B. 扩展名"等，同时关闭原图像文件。

提示：若要执行该命令，图像必须是只含有一个背景层的图像文件。如果当前图像含有多个图层，则必须将所有图层合并，否则此命令不能执行。

4. 合并通道

分离后的通道在编辑和修改后，可以重新合并成一幅图像。

单击【面板菜单】按钮▤，弹出【通道】面板菜单，执行【合并通道】命令，弹出【合并通道】对话框(图 9.6)，在【模式】下拉列表框中指定合并后图像的颜色模式，在【通道】文本框中输入合并通道的数目，如 RGB 模式为 3，CMKY 模式为 4。单击【确定】按钮后，弹出如图 9.7 所示的【合并 RGB 通道】对话框，可以在该对话框中分别为三原色选定各自的源文件。

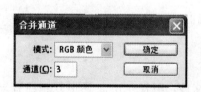

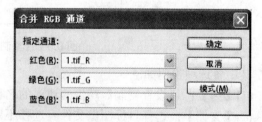

图 9.6　【合并通道】对话框　　　　　　　图 9.7　【合并 RGB 通道】对话框

提示：

(1) 在指定通道源文件时，三原色选定的源文件不能相同。

(2) 在如图 9.7 所示的对话框中，若单击【模式】按钮，可回到如图 9.6 所示的对话框，重新设置图像色彩模式。

(3) 可以像编辑普通灰度图像那样编辑各通道图像，但在合并各通道图像之前，必须首先合并图层。

(4) 合并通道时，各源文件的分辨率和尺寸必须相同，否则不能进行合并。

(5) 合并通道时，若希望将 Alpha 通道一起合并，则在【合并通道】对话框的【模式】下拉列表框中选择【多通道】选项，并在【通道】文本框中输入通道总数。

9.3　Alpha 通道

可以在图像中创建 Alpha 通道，以便保存和编辑选区。此外，还可以根据需要随时载入、复制或删除 Alpha 通道。

9.3.1　创建 Alpha 通道

方法一：在【通道】面板菜单中执行【新通道】命令，打开【新建通道】对话框，可创建新的 Alpha 通道。

方法二：单击【通道】面板中的【创建新通道】按钮，可创建新的 Alpha 通道。若按住 Alt 键再单击【创建新通道】按钮，也会弹出【新建通道】对话框，如图 9.8 所示。

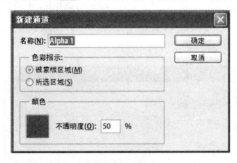

图 9.8　【新建通道】对话框

其中各选项说明如下。

(1)【名称】：输入新的 Alpha 通道名，若不输入，系统依次自动命名为 Alpha 1、Alpha 2、……。

(2)【色彩指示】：选择新通道的颜色显示方式。单击【被蒙版区域】按钮，即新建的通道中有颜色的区域为被遮盖的范围，而没有颜色的区域为选取范围(默认的编辑方式)。如果单击【所选区域】按钮，即新建的通道中没有颜色的区域为被遮盖的范围，而有颜色的区域为选取范围。

(3)【颜色】和【不透明度】：用于显示通道蒙版的颜色和不透明度，默认情况为半透明的红色。

方法三：创建选区后，执行【选择】|【存储选区】命令，或单击【通道】面板中的【将选区存储为通道】按钮，弹出【存储选区】对话框(图 9.9)，单击【确定】按钮可创建 Alpha 通道。

如果要将选区存储到已经存在的 Alpha 通道，在【存储选区】对话框的【操作】选项中，可以选中【新建通道】、【添加到通道】(将选区增加到当前通道保存的选区中)、【从通道中减去】(从当前通道保存的选区中减去当前选区)或【与通道交叉】单选按钮(对通道中保存的选区与当前选区求交)的方式来处理两个不同的通道。

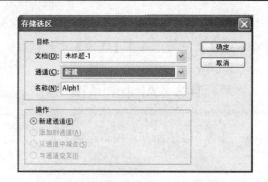

图 9.9　【存储选区】对话框

9.3.2　载入 Alpha 通道

通过将 Alpha 通道载入，可以得到已存储的选区。载入 Alpha 通道的方法有以下两种。

方法一：直接将 Alpha 通道拖动到【通道】面板下方的按钮 ○ 上，或者在【通道】面板中选中要载入的 Alpha 通道，单击按钮 ○ ，即可载入 Alpha 通道。

方法二：执行【选择】|【载入选区】命令，打开【载入选区】对话框(图 9.10) ，选择要载入的 Alpha 通道，单击【确定】按钮将选区载入。

图 9.10　【载入选区】对话框

9.3.3　课堂案例 28——撕毁的邮票

【学习目标】学习 Alpha 通道的应用。

图 9.11　撕毁的邮票效果图

【知识要点】通过创建和编辑 Alpha 通道，Alpha 通道作为选区载入等操作制作邮票被撕裂的效果。本案例完成效果如图 9.11 所示。

【效果所在位置】Ch09\课堂案例\效果\撕毁的邮票.tif。操作步骤如下。

(1) 打开"Ch09\课堂案例\素材\撕毁的邮票\邮票.tif"文件，素材图像如图 9.12 所示。

(2) 双击背景层，变成普通图层"图层 0"。单击【图层】面板下方的【创建新的图层】按钮 ◻ ，新建"图层 1"，并将其移动到"图层 0"下方，填充白色。执行【图层】|【新建】|【背景图层】命令，如图 9.13 所示。

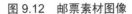

图 9.12　邮票素材图像

图 9.13　新建白色背景图层

(3) 切换到【通道】面板，单击【创建新通道】按钮　，产生"Alpha1"通道。

(4) 将前景色设置为白色，单击工具箱中的【铅笔】工具　，将其选项栏设置成如图 9.14 所示的状态，在"Alpha1"通道中画出如图 9.15 所示的效果(这一步骤将作为撕开效果的边缘，越随意越好)。

(5) 单击工具箱中的【油漆桶】工具　，设置前景色为白色，在图像的左边单击，将其填充为白色，如图 9.16 所示。

图 9.14　【铅笔】工具选项栏

图 9.15　用【铅笔】工具"撕开"　　　图 9.16　用【油漆桶】工具填充

(6) 创建通道选区的喷溅效果。执行【滤镜】|【画笔描边】|【喷溅】命令，打开【喷溅】对话框，设置喷色半径为 10，平滑度为 5，单击【确定】按钮。

(7) 创建图像的模糊效果。执行【滤镜】|【模糊】|【高斯模糊】命令，打开【高斯模糊】对话框，设置半径为 1.5，单击【确定】按钮。

(8) 执行【图像】|【调整】|【色阶】命令，打开【色阶】对话框，设置参数如图 9.17 所示，调整通道边缘颜色的清晰度。

图 9.17　【色阶】对话框设置

(9) 按住 Ctrl 键，单击"Alpha1 通道"，载入"Alpha1"通道的选择区域。

(10) 切换到【图层】面板，保持选区不变，确认"图层 0"为当前图层，执行【图层】|【新建】|【通过剪切的图层】命令，新建一个"图层 1"，"图层 0"中的选区被剪切复制到"图层 1"中，这样被撕开的图像各占一层。

(11) 确认"图层 1"为当前图层，执行【编辑】|【自由变换】命令，拖动出现的控制节点框，使"图层 1"中的图像旋转，单击选项栏中的 ✔ 按钮，应用变形，效果如图 9.18 所示。

(12) 单击【图层】面板右上角的 ≡ 按钮，打开【面板】菜单，执行【向下合并】命令，将"图层 1"和"图层 0"合并为"图层 0"。

(13) 确认"图层 0"为当前图层，执行【图层】|【图层样式】|【投影】命令，打开【图层样式】对话框，设置参数如图 9.19 所示。

图 9.18　应用变形

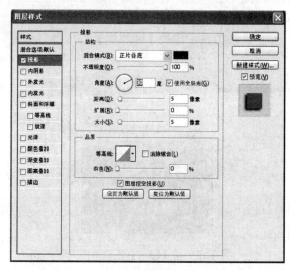

图 9.19　【图层样式】对话框设置

(14) 单击工具箱中的【魔棒】工具 ✎，创建如图 9.20 所示区域；单击工具箱中的【魔术橡皮擦】工具 ✏；单击选区内部，效果如图 9.21 所示。按 Ctrl+D 组合键取消选区。

图 9.20　使用【魔棒】工具

图 9.21　擦除背景

(15) 保存文件。执行【文件】|【存储为】命令，输入文件名"撕毁的邮票.tif"，单击【保存】按钮。

9.4 专色通道

1. 创建专色通道

创建专色通道的方法如下。

方法一：按住 Ctrl 键，单击【通道】面板中的【创建新通道】按钮，弹出【新建专色通道】对话框(图 9.22)，设置好各选项后单击【确定】按钮。

方法二：在图像中建立选区。单击【面板菜单】按钮，弹出【通道】面板菜单，执行【新建专色通道】命令，弹出【新建专色通道】对话框，在该对话框中设置好各选项后，单击【确定】按钮即可创建专色通道。

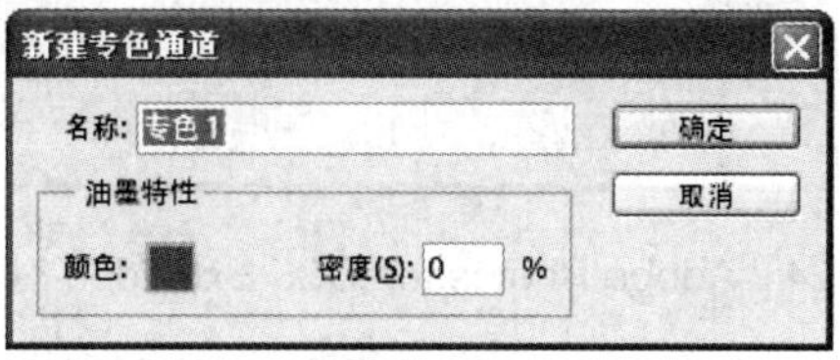

图 9.22 【新建专色通道】对话框

在【新专色通道】对话框中，相关参数的含义如下。

(1)【名称】：输入新建专色通道的名称，系统默认设置为专色 1，专色 2，……。

(2) 【颜色】：单击色块框，会弹出【拾色器】对话框，可以在该对话框中选取需要的专色。在【拾色器】对话框中，单击【自定】按钮后，可以根据所使用的色板种类，直接按照编号选取专色，得到更接近印刷品的效果。

(3)【密度】：设置当前新建专色通道的油墨密度，该参数的取值范围为 0%～100%，数值越大，表示油墨的浓度越高，但它只能在显示设备中模拟显示油墨的密度，并不能真正体现专色通道的油墨在实际输出或印刷时的效果。

提示： 在创建新专色通道前，如果图像中存在选区，那么创建的专色通道的油墨只能作用于选区，否则专色通道的油墨能作用于整个图像画布。

2. Alpha 通道转换为专色通道

若要将 Alpha 通道转换为专色通道，可在【通道】面板中双击 Alpha 通道，打开【通道选项】对话框，在【色彩指示】设置区中选中【专色】单选按钮并确认，即可将 Alpha 通道转换为对应的专色通道，如图 9.23 所示。同样也可以在该对话框中设置专色通道的颜色和密度。

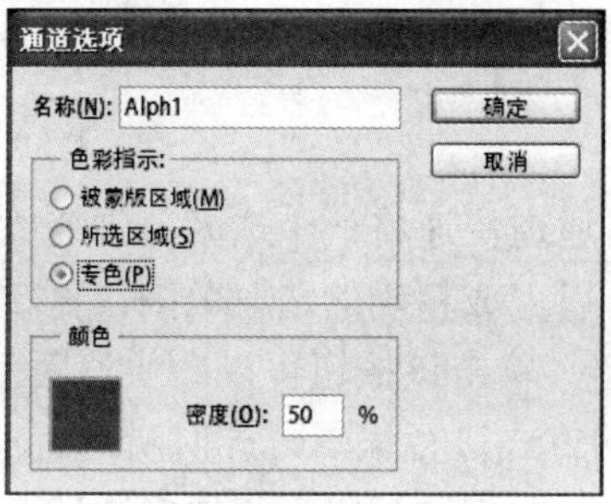

图 9.23 【通道选项】对话框

3. 合并专色通道

如果在图像中创建了专色通道，那么在输出与印刷该图像时，专色通道将作为一个独立的印刷胶片(印版)进行印刷。但是，一般情况下，首先利用专色通道创建好某种特殊效果，然后与图像的单色通道合并，这样可以节省印刷成本。

专色通道与图像的单色通道合并的方法如下。

(1) 选中专色通道。

(2) 单击【面板菜单】按钮 ，弹出【通道】面板菜单，执行【合并专色通道】命令，弹出 Adobe Photoshop CS5 Extended 对话框(图 9.24)，单击【确定】按钮。

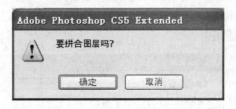

图 9.24 Adobe Photoshop CS5 Extended 对话框

专色通道合并后，其色彩会自动并入单色通道中，以后就不能还原回专色通道，也不能随时替换颜色和密度。例如，将图 9.25 所示的【专色 1】进行合并，这样专色通道中的颜色被分成几个页，分别混合到每一个单色通道中，如图 9.26 所示。

图 9.25 【专色 1】合并前

图 9.26 【专色 1】合并后

提示：专色通道无法针对单独的图层应用，其应用范围为整幅图像。

9.5 快速蒙版

9.5.1 快速蒙版简介

快速蒙版可以通过一个临时通道快速将一个选区范围变成一个蒙版，而且还可以对蒙版区域的形状进行任意修改和编辑，以完成精确的选取范围，再转换为选取范围使用。

在工具箱底部有一个按钮 ，单击该按钮可以在快速蒙版编辑模式和标准编辑模式间切换。单击 按钮，以快速蒙版的方式进行编辑，此时所进行的操作对图像本身不产生作用，而是对当前在图像中产生的快速蒙版进行编辑。快速蒙版的操作步骤如下。

(1) 打开图像文件，创建选区。

(2) 在工具箱中，单击【以快速蒙版模式编辑】按钮，切换到快速蒙版编辑模式，在【通道】面板中出现一个名为【快速蒙版】的通道，如图 9.27 所示。

(3) 在快速蒙版编辑模式下，可以用【画笔】工具或其他绘图工具精确修改选取范围，用【橡皮擦】工具将不需选取的范围擦除，这样就可以很准确地选取选区范围。

(4) 编辑完后，单击工具箱下方的【以标准模式编辑】按钮切换为标准模式，可以得到一个较精确的选取范围。此时，【通道】面板中的快速蒙版消失了。

图 9.27　快速蒙版编辑模式

提示：

(1) 为了编辑一个标准的选取范围，在编辑快速蒙版时，最好不要用软边笔刷，因为软边笔刷会给选取范围边缘加上一种羽化效果，不能很准确地选取。

(2) 在使用绘图工具填色时，可以按住 Caps Lock 键将鼠标指针切换成"十"字形，以便更准确地填色。还可以放大视图显示比例，以便更准确地进行编辑。

(3) 在编辑快速蒙版的过程中，如果前景色为黑色或非白色，那么用【画笔】工具可以增加蒙版区域的范围；如果前景色为白色，那么用【画笔】工具可以减少蒙版区域的范围，【橡皮擦】工具的功能则相反。

在工具箱中双击【快速蒙版编辑模式】按钮，打开【快速蒙版选项】对话框，如图 9.28 所示，其相关参数含义如下。

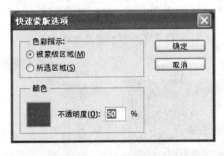

图 9.28　【快速蒙版选项】对话框

(1)【被蒙版区域】：设置快速蒙版被蒙的区域是非选区。

(2)【所选区域】：设置快速蒙版被蒙的区域是选区。

(3)【颜色】：设置快速蒙版的颜色。

(4)【不透明度】：设置快速蒙版的不透明度，取值范围 0%～100%。

颜色和不透明度的设置只影响蒙版的显示状态，并不影响实际的图像效果。

9.5.2 课堂案例 29——林中清泉

图 9.29 林中清泉效果图

【学习目标】学习使用快速蒙版编辑选区。

【知识要点】创建矩形选区后，进入快速蒙版编辑模式，使用渐变工具编辑选区后回到标准编辑模式，得到一个下方渐隐的矩形选区。复制该选区图像粘贴到另一幅图像中，得到合成效果。本案例完成效果如图 9.29 所示。

【效果所在位置】Ch09\课堂案例\效果\林中清泉.tif。

操作步骤如下。

(1) 打开素材文件。打开"Ch09\课堂案例\素材\林中清泉\树林.jpg"，单击工具箱中的【矩形选框】工具█，在其选项栏中设置羽化值为 8 像素，利用█工具将部分森林选中，如图 9.30 所示。

(2) 执行【选择】|【反向】命令，如图 9.31 所示。

(3) 在工具箱中单击【快速蒙版编辑模式】按钮█，进入到快速蒙版编辑模式，如图 9.32 所示。

图 9.30 建立森林选区

图 9.31 反向

图 9.32 快速蒙版编辑模式

(4) 单击工具箱中的【渐变】工具█，其对应的选项栏设定如图 9.33 所示。在图像窗口中，按住 Shift 键，从图像中部向下拖动，产生快速蒙版，如图 9.34 所示。

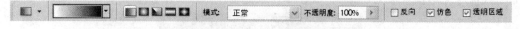

图 9.33 【渐变】工具选项栏设置

图 9.34 快速蒙版

(5) 单击【标准编辑模式】按钮 ，进入标准编辑模式，得到一个选取范围，如图 9.35 所示，按 Ctrl+C 键将其复制。

图 9.35　得到选取范围

(6) 打开 "Ch09\课堂案例\素材\林中清泉\泉水.jpg"，按 Ctrl+V 组合键，将复制的图像粘贴到该图像文件中，用【移动】工具 将森林移动到合适的位置。

(7) 保存文件。执行【文件】|【存储为】命令，输入文件名 "林中清泉.tif"，单击【保存】按钮。

9.6　图像的混合运算

图像的混合运算主要是对一幅或多幅图像中的通道和图层、通道和通道进行组合运算的操作，其目的是使当前图像或多个图像之间产生丰富多彩的特殊效果，以制作出精美图像。本节介绍【应用图像】命令和【计算】命令，可以实现通道的计算。

9.6.1　【应用图像】命令的使用

【应用图像】命令可以将图像(源)的图层和通道与当前操作的图像(目标)的图层和通道进行某种图像混合模式的混合，还可以用另一幅图像作为当前操作图像的蒙版等。

在执行【应用图像】命令进行图像混合时，参与的图像文件的文件格式、分辨率、色彩模式、文件尺寸等必须相同，否则该命令只能针对某个单一的图像文件进行通道或图层之间的某种混合。

执行【应用图像】命令混合图像的操作步骤如下。

(1) 分别打开源图像文件和目标图像文件。

(2) 在目标文件中，执行【图像】|【应用图像】命令，弹出【应用图像】对话框，在源列表中选择作为源文件的文件名，选择混合模式，设置好各项参数后，单击【确定】按钮，即可得到图像混合效果。

【应用图像】对话框如图 9.36 所示，各选项说明如下。

(1)【源】：选择一幅源图像和当前图像相混合。

(2)【图层】：选择源图像中的某一图层，选择【合并图层】选项，表示选定源文件的所有层。

(3)【通道】：指定使用源图像中的哪个通道。

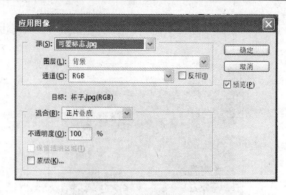

图 9.36 【应用图像】对话框

(4)【混合】：设置源图像与当前图像的混合模式(有 19 种色彩混合模式，与图层面板中的合成模式相同)。

(5)【不透明度】：与【图层】面板中不透明度滑杆作用相同。

(6)【保留透明区域】：选中后只对非透明区域进行合并(若当前图像选择为背景层，则该复选框不能使用)。

(7)【蒙版】：可以再选择一个通道或图层作为当前图像的蒙版来混合图像。

(8)【反相】：选中该复选框，则将通道列表框中的蒙版内容进行反相。

图像应用示例如图 9.37 所示。

  (a) 目标文件   (b) 源文件   (c) 应用图像效果

图 9.37 应用图像

9.6.2 【计算】命令的使用

【计算】命令可以混合两个来自一个或多个源图像的单个通道，可以将结果应用到新图像文件或新通道，或直接将合成结果转换为图像的选区。如果使用多个源图像，则这些源图像的像素尺寸必须相同。

使用【计算】命令混合图像的操作步骤如下。

(1) 打开一个或多个源图像文件。

(2) 执行【图像】|【计算】命令，弹出【计算】对话框，如图 9.38 所示，选择源和通道，进行相应的设置，单击【确定】按钮。

提示：在图像混合时，【源 1】和【源 2】选项组的顺序安排，将影响最终混合图像效果。【计算】对话框中的【结果】下拉列表框可以确定混合的结果是保存在【新文档】中，还是保存在当前图像的【新通道】中，或者直接转换成【选区】。

【应用图像】命令和【计算】命令的区别如下。

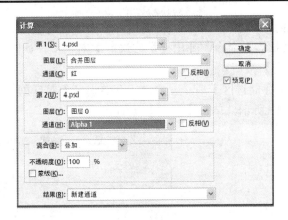

图 9.38 【计算】对话框

(1)【应用图像】命令可以使用图像的复合通道做运算，而【计算】命令只能使用图像单色通道来做运算，【计算】命令如果使用通道的所有亮度信息，可选择【灰色】通道。

(2)【应用图像】命令在运算操作时的源文件只能是一个，而【计算】命令在运算操作时的源文件可以是一个，也可以是两个。

(3)【应用图像】命令的运算结果会被加到图像的图层上，而【计算】命令的结果将应用到通道上。

9.6.3 课堂案例 30——凹陷字

【学习目标】学习使用【计算】命令进行通道计算。

【知识要点】创建 Alpha 1 通道，输入文字。扩展文字选区后保存为 Alpha 2。Alpha 2 与 Alpha 1 计算产生 Alpha 3。本案例完成效果如图 9.39 所示。

【效果所在位置】Ch09\课堂案例\效果\凹陷字.psd。

图 9.39 凹陷字效果图

操作步骤如下。

(1) 打开素材文件。打开 "Ch09\课堂案例\素材\凹陷字\木纹.tif"，在【通道】面板中，单击【创建新通道】按钮 ，产生 "Alpha 1" 通道。

(2) 在工具箱中单击【横排文字】工具 ，在其选项栏设置字体为黑体，字的颜色为白色，在 "Alpha 1" 输入文字 "凹陷字"，如图 9.40 所示。

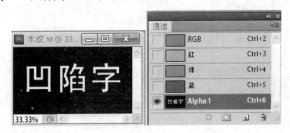

图 9.40 创建 Alpha1 并输入文字

(3) 在【通道】面板中，选中"Alpha 1"通道，单击【把通道作为选区载入】按钮 ◎，执行【选择】|【修改】|【扩展】命令，弹出【扩展选区】对话框，如图 9.41 所示，设置扩展量为 4 个像素，单击【确定】按钮。

(4) 执行【选择】|【存储选区】命令，弹出【存储选区】对话框，选择新建通道，输入名称"Alpha 2"，如图 9.42 所示，单击【确定】按钮。

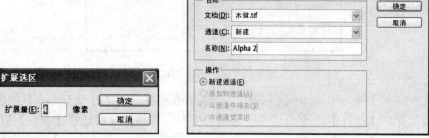

图 9.41　【扩展选区】对话框　　　　　图 9.42　【存储选区】对话框

(5) 执行【选择】|【反向】命令，在【通道】面板中，选中 RGB 通道，按 Delete 键删除文字外的木纹，效果如图 9.43 所示。按 Ctrl+D 组合键取消选区。

图 9.43　载入"Alpha 2"通道反向后删除

(6) 执行【图像】|【计算】命令，弹出【计算】对话框(图 9.44)，选择"源 1"通道为"Alpha 2"，选择"源 2"通道为"Alpha 1"并选中【反相】复选框，混合模式为"正片叠底"，结果为"新建通道"，单击【确定】按钮。计算结果为"Alpha 3"通道，如图 9.45 所示。

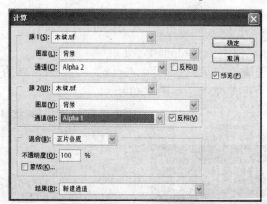

图 9.44　【计算】对话框

图 9.45　计算后产生的"Alpha 3"通道效果

(7) 在【通道】面板中，选中"Alpha 3"通道，单击【把通道作为选区载入】按钮，选中 RGB 通道，执行【图层】|【新建】|【通过拷贝的图层】命令，此时产生"图层 1"。

(8) 在【图层】面板中，双击"图层 1"，弹出【图层样式】对话框(图 9.46)，选择"斜面和浮雕"，设置样式为"浮雕效果"，其余参数为默认值，单击【确定】按钮。此时，【图层】面板如图 9.47 所示。

(9) 保存文件。执行【文件】|【存储为】命令，输入文件名"凹陷字.tif"，单击【保存】按钮。

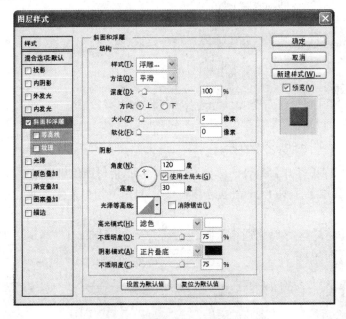

图 9.46　【图层样式】对话框

图 9.47　【图层】面板

9.7　本章小结

本章主要介绍了通道、快速蒙版和图像混合运算。通过本章的学习，掌握通道的基本操作，能熟练的创建和载入 Alpha 通道，使用计算命令进行通道计算。另外，能熟练应用快速蒙版编辑选区。这些基本技能为更好地进行图像处理打下基础。

9.8 上机实训

【实训目的】练习通道基本操作及应用。

【实训内容】

    (1) 换婚纱照背景。

    (2) 金属字。

【实训过程提示】

    1. 换婚纱照背景

    效果所在位置：Ch09\实训\效果\婚纱.psd，效果如图 9.48 所示。

图 9.48　婚纱效果

    (1) 打开素材文件。执行【文件】|【打开】命令，选择"Ch09\实训\素材\婚纱照.jpg。"，单击【打开】按钮。单击【多边形套索】工具，在其选项栏设置羽化值为 1，沿人物轮廓创建选区，如图 9.49 所示。

    (2) 在【通道】面板中，单击【将选区存储为通道】按钮，产生"Alpha 1"通道，如图 9.50 所示。按 Ctrl+D 组合键取消选区。

图 9.49　创建人物轮廓选区

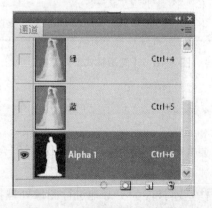

图 9.50　【将选区存储为通道】

(3) 在【通道】面板中，按住蓝色通道拖动到【创建新通道】按钮⏷上，产生"蓝 副本"通道。执行【图像】|【调整】|【色阶】命令，弹出【色阶】对话框(图 9.51)，设置输入色阶参数为 59、1、233，单击【确定】按钮。

(4) 在【通道】面板中，按住 Ctrl 键单击"Alpha 1"通道，载入人物轮廓选区。单击"蓝 副本" 通道，执行【编辑】|【填充】命令在该通道的人物轮廓选区内填充白色，按 Ctrl+D 组合键取消选区。"蓝 副本" 通道如图 9.52 所示。

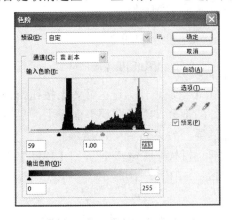
图 9.51　【色阶】对话框

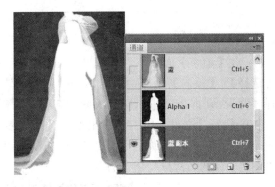
图 9.52　"蓝 副本" 通道-1

(5) 单击【魔术棒】工具✎，在其选项栏设置【容差】为 32，选中【连续】复选框，单击"蓝 副本" 通道的深色背景区域创建选区。执行【编辑】|【填充】命令在该通道的背景选区内填充黑色，按 Ctrl+D 键取消选区。"蓝 副本" 通道如图 9.53 所示。

(6) 在【图层】面板中，按住背景层拖动到【创建新图层】按钮上，产生"背景 副本"图层。再按住背景层拖动到【创建新图层】按钮上，产生"背景 副本 2"图层，暂时隐藏"背景 副本 2"图层，如图 9.54 所示。

图 9.53　"蓝 副本" 通道-2

图 9.54　【图层】面板

(7) 在【图层】面板中，选择"背景 副本"图层，执行【图像】|【调整】|【去色】命令。

(8) 在【通道】面板中，选择"蓝 副本" 通道，单击【将通道作为选区载入】按钮◯，如图 9.55 所示。在【图层】面板中，选择"背景 副本"图层，单击【添加图层蒙版】按钮◻，并设置图层混合模式为"滤色"，如图 9.56 所示。

图 9.55 载入"蓝 副本"通道

图 9.56 添加图层蒙版

(9) 在【通道】面板中，选择"Alpha 1"通道，单击【将通道作为选区载入】按钮，执行【选择】|【反向】命令，此时即选中了人物轮廓以外的部分。在【图层】面板中，显示并选择"背景 副本 2"图层，按 Delete 键删除。隐藏背景层，效果如图 9.57 所示。

(10) 执行【文件】|【打开】命令，选择"Ch09\实训\素材\背景.jpg"，使用【移动】工具按住"背景.jpg"图像的"背景" 层拖动到"婚纱.jpg"图像窗口中，产生"图层 1"，移动"图层 1"到"背景"层上方，如图 9.58 所示。

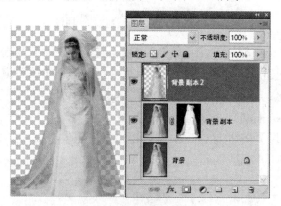

图 9.57 背景副本 2 删除人物轮廓外图像

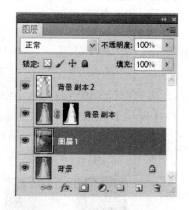

图 9.58 粘贴新背景图片

(11) 保存文件。执行【文件】|【存储为】命令，输入文件名"婚纱照.jpg"，单击【保存】按钮。

2. 金属字

效果所在位置：Ch09\实训\效果\金属字.psd，效果如图 9.59 所示。

图 9.59 金属字效果

(1) 建立一个新文件：16cm×12cm，72PPI，RGB 模式，白色背景。使用【油漆桶】工具给背景层填充蓝色(RGB(50,201,234))。

(2) 在工具箱中单击【横排文字蒙版】工具 ，在其选项栏设置字体为黑体，文字大小为 150 点，单击图像窗口输入"金属"文字，单击【提交】按钮 ，产生文字选区。

(3) 执行【选择】|【修改】|【扩展】命令，弹出【扩展选区】对话框，输入扩展量为 2，单击【确定】按钮。

(4) 在【通道】面板中，单击【将选区存储为通道】按钮 ，产生"Alpha 1"通道，如图 9.60 所示。

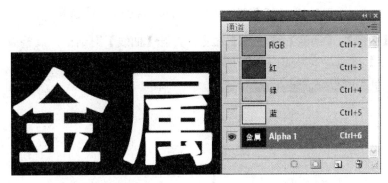

图 9.60　Alpha 1 通道

(5) 用鼠标将 Alpha1 通道拖动到【创建新通道】按钮 上复制出一个名为"Alpha1 副本"的通道，选定"Alpha1 副本"为当前处理通道，执行【滤镜】|【模糊】|【高斯模糊】命令，打开【高斯模糊】对话框，如图 9.61 所示，设置模糊半径为 3，单击【确定】按钮。

(6) 再执行【滤镜】|【风格化】|【浮雕效果】命令，打开【浮雕效果】对话框，设置参数如图 9.62 所示。

图 9.61　【高斯模糊】对话框

图 9.62　【浮雕效果】对话框

(7) 选定"Alpha1 副本"为当前处理通道，按住 Ctrl 键，单击 Alpha 1，载入 Alpha 1 的选区，按 Ctrl+C 组合键，取消选区；选定 RGB 通道为当前处理通道，按 Ctrl+V 组合键，产生"图层 1"，如图 9.63 所示。

图 9.63 部分复制"Alpha 1 副本"粘贴到 RGB 通道

(8) 执行【图像】|【调整】|【曲线】命令，打开【曲线】对话框，调整曲线如图 9.64 所示，单击【确定】按钮，效果如图 9.65 所示。

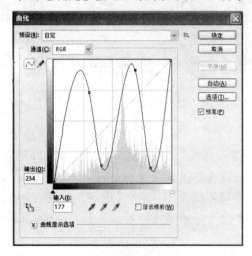

图 9.64 【曲线】对话框   图 9.65 【曲线】调整效果

(9) 在【图层】面板中，选定"图层 1"为当前图层，单击面板上的【锁定透明像素】按钮。设置前景色 RGB(251,253,50)，背景色 RGB(205,191,14)，单击工具箱中的【渐变】工具，在其工具栏中设置渐变为【前景到背景】，如图 9.66 所示，从左到右进行线性渐变。

图 9.66 【渐变】工具选项栏

(10) 保存文件。执行【文件】|【存储为】命令，输入文件名"金属字.jpg"，单击【保存】按钮。

9.9 习题与上机操作

1. 判断题

(1) 执行【通道】|【分离通道】命令时，如果当前图像含有多个图层，该命令的执行用不受影响。 （ ）

(2) 按住 Ctrl 键并单击 Alpha 通道，可以将现存的 Alpha 通道转换为选取范围。　　(　　)

(3) 快速蒙版颜色只是用来方便辨认被蒙区域与未蒙区域，对图像色彩没有任何影响。而快速蒙版颜色的不透明度设置，则是用来方便地在图像中准确地选取范围。　　(　　)

(4) 在【通道】面板中各个原色通道是不可以删除的，只能删除 Alpha 通道。　　(　　)

(5) 在快速蒙版编辑模式下创建的快速蒙版是一个临时蒙版，一旦单击【标准编辑模式】按钮▣，切换为标准模式后，快速蒙版就会马上消失。　　(　　)

(7) CMYK 模式图像有 4 个色彩通道，即 C(青色)、M(洋红)、Y(黄色)和 K(黑色)通道。(　　)

2. 单选题

(1) 以下有关通道的操作，错误的选项是(　　)。

　　A．通道可以被分离与合并　　　　　　B．Alpha 通道可以被重命名

　　C．通道可以被复制与删除　　　　　　D．复合通道可以被重命名

(2) 按住(　　)键的同时单击 Alpha 通道，可以将其对应的选区载入到图像中。

　　A．Alt　　　　　　B．Ctrl　　　　　　C．Shift　　　　　　D．End

(3) 在 Photoshop 中，用来保存图像选区和颜色信息的是(　　)。

　　A．图层　　　　　　B．通道　　　　　　C．蒙版　　　　　　D．Alpha 通道

(4) Alpha 通道最主要的用途是(　　)。

　　A．保存图像色彩信息　　　　　　　　B．保存图像未修改前的状态

　　C．存储和建立选择范围　　　　　　　D．为路径提供的通道

(5) 当删除某一个单色通道后，图像的色彩模式将成为 (　　)模式。

　　A．灰度　　　　　　B．多通道　　　　　　C．专色通道　　　　　　D．Alpha 通道

(6) 当回到标准编辑模式时，(　　)立即自动消失。

　　A．图层蒙版　　　　　　B．矢量蒙版　　　　　　C．快速蒙版　　　　　　D．图层剪切蒙版

(7) 通过【通道】面板下面的哪个按钮，可以新建或复制通道？(　　)

　　A．▣　　　　　　　B．○　　　　　　　C．↵　　　　　　　D．⬜

3. 多选题

(1) 如果在图像中有 Alpha 通道，并将其保留下来，需要将其存储为(　　)格式的图像文件。

　　A．PSD　　　　　　B．JPEG

　　C．DCS2.0　　　　　D．PNG　　　　　　E．TIFF

(2) 下面(　　)方法可以将现存的 Alpha 通道转换为选择范围。

　　A．将要转换选区的 Alpha 通道选中并拖到【通道】面板中的 ○ 按钮上

　　B．按住 Ctrl 键的同时单击 Alpha 通道

　　C．执行【选择】|【载入选区】命令

　　D．双击 Alpha 通道

(3) 【应用图像】命令可以使两个图像之间进行运算，两者须具有相同的(　　)。

　　A．图像大小　　　　B．分辨率　　　　　C．像素数量　　　　D．阶调数量

4. 操作题

制作木雕图案效果，效果如图 9.67 所示。

图 9.67　木雕图案效果图

重点提示:

(1) 打开"玫瑰.jpg"文件，执行【滤镜】|【模糊】|【特殊模糊】命令，半径为 9，阀值为 45，品质低，仅限边缘。全选，复制。

(2) 打开"木纹.jpg"文件，新建 Alpha 1 通道，粘贴，取消选区。执行【滤镜】|【模糊】|【高斯模糊】命令，半径为 1.3。执行【滤镜】|【风格化】|【浮雕效果】命令，角度为-45，高度为 8，数量为 54。

(3) 回到 RGB 通道，执行【图像】|【应用图像】命令，选择 Alpha 1 通道，选中【反相】复选框，模式为柔光。

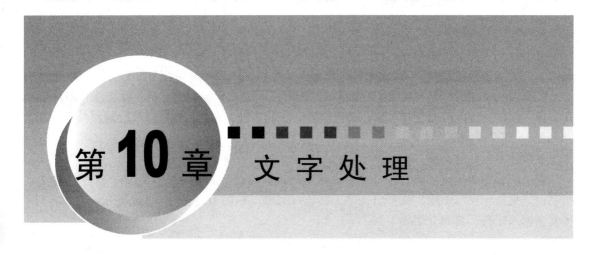

第 **10** 章 文 字 处 理

 教学目标

　　掌握编辑文字和段落属性的方法，掌握将文字转换成路径、形状的方法，掌握文字变形的方法和技巧。

 **教学要求**

知识要点	能力要求	相关知识	所占分值 （100 分）	自评 分数
文字工具简介	掌握文字工具组的使用方法		10	
文字的编辑	(1) 掌握创建文字的方法 (2) 掌握点文字的操作方法 (3) 掌握段落文字的操作方法 (4) 掌握编辑文字和段落属性的方法	课堂案例：海报	30	
文字效果	(1) 掌握文字变形的操作及参数的设置 (2) 掌握在路径上排列文字的技巧	课堂案例：制作印章	30	
转换文字图层	(1) 掌握文字图层转换为普通图层的方法 (2) 掌握文字转换为路径的方法	课堂案例：飞	20	
实训	掌握双色字及文字阴影的处理方法		10	

 学习重点

　　文字的输入与编辑技巧；段落文字及段落属性的操作；文字变形及参数的设置；路径上排列文字。

10.1　文字工具简介

Photoshop CS5 除了可对图像进行绘制和编辑外，还具有强大的文字处理功能。用户可以在图像中创建各种横排或直排文字，并可设置文字的字体、大小、颜色以及段落属性等。利用 Photoshop 的路径和变形工具可将文字制作出多种形状效果。结合滤镜和图层样式等工具可制作出多种艺术效果的文字。

文字的编辑是通过工具栏的文字工具来实现的。单击工具箱中的 T 按钮，选择一种文字工具，如果按住鼠标不放，会弹出文字工具选择菜单，如图 10.1 所示。Photoshop CS5 共有 4 种文字输入工具，具体介绍如下。

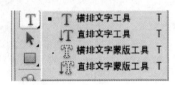

图 10.1　【文字】工具

(1)【横排文字工具】 T ：在图像中输入沿水平方向，从左到右排列的文字。

(2)【直排文字工具】 IT ：在图像中输入沿垂直方向，从上到下排列的文字。

(3)【横排文字蒙版工具】 ：在图像中沿水平方向输入文字并生成文字选区。

(4)【直排文字蒙版工具】 ：在图像中沿垂直方向输入文字并生成文字选区。

启用文字输入工具，有以下两种方法。

(1) 单击工具箱中的按钮 T 。

(2) 按 T 键。

启用文字输入工具，选项栏将显示出如图 10.2 所示的状态。

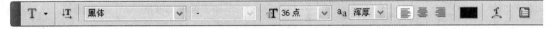

图 10.2　【文字】工具选项栏

选项栏中各选项作用如下。

(1)【更改文本方向】 ：用来选择文字输入的方向，只能在文字编辑时使用，编辑之前可直接在工具箱中选择横排或直排工具来确定文字的方向。

(2)【设置字体系列】 华文行楷 　- 　：用于设定文字的字体及属性，可以分别对文字图层中的全部或个别文本设置不同的字体。

提示：Photoshop 中字体和字型的设置同其他文字处理软件一样，大部分英文字体对中文不起作用；除系统自带的个别字体可设置字型外，大部分中文字体无法设置字型。但可以在【切换字符和段落】面板中设置"仿粗体"和"仿斜体"，如图 10.3 所示，单击 T 按钮可设置仿粗体，单击 T 按钮可设置仿斜体。

(3)【设置字体大小】 T 72 点 　：用于设定字体的大小。

提示：虽然 Photoshop 只有 6 ~ 72 点的字体大小可选，但可以通过直接在列表框中输入数值来设置 6 ~ 72 点以外的字体大小。

(4)【设置消除锯齿方法】 a₁ 浑厚 ▼ ：用于消除文字的锯齿，包括无、锐利、犀利、浑厚和平滑 5 个选项。消除锯齿可以通过部分地填充边缘像素来产生边缘平滑的文字，这样，文字边缘就会混合到背景中。

(5)【文本对齐方式】 ：用于设置文字的段落格式，包括左对齐、居中对齐和右对齐。

(6)【设置文本颜色】 ：用于设置文字的颜色。作用同工具箱中的【设置前/背景色】一样，单击该按钮将弹出【拾色器】对话框，用于选取文字颜色。

(7)【创建变形文本】 ：用于对文字进行变形操作。单击该按钮，弹出【变形文字】对话框，可以将文字设置成各种变形效果。

(8)【切换字符和段落】 ：用于打开字符和段落设置控制面板，如图 10.3 所示。该面板中有字符和段落两个选项卡，对文字可以做的设置在这里都能够找到。除了文字的大小、颜色等设置外，还可对文字的间距、行距、拉伸、升降、仿粗体、仿斜体、上下标以及段落缩进等进行设置。

图 10.3　【切换字符和段落】面板

(9)【取消所有当前编辑】 ：用于取消对文字的操作。

(10)【提交所有当前编辑】 ：用于确定对文字的操作。

可以在图像中的任何位置创建横排或直排的文字。根据使用【文字】工具的不同方法，可以输入点文字或段落文字。点文字适合于输入一个字或一行字符，段落文字则适用于输入一个或多个段落的文字。创建文字后，会在【图层】面板中自动添加一个新的文字图层，该图层以字母 T 为标志。

提示：在 Photoshop 中，因为【多通道】、【位图】以及【索引颜色】等模式不支持图层，所以不会为这些模式中的图像创建文字图层。在这些图像模式中，文字会直接显示在背景上。

10.2　文字的编辑

Photoshop CS5 中的文字有点文字和段落文字两种，下面分别介绍这两种文字的输入方法。

10.2.1 输入点文字

要在 Photoshop 图像文件中输入点文字,可遵循如下步骤。

(1) 在工具箱中选择【横排文字】T或【直排文字】T工具,此时鼠标指针形状呈I型,在如图 10.2 所示的选项栏中设置好文字的字体、字形、大小以及颜色等。

(2) 在图像窗口中单击,此时出现一个文字的插入点,如图 10.4 所示。输入需要的文字,文字会显示在图像窗口中,效果如图 10.5 所示。

(3) 在点文字的输入过程中,文字不会自动换行,必须按 Enter 键进行手动换行;如果要改变文本在图像窗口中的位置,可按住 Ctrl 键的同时用鼠标拖动文本即可。

(4) 文字输入完毕,可单击文字工具选项栏上的✔按钮;如要放弃已经输入的文本,可单击◯按钮。

提示:完成和取消文本输入的按钮,即✔和◯按钮,在文字的编辑过程中才会出现在文字工具选项栏上。另外,在文字输入的过程中,单击工具箱中的其他工具,或者单击图层面板中的其他图层,都可以完成文字的输入;同样,按 Esc 键也可以放弃当前文本的输入。

(5) 在输入文字的同时,【图层】控制面板中将自动生成一个新的文字图层,如图 10.6 所示。该图层以符号T显示,表示这是一个文字层,其内容为刚才输入的文字。

图 10.4　文字插入点　　　　图 10.5　输入点文字　　　图 10.6　【图层】面板中的文字图层

10.2.2 输入段落文字

Photoshop CS5 除了可以输入点文字以外,还可以输入段落文字。段落文字同点文字的区别在于,段落文字在图像窗口中有一个段落文本框,且在文字输入的过程中会基于段落文本框的尺寸自动换行;而点文字的输入较随意,且不会自动换行,只能手动回车换行。点文字和段落文字可以执行【图层】|【文字】|【转换为点/段落文本】命令来互相转换。

要在图像文件中输入段落文字,可遵循如下步骤。

(1) 选择【横排文字】T或【直排文字】T工具,此时鼠标指针形状呈I型,在选项栏中设置好相应的文字大小、颜色等,然后在图像窗口中拖曳鼠标,产生一个段落文本框,如图 10.7 所示。

(2) 按住 Shift 键的同时可拖曳出正方形的段落文本框。如要对文本框进行调整,如调整大小或旋转等,可通过鼠标在文本框的控制点上缩放或旋转实现,如图 10.8 所示,其操作同变换工具非常相似。

(3) 段落文本框设置好之后，文字插入点显示在文本框左上角，此时可以输入段落文字，如果输入文字较多，当文字遇到文本框时，会自动换到下一行显示，如图 10.9 所示。如果输入的文字需要分出段落，可以按 Enter 键进行操作。

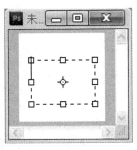

图 10.7　拖曳段落文本框

图 10.8　调整段落文本框

图 10.9　输入段落文本

提示：可在拖曳段落文本框的同时按住 Alt 键，这样会弹
　　　出【段落文字大小】对话框，如图 10.10 所示。在
　　　这里可以精确设置段落文本框的大小。

10.2.3　字符与段落的设置

【字符/段落】面板主要是为 Photoshop CS5 强大的文本编辑功能而设定的，该面板中有字符和段落两个选项卡，它们是文本编辑的两个密不可分的工具。

图 10.10　【段落文字大小】对话框

1. 字符的设置

使用【字符】调板可以方便地编辑文本字符。执行【窗口】|【字符】命令，打开【字符】调板，如图 10.11 所示。

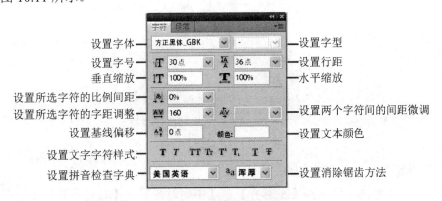

图 10.11　【字符】调板

提示：在更改字符属性前，应该先选择文字图层中需要更改属性的字符。

【字符】调板中各选项的作用如下。

(1)【设置字体系列】：用于设置输入文字的字体。

(2)【设置字型】：专用于设置英文和数字字体的字体样式，如斜体、粗体等。

(3)【设置字体大小】：用于设置文本的字号大小。

(4)【设置行距】：用于设置多行文本行与行之间的距离。

(5)【垂直缩放】：用于调整字符的高度百分比。

(6)【水平缩放】：用于调整字符的宽度百分比。

(7)【设置所选字符的比例间距】：用于微调所选取的文本字符之间的间距。

(8)【设置所选字符的字距调整】：用于调整所选取的文本字符之间的间距。正值使字符间距加大，负值使字符间距减小。

(9)【设置基线偏移】：用于设置文本所在基线的位置，可以使选择的文字随设定的数值上下移动。正值使水平文字上移，负值使水平文字下移。

(10)【设置文本颜色】：用于设置所选文本的字体颜色。文字不能被填入渐变或图案。

(11)【设置文字字符样式】：用于设置所选文本的字体样式，依次为【仿粗体】、【仿斜体】、【全部大写字母】、【小型大写字母】、【上标】、【下标】、【下划线】、【删除线】。

(12)【设置拼写检查字典】：可选择不同语种的字典，主要用于连字的设定，并可进行拼写检查。

(13)【设置消除锯齿的方法】：可选择无、锐利、犀利、浑厚、平滑 5 种消除锯齿边缘的方式。

2. 段落的设置

使用【段落】调板可以用来编辑段落文本。执行【窗口】|【段落】命令，打开【段落】调板，如图 10.12 所示。

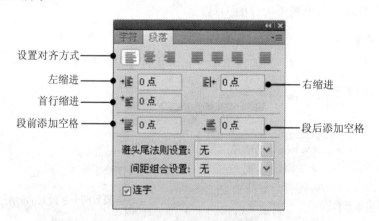

图 10.12 【段落】调板

【段落】调板中各选项的作用如下。

(1) 设置对齐方式。可设置【左对齐】、【中间对齐】、【右对齐】、【最后一行左对齐】、【最后一行中间对齐】、【最后一行右对齐】、【全部对齐】。

(2) 设置缩排方式。【左缩进】、【右缩进】、【首行缩进】、

(3) 设置段落间距。可设置【段前间距】和【段后间距】。

10.2.4　课堂案例 31——海报

【学习目标】学习使用文字工具制作出需要的文字效果。

【知识要点】使用【横排文字】工具、【直排文字】工具，创建点字符及段落文本，设置字符及段落格式，设置文字图层样式。本案例完成效果如图 10.13 所示。

【效果所在位置】Ch10\课堂案例\效果\海报.psd。

图 10.13　海报效果图

操作步骤如下。

(1) 按 Ctrl+O 键，打开位置在 "Ch10\课堂案例\素材\海报\海报背景.jpg" 的素材文件，效果如图 10.14 所示。

(2) 选择【横排文字】工具 T，在属性中设置字体为隶书，字符大小为 60 点，在背景图层龙的图像下面输入 "龙年吉祥" 4 个字。选中这 4 个字，然后单击文字工具【选项栏】中的【切换字符和段落面板】按钮 ▤，打开【字符】调板，单击按钮 T 和 T 添加加粗及下划线效果。

(3) 选中文字图层，执行【图层】|【栅格化】|【文字】命令。

(4) 按住 Ctrl 键的同时在【图层】面板中选中新建的 "龙年吉祥" 文字图层。选择【渐变】工具按钮 ▣，并将渐变色设置为红色、黄色，采用线性渐变，在选中的文字图层中添加渐变效果，方向从上向下。

(5) 保持选区，执行【图层】|【图层样式】|【混合选项】命令，选择【投影】、【外发光】、【斜面和浮雕】、【描边】选项，设置文字的图层样式，如图 10.15 所示。

图 10.14　海报背景

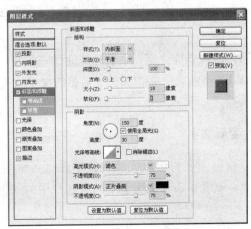

图 10.15　设置【图层样式】

(6) 选择【横排文字】工具 T，在属性中设置字体为方正舒体，字符大小为 60 点，颜色为白色，输入"壬辰年"3 个字。再输入"2012"，设置字体为华文琥珀，字符大小 80 点，都加粗。

(7) 选中"2012"文字图层，执行【图层】|【栅格化】|【文字】命令。按住 Ctrl 键的同时在【图层】面板中选中新建的"2012"文字图层。选择渐变工具，并将渐变色设置为白色、黑色、黄色，对该图层添加线性渐变效果。

(8) 选择【横排文字】工具 T，在属性中设置字体为 Times New Roman，字符大小为 30 点，颜色为白色，输入文字"Happy New Year"。

(9) 选择【直排文字】工具 IT，在属性中设置字体为华文行楷，字符大小为 30 点，颜色为黑色。单击左键，移动鼠标在图像窗口中拖曳出一个段落文本框，输入文字"石激悬流雪满湾，五龙潜处野云闲。暂收雷电九峰下，且饮溪潭一水间。浪引浮槎依北岸，波分晓日浸东山。回瞻四面如看画，须信游人不欲还。"

(10) 选中文字，单击文字工具选项栏中的【切换字符和段落】面板按钮，打开【段落】画板调整段落相关属性，调整段落文本框的位置和大小。执行【图层】|【图层样式】|【外发光】命令，打开【外发光】对话框，为文字添加外发光效果。

(11) 使用【矩形选框】工具 创建正方形选区，变换选区使其旋转 45 度成菱形，然后选区填充为红色，执行【图层】|【栅格化】|【形状】命令。

(12) 执行【编辑】|【描边】命令，设置【宽度】为 4 像素，【颜色】为白色，【位置】为内部，单击【确定】按钮为选区描白色边。

(13) 执行【编辑】|【描边】命令，设置【宽度】为 6 像素，【颜色】为红色，【位置】为外部，单击【确定】按钮为选区描红色边。

(14) 选择【横排文字】工具 T，在属性中设置字体为隶书，字符大小为 90 点，颜色为黄色，加粗，输入"福"字。对文字旋转 180 度。

(15) 用上面介绍的方法为"福"字添加浮雕效果，并把"福"字放入菱形框中。

(16) 保存文件。执行【文件】|【存储为】命令，弹出【存储为】对话框，选择文件存储的位置和类型，输入文件名"海报"，单击【保存】按钮。

10.3　文字效果

文字内容编辑完之后，除了对其进行一些格式和段落的设置之外，一般还会给文字添加一些效果，以达到美化文字的目的。常见的文字效果有变形文字、路径文字以及利用图层样式制作的效果等。

10.3.1　变形文字

可以根据需要将输入完成的文字进行各种变形效果。执行【图层】|【文字】|【文字变形】命令，或者单击【文字】工具选项栏中的 按钮，将弹出如图 10.16 所示的【变形文字】对话框。

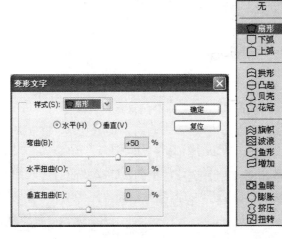

图 10.16　【变形文字】对话框

要设置文字变形效果，可遵循如下步骤。

(1) 在【图层】面板中选择编辑好的文字图层(也可在文字的编辑过程中)，单击【文字】工具选项栏中的 按钮，打开【变形文字】对话框，如图 10.16 所示。

(2) 在【变形文字】对话框中，单击【样式】下拉列表框，选择一个样式；在样式方向单选按钮组中选择一个变形的方向，【水平】或是【垂直】；调节下面的【弯曲】、【水平扭曲】以及【垂直扭曲】数值，以达到满意效果。

(3) 单击【确定】按钮，完成变形效果的设置，文字的多种变形效果，如图 10.17 所示。

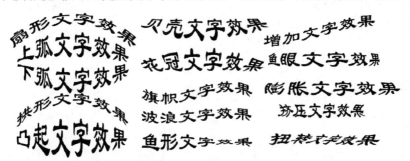

图 10.17　文字的多种变形效果

10.3.2　沿路径排列文字

沿路径排列文字，可以自定义文字的弯曲效果。操作方法很简单，只要在图像中创建任意工作路径，就可使文字工具沿路径的轨迹输入文字，输入后的弯曲效果还允许进行编辑处理。

要在路径上输入文字，可以遵循如下步骤。

(1) 先用【钢笔】或【形状】工具在图像区域绘制好路径。然后选择【文字】工具，将鼠标移至路径上方，此时鼠标指针会变成 形状，单击鼠标，就可以开始文字的输入了。当沿着路径输入文字时，如果输入横排文字，文字会与路径切线垂直；如果输入直排文字，文字方向与路径切线平行，如图 10.18 所示。

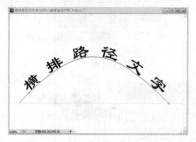

图 10.18　横排和直排路径文字

(2) 文字输入完毕后单击【文字】选项栏上的按钮 ✔，此时【图层】面板上会新增一路径文字图层。与普通文字图层不同的是，该图层显示为"路径文字"，如图 10.19 所示。

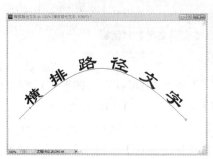

图 10.19　【图层】面板中的路径文字图层

(3) 图像区域中的路径文字上有一条路径，修改这条路径的形状或移动该路径，路径上的文字也会做出相应的更改，如图 10.20 所示。

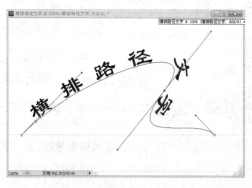

图 10.20　修改路径文字

10.3.3　课堂案例 32——制作印章

【学习目标】学习使用路径文字的编辑方法，巩固路径的编辑等知识。

【知识要点】使用【路径】工具、【文字】工具等，通过在圆形路径上编辑文字的方法制作圆形印章。本案例完成效果如图 10.21 所示。

【效果所在位置】Ch10\课堂案例\效果\印章.psd。

图 10.21　圆形印章效果图

操作步骤如下。

(1) 新建一个图像文件，在图像窗口中按 Ctrl+R 组合键显示标尺，然后作两条相互垂直的参考线，利用参考线可以吸附在文档中心的特性，分别将两条参考线定位在文档中心位置，如图 10.22 所示。

(2) 选择【椭圆选框】工具，按住 Shift 键在图像窗口中划一个圆形选区，并且移动选框，使圆心定位在两条参考线交叉点上。新建一个图层，在新建的图层中对该圆形选框描边，颜色为红色，如图 10.23 所示。

图 10.22　在图像窗口作两条参考线　　　　图 10.23　在文档中心划一个红色圆圈

(3) 再次使用【椭圆选框】工具划一圆形选区，该圆直径比刚才的小，同样也通过参考线将该圆圆心定位至文档的中心位置。单击【路径】面板上的　　按钮，将该选区转化为一个闭合路径，如图 10.24 所示。

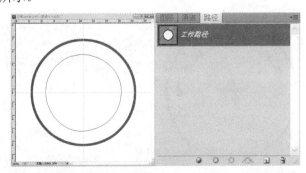

图 10.24　在文档中心划一个圆形闭合路径

(4) 选择【横排文字】工具，在该路径上输入文字，制作一个圆形路径文字。文字颜色为红色，字体、段落等设置自定，如图 10.25 所示。

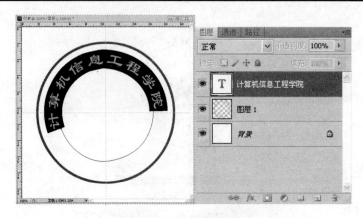

图 10.25 输入路径文字

(5) 如果文字方向倾斜，按 Ctrl+T 组合键调出【自由变换】工具，将路径文字旋转至中央位置，如图 10.26 所示。

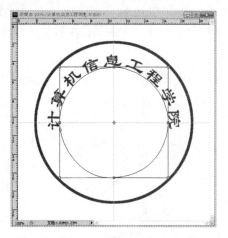

图 10.26 调整文字方向

(6) 在【图层】面板中再次新建一个图层。选择【自定形状】工具，在此图层上划一个红色五角星，如图 10.27 所示。

图 10.27 制作印章中的五角星

(7) 再次创建一个文字图层，输入印章中其他文字，如图 10.28 所示。

图 10.28 制作印章中的文字

(8) 如果要使印章效果更加逼真，可以将除背景之外的所有图层拼合为一个图层，执行【滤镜】|【象素化】|【点状化】命令，完成印章的制作，最后效果如图 10.29 所示。

图 10.29 印章效果

10.4 转换文字图层

Photoshop 软件中的滤镜效果和画笔、橡皮、渐变等绘图工具以及部分菜单命令对于文字图层是不能使用的，如果要想使用这些命令，则必须将文字图层转换为普通图层。另外对于文字的处理还可以把文字转换为工作路径。

1. 文字图层转换为普通图层

在【图层】面板中选择需要进行操作的文字图层，执行【图层】|【栅格化】|【文字】命令，即可将文字图层转换为普通图层。也可在【图层】面板中的文字图层上右击，在打开的快捷菜单中执行【栅格化文字】命令，以此来转换图层类型。栅格化使文字信息全部丢失，使文字图层的文字内容转换成不可编辑的文本图形，因此执行栅格化命令时应该慎重，应先设置好文本内容的属性再执行栅格化命令。栅格化之后的文字内容就可以使用滤镜效果等命令了。

2. 文字转换为路径

工作路径是出现在【路径】面板中的临时路径。执行【图层】|【文字】|【创建工作路径】命令，即可将文字转换为与文字外形相同的工作路径。该工作路径可以像其他路径一样执行存

储、填充和描边等编辑操作，但不能将此工作路径中的字符作为文本进行编辑，而原文字图层仍然存在并可编辑。

3. 课堂案例 33——飞

【学习目标】学习使用【文字】和【路径】工具，结合路径节点修改技巧，制作出具有特殊形状的文字。

【知识要点】使用文字转换路径的方法把文字转换为路径，对路径进行修改得到需要的效果。本案例完成效果如图 10.30 所示。

【效果所在位置】Ch10\课堂案例\效果\飞.psd。

图 10.30　文字变形效果

操作步骤如下。

(1) 新建大小为 800×600 像素、分辨率为 72PPI 的图像文件。

(2) 单击【横排文字蒙版工具】按钮，设置字体为华文中宋，字号为 300 点，输入"飞"字，创建一个具有文字形状的选区，如图 10.31 所示，然后单击【文字】工具选项栏上的 ✔ 按钮确认。

(3) 单击【路径】面板上的 按钮，将该选区转化为一闭合路径，如图 10.32 所示。

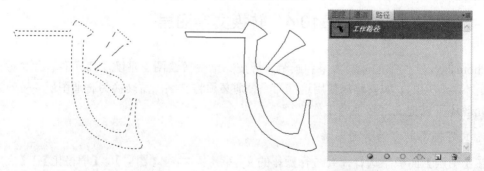

图 10.31　建立文字蒙版　　　　图 10.32　文字选区转换为工作路径

(4) 利用路径【直接选取】工具对路径节点进行修改。

(5) 在进行修改的过程中，可以通过单击【添加锚点】工具，在适当的位置添加相应锚点，以便能够制作出需要的形状，如图 10.33 所示。

(6) 设置前景色为灰色，单击【路径】面板上的 按钮，在闭合路径中填充即可，如图 10.34 所示。

(7) 制作完毕，删除创建的工作路径即可得到最终效果，如图 10.35 所示。

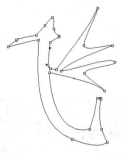

图 10.33　修改路径节点　　　图 10.34　填充路径　　　图 10.35　最终效果

10.5　本 章 小 结

本章主要介绍了文字工具的使用，通过本章的学习，掌握了文字处理的基本操作方法与技巧，在实际工作中就可以利用 Photoshop 强大的文字处理功能制作出很多精彩的艺术字效果了。

10.6　上 机 实 训

【实训目的】学习文字工具的基本操作方法与文字图层的设置技巧。

【实训内容】

(1) 双色字。

(2) 文字阴影。

【实训过程提示】

1. 双色字

效果所在位置：Ch10\实训\双色字\双色字.psd，效果如图 10.36 所示。

图 10.36　双色字效果图

(1) 新建大小为 600×400 像素、分辨率为 72PPI，背景透明，名称为"双色字"的图像文件。

(2) 执行【视图】|【新建参考线】命令，新建一条水平参考线，并利用自动定位文档中心的功能，把参考线定位到文档中心。

(3) 选择【横排文字】工具 T，按 D 键，恢复默认前景色和背景色，在属性中设置字体为黑体，字符大小为 200 点，加粗，输入"红与黑"3 个字，并让输入的文字摆放在文档中心，如图 10.37 所示。

（4）在【图层】面板选择【文字】图层，执行【图层】|【栅格化】|【文字】命令。

（5）单击【矩形选框】工具⬚，选中图层上半部分，再使用【油漆桶】工具🪣将文字和背景分别填充为红色与黑色，如图 10.38 所示。用同样办法填充图层的下半部分即可完成双色字的效果。

图 10.37　输入文字　　　　　　　　　　　　　图 10.38　填充图层

2．文字阴影

效果所在位置：Ch10\实训\文字阴影\文字阴影.psd，效果如图 10.39 所示。

图 10.39　阴影效果图

（1）新建一个文件，背景色为白色。选择【文字】工具，文字颜色设为黑色，其余参数可自设。然后新建一个文字图层，文字内容为"阴影"二字，如图 10.40 所示。

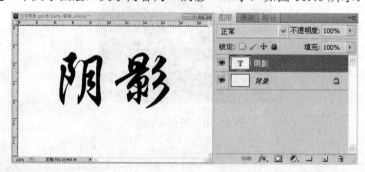

图 10.40　文字图层

（2）复制该文字图层。复制后的副本将用来制作投影，将【阴影副本】图层置于【阴影】图层之后，如图 10.41 所示。

图 10.41　复制文字图层

(3) 选中【阴影副本】文字层，执行【图层】|【栅格化】|【文字】命令，将该文字图层转变为普通图层。应用【栅格化】命令后的文字图层不再有"T"形标志，表示已不再是文字图层，而是普通的图层，如图 10.42 所示。

(4) 执行【滤镜】|【模糊】|【高斯模糊】命令，将【阴影副本】图层做【高斯模糊】效果，处理后的效果如图 10.43 所示。

图 10.42　【图层】面板

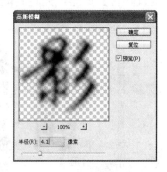

图 10.43　【高斯模糊】对话框

提示：也可以直接对文字图层应用滤镜命令，在应用滤镜命令之前系统会提示"此文字图层必须栅格化后才能继续"，这时单击【确定】按钮。这样，将文字图层栅格化的同时又应用了滤镜的操作，省去了将矢量图层转变为普通图层这步操作。

(5) 单击【确定】按钮，继续对【阴影副本】图层做处理。执行【编辑】|【变换】|【扭曲】命令，将【阴影副本】中图像扭曲，呈投影形状，如图 10.44 所示。

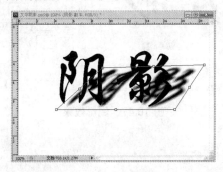

图 10.44　变形效果

(6) 单击【图层】面板,继续选中【阴影副本】图层,将该层的【不透明度】设置为 50%。用【移动】工具适当调整它们的位置,使之重叠形成投影效果,如图 10.45 所示。

图 10.45　投影效果

(7) 单击【阴影副本】前的按钮👁,隐藏此图层。再次复制文字图层,制作倒影效果。倒影效果制作的步骤(1)~(4)与投影效果相同,至步骤(5),对【阴影副本 2】图层执行【编辑】|【变换】|【垂直翻转】命令,先将其翻转,并移至合适位置,如图 10.46 所示。

图 10.46　垂直翻转

(8) 同样对【阴影副本 2】图层执行【编辑】|【变换】|【扭曲】命令,再将该图层不透明度设置为 50%,最后效果如图 10.47 所示。

图 10.47　倒影效果

10.7　习题与上机操作

1. 判断题

(1) 文字工具属矢量工具，将文字图层转为普通图层后无法再对文字内容进行更改。(　　)

(2) 点文字适合于输入一行文字，段落文字适合于输入一段文字，它们之间无法转换。(　　)

(3) 文字图层中的文字只能设置一种格式，即只能有一种字体或颜色。　　(　　)

(4) 可以使用【文字】工具在图像的任何位置创建横排或直排文字。　　(　　)

(5)【文字蒙版】工具可以制作文字选区，还可以转换为路径。　　(　　)

(6) 确认变形后的文字将无法恢复原状。　　(　　)

2. 单选题

(1) 下列哪个不是文字消除锯齿工具？(　　)

A．锐利　　　　　　B．犀利　　　　　　C．边界　　　　　　D．平滑

(2) 点文字可以通过下面哪个命令转换为段落文字？(　　)

A．【图层】|【文字】|【转换为段落文字】

B．【图层】|【文字】|【转换为形状】

C．【图层】|【图层样式】

D．【图层】|【图层属性】

(3) 如果要对文本图层执行滤镜的功能，必须先将文本图层转换为(　　)。

A．普通图层　　B．填充图层　　　C．背景图层　　　D．形状图层

(4) 若要移动文本定界框，可以按住(　　)键不放，然后将鼠标指针置于文本框内，拖曳鼠标即可移动该定界框。

A．Alt　　　　　B．Ctrl　　　　　C．Shift　　　　D．Tab

(5) 要将文本图层转换为选区，可以在按住(　　)键的同时单击【图层】面板中的文字图层。

A．Alt　　　　　B．Ctrl　　　　　C．Shift　　　　D．Tab

(6)【段落】面板中的 ▣ 文本框用于设置(　　)。

A．首行缩进　　　B．左缩进　　　　C．右缩进　　　　D．以上都不对

3. 多选题

(1) 段落文字框可以进行的操作是(　　)。

A．缩放　　　　　B．旋转　　　　　C．裁切　　　　　D．斜切

(2) 文字图层中的文字信息哪些可以进行修改和编辑？(　　)

A．文字颜色

B．文字内容，如加字或减字

C．文字大小

D．将文字图层转换为像素图层后可以改变文字的字体

(3) 关于文字图层执行滤镜效果的操作，下列哪些描述是正确的？(　　)

A．首先执行【图层】|【栅格化】|【文字】命令，然后执行任何一个【滤镜】命令

B．直接执行一个滤镜命令，在弹出的栅格化提示框中单击【是】按钮

C．必须确认文字图层和其他图层没有链接，然后才可以执行【滤镜】命令

D．必须使得这些文字变成选择状态，然后执行一个【滤镜】命令

(4) 在 Photoshop CS5 中，文本图层可以被转换成(　　)。

　　A．工作路径　　　　B．快速蒙版　　　　C．普通图层　　　　D．形状

(5) 以下选项中，属于【字符】面板中的参数是(　　)。

　　A．仿粗体　　　　　B．下划线　　　　　C．删除线　　　　　D．仿斜体

4．操作题

1) 制作图案字效果

利用 Photoshop 文字工具，结合图层的使用技巧，制作出具有图案效果的文字，效果如图 10.48 所示。

图 10.48　图案字

提示：

(1) 新建宽度为 600 像素，高度为 400 像素 RGB 模式白色背景的文件。

(2) 按 D 键，将前景设为黑色，背景为白色。

(3) 使用【文字】工具，字体设为华文琥珀，大小为 120，在图像编辑窗口输入文字，选择【移动】工具将文字放置在中间。

(4) 按住 Ctrl 键，同时单击【图层】面板文字所在图层，将文字转换为选区。

(5) 另外打开一张图片，按 Ctrl+A 组合键全选或只选取一部分，复制选区。

(6) 回到刚才的文字窗口，单击编辑菜单，执行【选择性粘贴】|【贴入】命令或按 Shift+Ctrl+V 组合键。

(7) 用移动工具将图片挪动到合适位置。如果图片太小可用【自由变换】命令将其放大和缩小等，其快捷键为 Ctrl+T。

2) 立体效果文字

利用 Photoshop 文字工具，结合图层的使用技巧，制作出具有立体效果的文字，如图 10.49 所示。

图 10.49　立体效果文字

提示:

(1) 新建一背景色为黑色的文件。选择【横排文字】工具，在图层中输入 "STAR" 文字，文字颜色为白色。

(2) 栅格化文字图层。选中文字，描边 2 像素灰色

(3) 以移动工具作为当前工具，按住 Alt 键，同时交替按向右和向上的光标键。

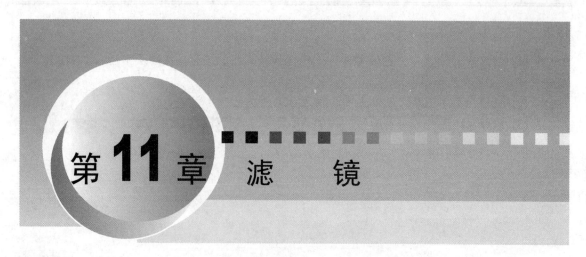

第11章 滤镜

教学目标

　　了解滤镜的基本知识，掌握 Photoshop CS5 中一些常用滤镜的使用方法和技巧，学会使用滤镜对图像进行特殊效果的处理，熟悉常用滤镜的修饰效果，了解外挂滤镜的安装和使用方法。

教学要求

知识要点	能力要求	相关知识	所占分值 (100 分)	自评分数
滤镜的基本知识	(1) 了解滤镜的基本知识 (2) 了解滤镜的基本操作 (3) 了解滤镜的功能与用法		10	
智能滤镜	(1) 了解智能滤镜的概念 (2) 掌握智能滤镜的设置方法		10	
特殊滤镜	(1) 了解特殊滤镜的使用方法与技巧 (2) 掌握特殊滤镜的修饰效果	课堂案例：变瘦	10	
内置滤镜	(1) 熟悉常用内置滤镜的修饰效果 (2) 掌握各种内置滤镜的使用方法 (3) 掌握各种内置滤镜的操作和技巧	8 个课堂案例：信纸边缘效果、素描图像效果、运动效果、水中倒影、照片清晰度处理、拼图效果、灯光、蚀刻版画	50	
外挂滤镜	(1) 了解外挂滤镜的安装和使用方法 (2) 掌握外挂滤镜的修饰效果和技巧		10	
实训	掌握利用滤镜实现飞雪和魅影效果的操作方法		10	

学习重点

　　滤镜的基本知识；常用滤镜的使用方法和技巧；安装和使用外挂滤镜。

11.1　滤镜简介

1. 滤镜

滤镜产生的复杂数字化效果来源于摄影技术，它不仅可以修饰图像的效果并掩盖其缺陷，还可以在原有图像的基础上产生许多特殊的效果。滤镜是 Photoshop CS5 中功能最丰富、效果最奇特的工具之一。它通过不同的方式改变像素数据，以达到对图像进行抽象、艺术化的特殊处理效果。

2. 滤镜菜单

Photoshop CS5 提供的滤镜显示在【滤镜】菜单中，第三方软件开发商提供的某些滤镜可以作为增效工具使用，在安装后，这些增效工具滤镜出现在【滤镜】菜单的底部。根据它们的这些特性，称前者为"内置滤镜"，后者称为"外挂滤镜"。

要使用滤镜，从【滤镜】菜单中选取相应的子菜单命令即可，如图 11.1 所示。

图 11.1　【滤镜】菜单

滤镜的功能非常强大，作为增效工具的外挂滤镜，补充了大量的、种类繁多的特殊效果。欲用这些滤镜制作出精美的效果，除了要熟悉滤镜的操作外，还需要有丰富的想象力，才能创造出更好的艺术效果。所以，要想更有效地使用滤镜功能，就必须在实际工作和学习中多运用，从而在实践中积累更多的经验，创作出令人满意的艺术作品。

滤镜的使用方法极其简单，从 Photoshop CS5 的【滤镜】菜单中选择所要应用的滤镜组，在显示的子菜单上选定滤镜即可。有些滤镜名称后面有省略号，单击后会弹出对话框，允许用户设置滤镜的参数，以指定输出的效果；没有省略号的滤镜名称，单击之后立即执行。

3. 提高滤镜的使用功能

在滤镜的使用过程中，有以下一些技巧需要注意。

(1) 使用滤镜的快捷键。

① Ctrl+F 组合键：再次使用刚用过的滤镜。

② Ctrl+Alt+F 组合键：调整新的属性设置使用刚用过的滤镜。

③ Ctrl+Shift+F 键：退去上次用过的滤镜或调整的效果。

(2)【滤镜】菜单的第一行会记录上次滤镜操作的情况，单击即可重复执行。

(3) 如果没有定义选取范围则对整个图像进行处理。如果定义了选区，只对所选择的区域进行处理。如果当前选中的是某一层或某一通道，则只对当前层或当前通道起作用。滤镜只能应用于当前可视图层。

(4) 所有的滤镜都能作用于 RGB 颜色模式的图像，而不能作用于索引颜色模式的图像。有一部分滤镜不支持 CMYK 颜色模式，在这种情况下，可以将某一图层复制到一个新文件上转成 RGB 颜色模式，再添加滤镜效果。

(5) 如果只对局部图像进行滤镜效果处理，可以对选取范围设置羽化值，使处理的区域能够自然且渐进地与原图像结合。

(6) 如果在滤镜设置窗口对自己调节的效果感到不满意，希望恢复调节前的参数，可以按住 Alt 键，这时【取消】按钮会变为【复位】按钮，单击此按钮就可以将参数重置为调节前的状态。

11.2 智能滤镜

智能滤镜可以在添加滤镜的同时，保留图像的原始状态不被破坏。应用于智能对象的任何滤镜都是智能滤镜。添加的智能滤镜可以像添加的图层样式一样存储在【图层】面板中，位于应用这些智能滤镜的智能对象图层的下方，并且可以重新将其调出以修改参数。由于可以调整、移去或隐藏智能滤镜，这些滤镜是非破坏性的。

1. 应用智能滤镜

执行【滤镜】|【转换为智能滤镜】命令，可以将当前图像的选定图层设定为智能对象。要使用智能滤镜，选择智能对象图层之后，选择一个滤镜，然后设置滤镜选项。应用智能滤镜之后，还可以对其进行调整、重新排序或删除。

打开位置在"Ch11\课堂案例\素材\苹果.jpg"的素材图片，如图 11.2 所示，执行【滤镜】|【转换为智能滤镜】命令，把图层转换为智能对象，然后对该图层应用滤镜，效果如图 11.3所示。

图 11.2 苹果原图

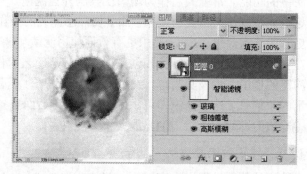

图 11.3 应用智能滤镜效果

应用智能滤镜之后，可按住 Alt 键并拖动智能滤镜，将其(或整个智能滤镜组)拖动到【图层】面板中的其他智能对象图层上，但无法将智能滤镜拖动到常规图层上。

提示：【转换为智能滤镜】命令与【图层】|【转换为智能对象】命令相似，都可以将普通图
　　　层转换为智能图层。

2. 编辑智能滤镜设置

普通添加滤镜的方法一旦关闭滤镜对话框就无法再次调整参数。而在智能滤镜状态下，添加的滤镜效果可以反复进行参数的调整。在滤镜效果名称上双击鼠标，可重新打开所对应的滤镜对话框，以重新设定参数，修改添加的滤镜效果，如图 11.4 所示。

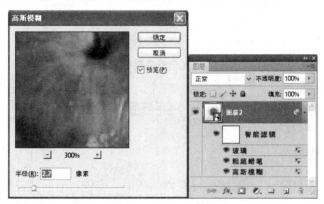

图 11.4　编辑智能滤镜设置

3. 编辑智能滤镜混合选项

双击滤镜名称右侧的 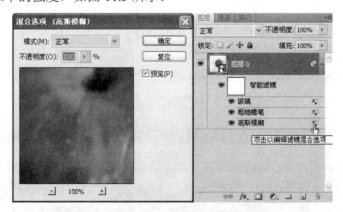 图标，可打开【混合选项】对话框，在【模式】菜单下拉列表中选择一种混合模式以改变当前滤镜与下面滤镜或者图像的混合效果。【不透明度】参数栏可改变滤镜应用到图像中的强度，如图 11.5 所示。

图 11.5　编辑智能滤镜混合选项

4. 显示或隐藏智能滤镜

单击智能滤镜图层前的眼睛图标 ，可隐藏或显示添加的所有滤镜效果；若单击单个滤镜前的眼睛图标 ，可隐藏或显示单个滤镜效果，如图 11.6 所示。

5. 删除智能滤镜

可拖动智能滤镜图层或者单个滤镜效果至删除图层按钮 处，将添加的所有滤镜或者选择的滤镜效果删除。如果要删除应用于智能对象图层的所有智能滤镜，可以选择该智能对象图

层，然后执行【图层】|【智能滤镜】|【清除智能滤镜】命令。

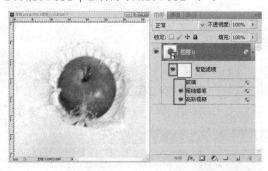

图 11.6　显示或隐藏智能滤镜

11.3　特殊滤镜

11.3.1　【消失点】滤镜

消失点可以简化在包含透视平面(如建筑物的侧面、墙壁、地面或任何矩形对象)的图像中进行的透视校正编辑的过程。在消失点中，可以在图像中指定平面，然后应用绘画、仿制、拷贝或粘贴以及变换等编辑操作。所有编辑操作都将采用所处理平面的透视。当修饰、添加或移去图像中的内容时，结果将更加逼真，因为可以确定这些编辑操作的方向，并且将它们缩放到透视平面。完成在消失点中的工作后，可以继续在 Photoshop 中编辑图像。

提示：要在图像中保留透视平面信息，可以 PSD、TIFF 或 JPEG 格式存储文档。

1. 认识【消失点】滤镜

执行【滤镜】|【消失点】命令可以打开【消失点】对话框，如图 11.7 所示，其中包含用于定义透视平面的工具、用于编辑图像的工具和图像预览。消失点工具(选框、图章、画笔及其他工具)的工作方式与 Photoshop 工具箱中的对应工具十分类似。可以使用相同的快捷键来设置工具选项。打开【消失点】菜单 ▾☰ 可显示其他工具设置和命令。

图 11.7　【消失点】对话框

【消失点】对话框中主要工具的作用如下。

(1)【编辑平面】![edit]：选择、编辑、移动平面并调整平面大小。

(2)【创建平面】![create]：定义平面的 4 个角节点、调整平面的大小和形状并拉出新的平面。

(3)【选框】![marquee]：建立方形或矩形选区，同时移动或仿制选区。

(4)【图章】![stamp]：使用图像的一个样本绘画。与仿制图章工具不同，消失点中的图章工具不能仿制其他图像中的元素。

(5)【画笔】![brush]：用平面中选定的颜色绘画。

(6)【变换】![transform]：通过移动外框手柄来缩放、旋转和移动浮动选区。它的行为类似于在矩形选区上使用【自由变换】命令。

(7)【吸管】![eyedropper]：在预览图像中单击时，选择一种用于绘画的颜色。

(8)【抓手】![hand]：在预览窗口中移动图像。

(9)【缩放】![zoom]：在预览窗口中放大或缩小图像的视图。

2．使用【消失点】滤镜

通过以下操作，熟悉【消失点】滤镜的使用效果。

(1) 打开位置在"Ch11\课堂案例\素材\隧道.jpg"的素材图片，如图 11.8 所示。

(2) 执行【滤镜】|【消失点】命令打开【消失点】对话框，如图 11.9 所示。

图 11.8　原始图像　　　　　　　图 11.9　【消失点】对话框

(3) 定义平面表面的四个角节点。默认情况下，选中【创建平面】工具![create]。在预览图像中单击以定义角节点。在创建平面时，一般使用图像中的矩形对象作为参考线，效果如图 11.10 所示。

(4) 使用【创建平面】工具![create]并在按住 Ctrl 键的同时拖动边缘节点可以拉出其他平面，效果如图 11.11 所示。

(5) 绘制出一个选区之后，可以对其进行仿制、移动、旋转、缩放、填充或变换操作。如果从剪贴板粘贴项目，粘贴的项目将变成一个浮动选区，并与它将要移动到的任何平面的透视保持一致。

3．在【消失点】中粘贴项目

具体步骤如下。

(1) 在选取【消失点】命令之前复制项目到剪贴板。拷贝的项目可以来自于同一文档或不同文档。如果要复制文字，则在复制到剪贴板之前必须先栅格化该文本图层。

图 11.10 【创建平面工具】定义 4 个角节点

图 11.11 制作其他透视平面

(2) 创建新图层。为了将【消失点】处理的结果放在独立的图层中，在执行【消失点】命令之前创建一个新图层。将消失点结果放在独立的图层中可以保留原始图像，并且可以使用图层不透明度、样式和混合模式。

(3) 按 Ctrl+V 组合键粘贴项目，如图 11.12 所示。粘贴的项目位于预览图像的左上角的浮动选区。

(4) 使用选框工具将粘贴的图像拖到一个平面上，按 Alt 键，可以复制多张图像。该图像与平面的透视保持一致，效果如图 11.13 所示。

图 11.12 粘贴项目到预览图中

图 11.13 粘贴图像与平面保持一致

11.3.2 【液化】滤镜

使用【液化】滤镜可以模拟液体流动的逼真效果，可以利用此滤镜制作弯曲、漩涡、收缩、扩展等效果，而且【液化】滤镜还可以应用于一些平面广告的制作上。它是修饰图像和创建艺术效果的强大工具之一。

使用【液化】滤镜的具体方法如下。

(1) 打开位置在"Ch11\课堂案例\素材\人物.jpg"的素材图片。

(2) 执行【滤镜】|【液化】命令，弹出如图 11.14 所示的对话框。

【液化】滤镜对话框中主要选项参数的作用如下。

①【向前变形】：向前推像素，按住 Shift 键的同时选择变形工具、左推工具或镜像工具，可创建从单击点沿直线向前拖移的效果。

②【重建】：将用户对图像进行的操作恢复到初始状态。

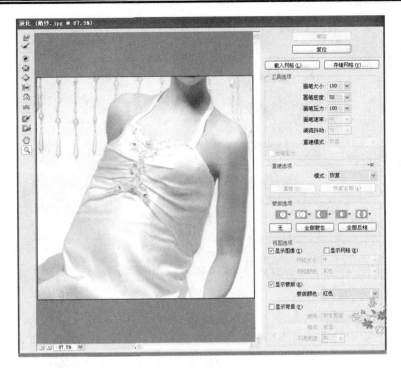

图 11.14 【液化】对话框

③【顺时针旋转扭曲】 ：在按住左键不放或拖移时，可顺时针旋转像素。如果要逆时针旋转像素，在按住 Alt 键的同时，拖动鼠标即可。

④【褶皱】 ：在按住左键或拖动鼠标时，使像素朝着画笔区域的中心移动。

⑤【膨胀】 ：在按住左键或拖移时，使像素朝着离开画笔区域中心的方向移动。

⑥【左推】 ：当垂直向上拖移该工具时，像素向左移动(如果向下拖移，像素会向右移动)。也可以沿对象顺时针拖移，以增加其大小，或逆时针拖移，以减小其大小。要在垂直方向上拖移时向右推像素(或者要在向下拖移时向左移动像素)，则在拖移时按住 Alt 键。

⑦【镜像】 ：将像素拷贝到画笔区域，拖移以镜像与描边方向垂直的区域(描边以左的区域)。按住 Alt 键并拖移，将镜像与描边方向相反的区域。通常情况下，在冻结了要镜像的区域后，按住 Alt 键并拖移可产生更好的效果。使用重叠描边可创建类似于水中倒影的效果。

⑧【湍流】 ：平滑地混杂像素。它可用于创建火焰、云彩、波浪和相似的效果。

⑨【冻结蒙版】 ：绘制的区域将不会被其他工具改变，起到保护图像的作用。

⑩【解冻蒙版】 ：恢复图像被保护区域，便于应用效果。

⑪【抓手】 ：用于移动预览图像。

⑫【缩放】 ：用于缩放预览图像。

(3) 运用不同的工具可以得到不同的效果。

11.3.3 课堂案例 34——变瘦

【学习目标】学习使用【液化】滤镜制作出人物瘦身的效果。

【知识要点】使用【液化】滤镜等命令。本案例完成效果如图 11.15 所示。

【效果所在位置】Ch11\课堂案例\效果\人物.psd。

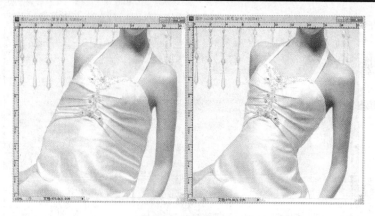

图 11.15　变瘦前后对比

操作步骤如下。

(1) 打开位置在"Ch11\课堂案例\素材\人物.jpg"的素材图片，然后建立一个图层副本，如图 11.16 所示。

(2) 执行【滤镜】|【液化】命令，弹出【液化】对话框，如图 11.17 所示。

(3) 选择工具箱中的【向前变形】工具 ，在窗口右侧工具选项中设置合适的笔刷数据。画笔大小一定要不断变换，如果是改变大线条，要用较大笔刷，小局部的调整用小数值的笔刷。

(4) 根据模特身体线条对模特反复应用【向前变形】工具，修改身体线条，直到满意为止。

(5) 调整好之后，单击【确定】按钮完成调整。接着调整一些不符合现在身形的地方，主要是运用【修补】工具和【图章】工具把模特身上的细节进行调整。在运用【图章】工具时注意把图章的透明度调整到 20%左右，多次擦拭，避免生硬的效果。还可以运用【曲线】工具对图像的光线进行相应调节，最终调节效果如图 11.15 所示。

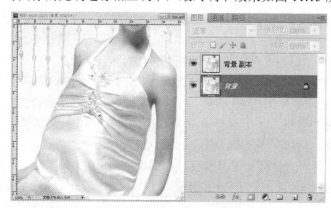

图 11.16　打开图像并建立图层副本

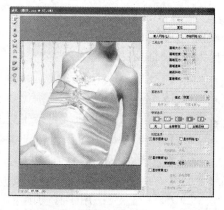

图 11.17　打开【液化】对话框进行调节

11.4　内置滤镜

11.4.1　课堂案例 35——信纸边缘效果

【学习目标】学习使用【喷溅滤镜】制作信纸边缘的效果。

【知识要点】【喷溅】滤镜、颜色的设置、【图层样式】的效果设定。本案例完成效果如图 11.18 所示。

【效果所在位置】Ch11\课堂案例\效果\信纸边缘.psd。

操作步骤如下。

(1) 执行【文件】|【新建】命令，新建 12cm×16cm，分辨率为 72 像素/英寸，RGB 模式，白色背景图像文件。

(2) 单击【图层】面板中的【创建新的图层】按钮，创建新图层 1。选取【矩形选框】工具，在画布中拖曳一个矩形选区，如图 11.19 所示。

(3) 执行【编辑】|【填充】命令，在弹出的对话框中设置填充方式为【黑色】，单击【确定】按钮，然后按 Q 键进入快速蒙版，填充后的效果如图 11.20 所示。

图 11.18　信纸边缘效果

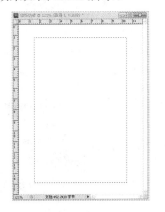

图 11.19　选择的区域

图 11.20　进入快速蒙版

(4) 执行【滤镜】|【画笔描边】|【喷溅】命令，在弹出的对话框中设置【喷射半径】为 10，【平滑度】为 5，可以按 Ctrl+F 组合键进行多次操作，以增强【喷溅】效果，效果如图 11.21 所示。

(5) 按 Q 键退出蒙版，按 Ctrl+Shift+I 组合键执行反选，按 Delete 键删除选区内图像，效果如图 11.22 所示。

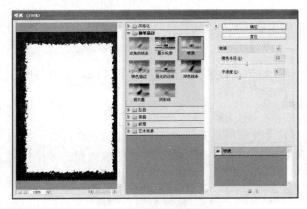

图 11.21　喷溅效果-1

图 11.22　喷溅效果-2

(6) 将前景色设为 RGB(229,227,226)，按住 Ctrl 键单击【图层】面板中的【图层 1】的缩略图，载入不透明的选区。执行【编辑】|【填充】命令，在打开的对话框中设置填充方式为【前景色】，单击【确定】按钮，效果如图 11.23 所示。

(7) 新建一个【图层 2】，选取【画笔】工具，在图像上涂抹出特殊的效果，颜色和形状随个人喜好而定，效果如图 11.24 所示。

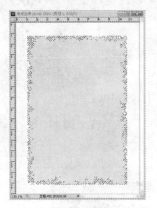

图 11.23 填充后的效果　　　　　　　　图 11.24 涂抹后的效果

(8) 双击【图层】面板中的【图层 1】的缩略图，设置【图层样式】为【投影】，参数用默认设置，效果如图 11.25 所示。

(9) 在【背景图层】中根据个人喜好选取【画笔】工具或其他工具，绘制一幅喜欢的图画，作为背景，如图 11.26 所示。

(10) 选取【文字】工具，在【图层 1】上输入信的内容，效果如图 11.27 所示。

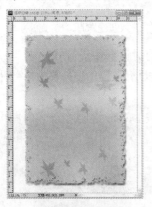

图 11.25 信纸阴影效果　　　图 11.26 背景效果　　　图 11.27 整体效果

11.4.2 课堂案例 36——素描图像效果

【学习目标】学习使用滤镜命令下的【特殊模糊】滤镜制作需要的效果。

【知识要点】使用【特殊模糊】滤镜和【反相】命令制作素描图像效果。本案例完成效果如图 11.28 所示。

【效果所在位置】Ch11\课堂案例\效果\素描.psd。

图 11.28　素描图像效果

操作步骤如下。

(1) 按 Ctrl+O 组合键，打开位置在 "Ch11\课堂案例\素材\素描.jpg" 的素材图片，效果如图 11.29 所示。

(2) 执行【滤镜】|【模糊】|【特殊模糊】命令，在弹出的【特殊模糊】对话框中，进行如图 11.30 所示的设置，单击【确定】按钮，效果如图 11.31 所示。

图 11.29　素描素材

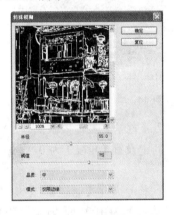

图 11.30　【特殊模糊】对话框

(3) 按 Ctrl+I 组合键，对图像进行反相操作，效果如图 11.32 所示。素描图像效果制作完成。

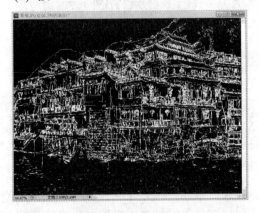

图 11.31　使用特殊滤镜效果

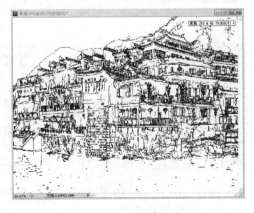

图 11.32　素描效果

11.4.3　课堂案例 37——运动效果

【学习目标】学习使用滤镜命令下的【运动模糊】和【径向模糊】滤镜制作需要的效果。

图 11.33　运动效果

【知识要点】使用【运动模糊】和【径向模糊】滤镜为一幅飞机图片添加动感特效。本案例完成效果如图 11.33 所示。

【效果所在位置】Ch11\课堂案例\效果\运动效果.psd。

操作步骤如下。

(1) 按 Ctrl+O 键，打开位置在"Ch11\课堂案例\素材\飞机.jpg"的素材图片，效果如图 11.34 所示。

(2) 使用【套索工具】沿飞机轮廓绘制选区，然后对飞机进行复制粘贴，生成【图层 1】，如图 11.35 所示。

图 11.34　飞机素材

图 11.35　勾选图像轮廓并建立新图层

(3) 激活【背景】层，依次执行【滤镜】|【模糊】|【动感模糊】命令，打开【动感模糊】对话框，在其中设置【角度】为 0，【距离】为 30，对背景层应用【动感模糊】滤镜，如图 11.36 所示。

(4) 接下来再执行【滤镜】|【模糊】|【径向模糊】命令，打开【径向模糊】对话框，在其中设置【数量】为 100，【模糊方法】为"缩放"，【品质】为"最好"，如图 11.37 所示。注意模糊中心应该在中间，设置效果如图 11.38 所示。

图 11.36　设置动感模糊

图 11.37　设置径向模糊

图 11.38　模糊效果

(5) 按住 Ctrl 键并单击【图层 1】的缩略图标将选区载入，执行【选择】|【反向】命令，再执行【选择】|【修改】|【羽化】命令，打开【羽化选区】对话框，设置羽化半径为 5，然后再次执行【滤镜】|【模糊】|【径向模糊】命令，使飞机轮廓产生径向模糊效果。至此，运动中的飞机最终效果完成。

11.4.4　课堂案例 38——水中倒影

【学习目标】学习使用滤镜命令下的【动感模糊】和【水波】滤镜制作需要的效果。

【知识要点】使用【图像变形】、【画布大小】、【动感模糊】滤镜、【波纹】滤镜、【水波】滤镜制作水中倒影效果。本案例完成效果如图 11.39 所示。

【效果所在位置】Ch11\课堂案例\效果\水中倒影.psd。

图 11.39　水中倒影效果

操作步骤如下。

(1) 打开位置在 "Ch11\课堂案例\素材\城堡.jpg" 的素材图片，效果如图 11.40 所示。按 D 键设置前景色为黑色，背景色为白色。

图 11.40　城堡素材

(2) 执行【图像】|【画布大小】命令，在打开的对话框中进行如图 11.41 所示的设置，单击【确定】按钮，得到如图 11.42 所示的效果。

(3) 选择【魔棒】工具，在图像白色画布上单击，执行【选择】|【反选】命令将图像选中，右击选择【通过拷贝的图层】，将所选区域复制到【图层 1】上，这时【图层】面板就会呈现如图 11.43 所示效果。

图 11.41　调整画布大小

图 11.42　调整画布大小效果图

图 11.43　【图层】面板

(4) 执行【编辑】|【变换】|【垂直翻转】命令，将【图层 1】中的对象进行翻转。垂直向下拖动【图层 1】中的图像内容，将它置于水中倒影的位置，如图 11.44 所示。

(5) 在【图层 1】中按 Ctrl+T 组合键进行自由变换，使所选图像充满湖水的区域，并缩小图像的高度，效果如图 11.45 所示。

图 11.44　图像反转　　　　　　图 11.45　图像变换

(6) 在【图层 1】中执行【滤镜】|【扭曲】|【波纹】命令，在打开的【波纹】滤镜对话框中进行如图 11.46 所示的设置，单击【确定】按钮后得到如图 11.47 所示的倒影效果。

图 11.46　【波纹】对话框　　　　　图 11.47　波纹效果

(7) 执行【滤镜】|【模糊】|【动感模糊】命令，在打开的【动感模糊】对话框中进行如图 11.48 所示的设置，单击【确定】按钮后得到的效果如图 11.49 所示。

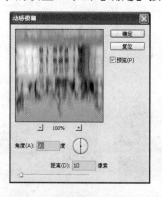 

图 11.48　【动感模糊】对话框　　　　图 11.49　动感模糊效果

(8) 选择【矩形选框】工具，在倒影区域绘制一个矩形框，执行【选择】|【修改】|【羽化】命令，打开【羽化选区】对话框，设置羽化半径为 5。

(9) 保持选区，执行【滤镜】|【扭曲】|【水波】命令，在打开的对话框中进行如图 11.50 所示的设置，单击【确定】按钮，并将【图层】面板中的【图层 1】的【不透明度】设置为 90%，最终得到如图 11.51 所示效果。

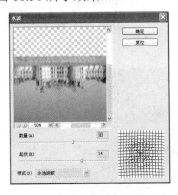

图 11.50　水波设置

图 11.51　城堡最终效果图

11.4.5　课堂案例 39——照片清晰度处理

【学习目标】学习使用滤镜命令下的【锐化】滤镜制作需要的效果。

【知识要点】使用【锐化】滤镜、【进一步锐化】滤镜、【锐化边缘】滤镜、【USM 锐化】滤镜提高模糊照片的清晰度。本案例完成效果如图 11.52 所示。

【效果所在位置】Ch11\课堂案例\效果\狗狗.psd。

操作步骤如下。

(1) 打开位置在"Ch11\课堂案例\素材\狗狗.jpg"的素材图片，效果如图 11.53 所示。

(2) 执行【滤镜】|【锐化】|【锐化】命令。

(3) 执行【滤镜】|【锐化】|【进一步锐化】命令，得到更强的锐化效果。

图 11.52　照片清晰度处理效果

(4) 执行【滤镜】|【锐化】|【锐化边缘】命令，对图像边缘进行锐化。

(5) 执行【滤镜】|【锐化】|【USM 锐化】命令，参照图 11.54 设置参数。

(6) 执行【滤镜】|【锐化】|【智能锐化】命令，参照图 11.55 设置参数。选中【高级】单选按钮，可以对图像的【锐化】、【阴影】、【高光】3 个选项进行参数的设置。

图 11.53　狗狗素材　　　　图 11.54　USM 锐化　　　　图 11.55　智能锐化

11.4.6 课堂案例 40——拼图效果

【学习目标】学习使用滤镜命令下的【纹理化】滤镜制作需要的效果。

【知识要点】使用【纹理化】滤镜、【磁性套索工具】和【图层样式】命令制作拼图效果。本案例完成效果如图 11.56 所示。

【效果所在位置】Ch11\课堂案例\效果\拼图.psd。

图 11.56 拼图效果图

操作步骤如下。

(1) 按 Ctrl+O 组合键,打开位置在"Ch11\课堂案例\素材\猫.jpg"的素材图片,效果如图 11.57 所示。

(2) 执行【滤镜】|【纹理】|【纹理化】命令,弹出【纹理化】对话框,单击右上方的按钮 ,在弹出的菜单中执行【载入纹理】命令,如图 11.58 所示,弹出【载入纹理】对话框,在【查找范围】选项的下拉列表中选择"Ch11\课堂案例\素材\迷宫.psd"纹理素材。

图 11.57 猫素材

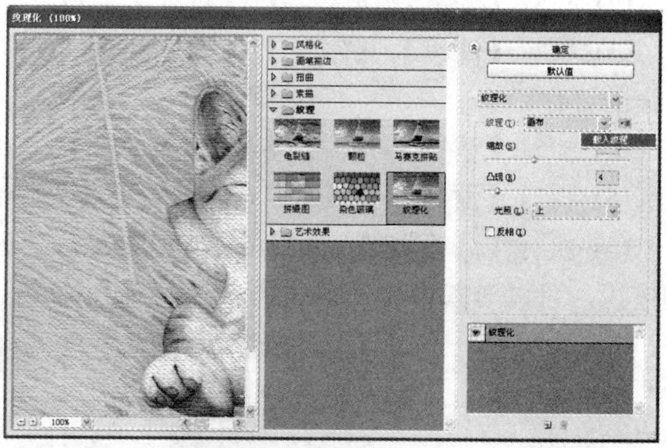

图 11.58 载入纹理

(3) 单击【打开】按钮,返回到【纹理化】对话框,进行如图 11.59 所示的设置,单击【确定】按钮,效果如图 11.60 所示。

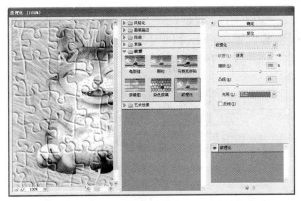

图 11.59　纹理化对话框　　　　　　　　　图 11.60　纹理化效果

(4) 选择【缩放】工具，在图片窗口中扩大图片的显示尺寸。再选择【磁性套索】工具，用光标在图像窗口中勾画出一块拼图的轮廓，如图 11.61 所示，生成选区。

(5) 双击【抓手】工具，将图片恢复为最初的显示尺寸。执行【选择】|【存储选区】命令，在弹出的对话框中进行参数设置，如图 11.62 所示，单击【确定】按钮，选区被保存。

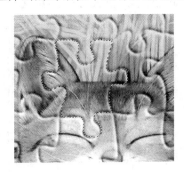
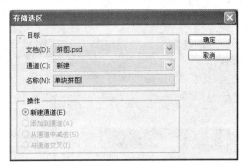

图 11.61　勾选单块拼图　　　　　　　　　图 11.62　存储选区

(6) 保留当前选区，在选区中右击，在弹出的菜单中执行【通过拷贝的图层】命令，将选住区中的图像复制生成新的图层，并将其命名为"单块拼图"，如图 11.63 所示。

(7) 选择【移动】工具，将【单块拼图】图层中的图像拖曳到图片窗口的右下方，按住 Ctrl+T 键，图像周围出现控制手柄，将图像旋转适当的角度，按 Enter 键确认操作，如图 11.64 所示。

图 11.63　通过拷贝生成新图层　　　　　　图 11.64　调整单块拼图位置

(8) 单击【图层】面板下方的【添加图层样式】按钮 *fx.*，在弹出的菜单中执行【投影】命令，在弹出的对话框中进行如图 11.65 所示的设置，单击【确定】按钮，效果如图 11.66 所示。

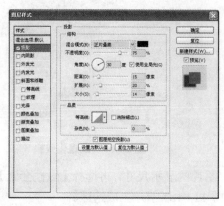

图 11.65 投影对话框   图 11.66 投影效果

(9) 在【图层】面板中选中【背景】图层，如图 11.67 所示，执行【选择】|【载入选区】命令，在弹出的对话框中进行参数设置，如图 11.68 所示，单击【确定】按钮，选区被载入。

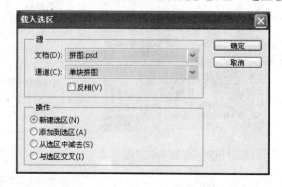

图 11.67 背景图层   图 11.68 载入选区

(10) 设置图像前景色为白色，按 Alt+Delete 组合键，用前景色填充选区，按 Ctrl+D 键，取消选区。拼图效果制作完成。

图 11.69 灯光效果

11.4.7 课堂案例 41——灯光

【学习目标】学习使用滤镜命令下的【光照效果】滤镜制作需要的效果。

【知识要点】使用【光照效果】滤镜命令制作灯光的效果。本案例完成效果如图 11.69 所示。

【效果所在位置】Ch11\课堂案例\效果\台灯.psd。

操作步骤如下。

(1) 按 Ctrl+O 组合键，打开位置在"Ch11\课堂案例\素材\台灯.jpg"的素材图片，效果如图 11.70 所示。

图 11.70 台灯素材

(2) 在【图层】面板中双击【背景】图层，使其变为普通图层。

(3) 执行【滤镜】|【渲染】|【光照效果】命令，打开【光照效果】对话框，在预览区域中，用鼠标调整光源(按住椭圆的圆心可移动整个光线，按住椭圆周围的 4 个控制点可调整光线的范围)，在对话框中【强度】选项右边的白色矩形框中单击，设置【光照颜色】为绿色光源，其他选项按如图 11.71 所示进行设置。

(4) 第一个光照效果设置好之后，继续勾选【预览】窗口下方的【光照图标】按钮并拖曳到预览区域，按照前一个光照的效果进行相应设置，这里设置【光照颜色】为白色，如图 11.72 所示。单击【确定】按钮完成设置。

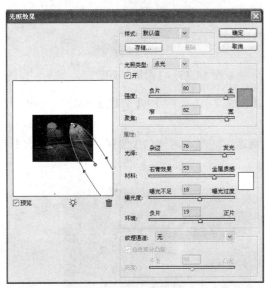

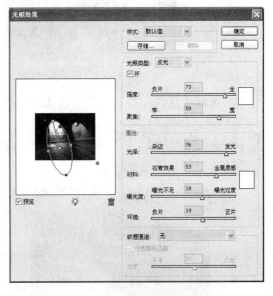

图 11.71 设置绿色光照效果   图 11.72 设置白色光照效果

11.4.8 课堂案例 42——制作蚀刻版画

【学习目标】学习使用滤镜命令下的【高反差保留】滤镜制作需要的效果。

【知识要点】使用【去色】、【高反差保留】滤镜、【阈值】、【叠加】混合光照效果制作蚀刻版画效果。本案例完成效果如图 11.73 所示。

【效果所在位置】Ch11\课堂案例\效果\蚀刻版画.psd。

图 11.73　蚀刻版画效果

操作步骤如下。

(1) 按 Ctrl+O 组合键，打开位置在“Ch11\课堂案例\素材\房子.jpg”的素材图片，效果如图 11.74 所示。

(2) 在【图层】面板中复制【背景】层为【背景副本】层，如图 11.75 所示。

图 11.74　房子素材　　　　　　　　　图 11.75　【图层】面板

(3) 选择【背景副本】层为当前图层，执行【图像】|【调整】|【去色】命令，将画面变为灰阶色调，如图 11.76 所示。

(4) 执行【滤镜】|【其他】|【高反差保留】命令，设置半径为 20 像素，单击【确定】按钮，效果如图 11.77 所示。

图 11.76　去色效果　　　　　　　　　图 11.77　【高反差保留】效果

(5) 执行【图像】|【调整】|【阈值】命令，设定【阀值色阶】为 128，效果如图 11.78 所示。

(6) 将【背景副本】的图层混合模式设置为叠加，并设置该层透明度为 90%，如图 11.79 所示。至此，蚀刻版画制作完成。

图 11.78　使用【阈值】效果

图 11.79　改变层的混合效果

11.5　外挂滤镜

1. 外挂滤镜的安装

Photoshop 之所以精彩，在某程度上归功于其滤镜有很强的扩展性。除了可以使用它本身自带的内置滤镜外，还可以使用其他厂商提供的滤镜，即外挂滤镜。著名的外挂滤镜有 KPT、PhotoTools、Eye Candy、Xenofen、Ulead Effects 等。

与 Photoshop 内置滤镜不同的是，外挂滤镜需要用户自己动手安装。外挂滤镜安装后，会出现在【滤镜】菜单的底部。外挂滤镜分为两种：一种是进行了封装的可以让安装程序安装的外挂滤镜；另外一种只是一些滤镜文件，扩展名为".8BF"，直接复制这些文件及其附属文件到"Adobe Photoshop CS5\Plug-ins\Filters"目录下即可使用。

2. 外挂滤镜的使用

安装的外挂滤镜需要再次进入 Photoshop 时才可以使用。使用方法：打开要处理的图像文件，选择【滤镜】菜单，在底部已列出的外挂滤镜列表中选择需要的滤镜，如图 11.80 所示，即可给图像文件应用该滤镜效果。

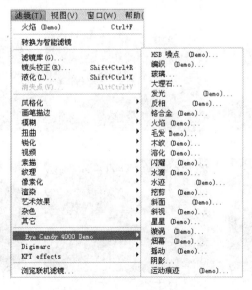

图 11.80　外挂滤镜菜单

3. KPT7 滤镜简介

KPT7 是 Metatools 公司发布的一款滤镜。KPT7 一共有 9 个滤镜：①Channel Surfing(通道滤镜)，可以对图像的任一通道进行模糊、锐化、对比度等效果；②Fluid(流动滤镜)，可以在图像中加入模拟的流动效果、刷子带水刷过物体表面的痕迹等；③Frax Flame(捕捉滤镜)，它能捕捉及修改不规则的几何形状，并能使这些几何形状产生对比、扭曲等效果；④Gradient Lab(倾斜滤镜)，它可以创建各种不同形状、高度、透明度的色彩组合并应用到图像中；⑤Hyper tiling(瓷砖滤镜)，借鉴瓷砖贴墙的原理，产生类似瓷砖效果；⑥Ink Dropper(墨滴滤镜)，能产生墨水滴入静止水中的效果；⑦Lightning(闪电滤镜)，它能在图像上产生向闪电一样的效果；⑧Pyramid(相叠滤镜)，将原图像转换成具有类似"叠罗汉"一样对称、整齐的效果；⑨Scatter(质点滤镜)，它可以控制图像上的质点及添加质点位置、颜色、阴影等效果。

KPT7 滤镜组中各种滤镜效果如图 11.81 所示。

原图

Channel Surfing(通道滤镜)

Fluid(流动滤镜)

Frax Flame(捕捉滤镜)

Gradient Lab(倾斜滤镜)

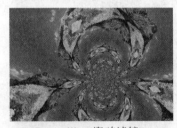

Hyper tiling(瓷砖滤镜)

Ink Dropper(墨滴滤镜)

Lightning(闪电滤镜)

Pyramid(相叠滤镜)

Scatter(质点滤镜)

图 11.81 KPT7 滤镜效果

11.6　本章小结

　　滤镜是用来处理图像效果的，它能在很短的时间内产生很多变换奇特、令人惊叹的特殊效果，许多图像经过滤镜处理后，得到的效果不同凡响。滤镜分为外挂滤镜和内置滤镜。本章通过案例操作介绍了 Photoshop 中部分内置滤镜的使用方法。由于篇幅有限，不能逐一介绍每一种滤镜的使用方法。但是，通过各案例的具体操作步骤，不仅掌握了 Photoshop 中滤镜的使用方法，更深刻感受了滤镜的精彩。希望在今后的学习过程中多实践多体会，能举一反三，为使用 Photoshop 软件进行图形图像处理与设计打下良好的基础。

11.7　上 机 实 训

　　【实训目的】练习滤镜的使用。

　　【实训内容】用通道和滤镜等操作，制作泥沙字效果。

　　效果所在位置：Ch11\实训\泥沙字.jpg，效果如图 11.82 所示。

图 11.82　沙字效果图

　　【实训过程提示】

　　(1) 执行【文件】|【新建】命令，在【新建】对话框中设置宽 600px，高 400px，分辨率 72PPI，单击【确定】按钮，创建一个新的图像文件。

　　(2) 在【图层】面板中单击【创建新图层】按钮，产生"图层 1"。设置前景色为褐色 RGB(165,101,0)，背景色为黑色 RGB(0,0,0)，在工具箱中选择【渐变】工具，在选项栏设置从前景到背景，线性渐变，移动鼠标到图像窗口内，从左上角按下鼠标拖动到右下角释放鼠标。

　　(3) 执行【滤镜】|【杂色】|【添加杂色】命令，弹出【添加杂色】对话框如图 11.83 所示，设置数量为 20，高斯分布，勾选【单色】复选框，单击【确定】按钮。

　　(4) 执行【滤镜】|【模糊】|【高斯模糊】命令，弹出【高斯模糊】对话框如图 11.84 所示，设置半径为 0.5，单击【确定】按钮。

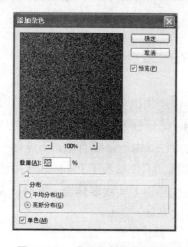

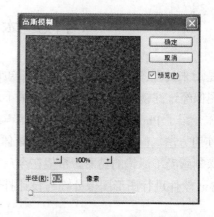

图 11.83　【添加杂色】对话框　　　　　图 11.84　【高斯模糊】对话框

(5) 执行【滤镜】|【渲染】|【光照效果】命令，弹出【光照效果】对话框如图 11.85 所示，选择通道为"红"，勾选【白色部分凸起】复选框，高度为 10，单击【确定】按钮。

(6) 打开【通道】面板，新建通道"Alpha 1"，在工具箱中选择【横排文字蒙版】工具，在选项栏设置字体为"幼圆"，字号为 200 点，单击图像窗口，输入"泥沙"二字，单击选项栏上的【提交】按钮。执行【选择】|【修改】|【扩展】命令，弹出【扩展选区】对话框，如图 11.86 所示，设置扩展量为 3，单击【确定】按钮。

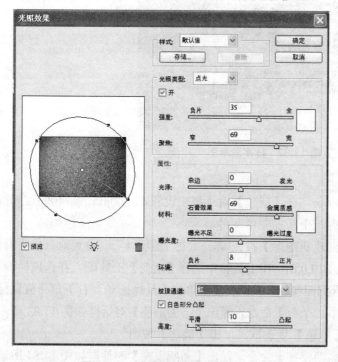

图 11.85　【光照效果】对话框　　　　　图 11.86　【扩展选区】对话框

(7) 设置前景色为白色 RGB(255,255,255)，在工具箱中选择【油漆桶】工具，在"Alpha 1"通道的文字选区中填充白色。按 Ctrl+D 组合键取消选区。

(8) 对"Alpha 1"通道执行【滤镜】|【画笔描边】|【喷溅】命令，弹出【喷溅】对话框，

设置喷溅半径为 10，平滑度为 2，单击【确定】按钮，如图 11.87 所示。

图 11.87 【喷溅】

(9) 在【图层】面板中单击"图层 1"使其成为当前作用层。执行【滤镜】|【渲染】|【光照效果】命令，弹出【光照效果】对话框如图 11.88 所示，选择通道为"Alpha 1"，勾选【白色部分凸起】复选框，高度 20，单击【确定】按钮。

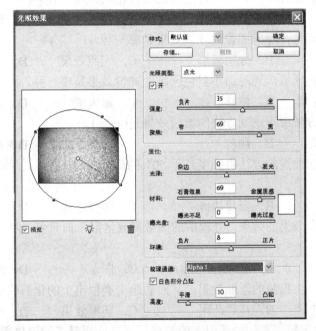

图 11.88 【光照效果】对话框

(10) 保存文件。执行【文件】|【存储为】命令，输入文件名"泥沙字.jpg"，单击【确定】按钮。

11.8 习题与上机操作

1. 判断题

(1) 光照效果可以在 CMYK 图像上产生无数种光照效果。 （ ）

(2) USM 锐化命令是用来锐化图像中的边缘的。对于高分辨率的输出，通常锐化效果在屏幕上显示比印刷出来更明显。 （ ）

(3) 扭曲滤镜可以将图像进行几何扭曲整形效果，但不能创建 3D 整形效果。　　(　　)

(4) 渲染滤镜可以在图像中创建 3D 形状、云彩图案、折射图案和模拟的光反射。(　　)

(5) 素描滤镜通常用于获得 3D 效果，适用于创建精美的手绘外观。　　　　(　　)

(6) 纹理效果可以通过置换像素和查找并增加图像的对比度，在选区中生成绘画或印象派的效果。　　　　　　　　　　　　　　　　　　　　　　　　(　　)

(7) 最小值滤镜有应用阻塞的效果，展开白色区域和阻塞黑色区域。　　　(　　)

2. 单选题

(1) 如果扫描的图像不够清晰，可用下列哪种滤镜弥补？(　　)

　　A. 渲染　　　　　B. 风格化　　　　　C. 锐化　　　　　D. 扭曲

(2) 下列哪些滤镜只对 RGB 图像起作用？(　　)

　　A. 光照效果　　　B. 马赛克　　　　　C. 波纹　　　　　D. 浮雕效果

(3) 使用【置换】滤镜时，替换文件采用的文件格式是哪一种？(　　)

　　A. JPEG　　　　　B. TIFF　　　　　　C. PDF　　　　　　D. PSD

(4) 可以用来模拟灯光照射图像的滤镜效果是哪一种？(　　)

　　A. 镜头光晕　　　B. 分层云彩　　　　C. 光照效果　　　D. 云彩

(5) 可以扩张白色区域，同时缩小黑色区域的滤镜效果是哪一种？(　　)

　　A. 高反差保留　　B. 位移　　　　　　C. 最大值　　　　D. 最小值

(6) 可以将图像分解成不规则方块的滤镜效果是(　　)。

　　A. 染色玻璃　　　B. 颗粒　　　　　　C. 马赛克拼贴　　D. 拼缀图

(7) 利用调节层次曲线的方法将亮度高于 50% 的部分反转，得到底片曝光过度后的效果是(　　)。

　　A. 扩散　　　　　B. 查找边缘　　　　C. 照亮边缘　　　D. 曝光过度

(8) 用来模拟影印效果的效果，处理后的图像高亮区显示前景色，阴影色显示背景色的效果是(　　)。

　　A. 网状　　　　　B. 影印　　　　　　C. 图章　　　　　D. 炭笔

(9) 可以使图像产生粗糙的浮雕效果，从而看起来类似出土的化石的效果是(　　)。

　　A. 浮雕效果　　　B. 基底凸现　　　　C. 塑料效果　　　D. 绘图笔

(10) 可以校正由于摄影和扫描后引入的模糊因素，应用最多的锐化图像的命令是(　　)。

　　A. USM 锐化　　　B. 进一步锐化　　　C. 锐化　　　　　D. 锐化边缘

3. 多选题

(1) 下列属于纹理滤镜的是(　　)。

　　A. 颗粒　　　　　B. 马赛克　　　　　C. 纹理化　　　　D. 进一步纹理化

(2) 下列哪些滤镜可用于 16 位/通道的图像？(　　)

　　A. 高斯模糊　　　B. 马赛克　　　　　C. 水彩　　　　　D. USM 锐化

(3) 扫描进来的相片，人物不够清晰时，可以使用下列哪些效果进行处理？(　　)

　　A. 高斯模糊　　　B. 亮度/对比度　　　C. 风格化　　　　D. 锐化

(4) 下列哪些命令属于"扭曲"滤镜组？(　　)

　　A. 海洋波纹　　　B. 切变　　　　　　C. 扩散亮光　　　D. 晶格化

(5) 能使用前景色和背景色产生云彩效果的效果有哪些？（　　）

　　A．3D 变换　　　B．分层云彩　　　C．镜头光晕　　　D．云彩

(6) 下列哪些命令属于【像素化】滤镜组的？（　　）

　　A．彩块化　　　B．晶格化　　　C．添加杂色　　　D．去斑

(7) 能够通过不同的画笔和油墨设置产生类似绘画的效果有（　　）。

　　A．成角线条　　　B．阴影线　　　C．喷溅　　　D．油墨概况

(8) 能够对图像线条和阴影区域附近的像素进行平均，从而得到图像的模糊效果命令有哪些？（　　）

　　A．胶片颗粒　　　B．径向模糊　　　C．动感模糊　　　D．高斯模糊

(9) 可以增加或者去掉图像中的杂色命令有（　　）。

　　A．蒙尘与划痕　　　B．去斑　　　C．添加杂色　　　D．碎片

(10) 用来处理用于视频的帧画面的命令有（　　）。

　　A．NTSC 颜色　　　B．高反差保留　　　C．逐行　　　D．凸出

4．操作题

制作如图 11.89 所示的幻彩纹理效果。

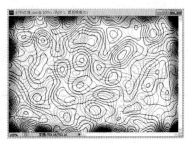

图 11.89　幻彩纹理效果

提示：(1) 执行【文件】|【新建】命令，在打开的对话框中【高度】为 400 像素，【宽度】为 600 像素，分辨率为 72 像素/英寸，模式为 RGB 颜色，内容为白色。

　　(2) 复制背景图层。

　　(3) 执行【滤镜】|【杂色】|【添加杂色】命令，在弹出的对话框中，"数量"设置为 400%，"分布"为高斯分布。

　　(4) 执行【滤镜】|【模糊】|【高斯模糊】命令，在弹出的对话框中，"半径"设置为 20 像素。

　　(5) 执行【滤镜】|【风格化】|【查找边缘】命令，执行【图层】|【新调整图层】|【色阶】命令，输入色价中依次设置为 250、1、255。

第12章 自动化操作

教学目标

掌握在 Photoshop CS5 中进行动作的录制、编辑以及应用的方法，并且能够结合自动批处理命令实现对批量文件的处理。

教学要求

知识要点	能力要求	相关知识	所占分值 (100 分)	自评 分数
动作	认识【动作】面板，掌握动作的创建、录制、播放、编辑	1 个案例：变化的圆点	40	
批处理	理解批处理的意义，认识【批处理】对话框		20	
实训	能够利用录制好的动作对图像进行批量处理，提高处理速度和效率		40	

学习重点

动作的录制、编辑和执行，对图像进行批处理。

12.1　动　　作

在 Photoshop CS5 中，动作可以用于提高图像处理的工作效率。动作就是对某个或多个图像文件做一系列连续处理的命令的集合。通常将一些常用的效果(如投影效果和浮雕效果等)的制作过程录制成动作，这样以后每次制作该效果时就不必从头开始，只需应用该动作即可自动完成。另外，动作还是一种非常不错的学习工具，参照某个动作，可以轻而易举地还原出某种复杂效果的制作方法。

12.1.1　【动作】面板介绍

在 Photoshop CS5 中，"动作"的操作基本集中在【动作】面板中，使用【动作】面板可以新建和删除动作，也可以记录和播放动作，还可以存储和载入动作文件。为了便于管理动作，可将动作组合为【动作组】的形式，就像用目录管理文件一样。

执行【窗口】|【动作】命令或按 Alt+F9 组合键，即可打开【动作】面板，如图 12.1 所示。

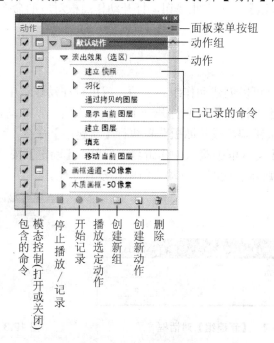

图 12.1　【动作】面板

【动作】面板中的各项含义如下。

(1)【已记录的命令】列表：包含一系列命令的集合，可以展开和折叠动作组、动作或命令。

(2)【动作组】：存放多个动作的文件夹，是一系列动作的集合。

(3)【包含的命令】：表示该动作组或动作是否可执行。如果动作组前的项目开关打上了√，并呈黑色显示，则该组中的所有动作和命令都可以执行；如果有√且呈红色显示，则表示该组中的部分动作和命令可以执行；如果没有打√，则表示当前该组中所有动作和命令都不可执行。

(4)【打开/关闭】▭：当该按钮中出现图标▭时，在执行动作的过程中，会暂停在对话框中，等待用户做出相应的响应后继续执行；若没有显示▭按钮，则会按动作中的设置逐一往下执行；如果▭呈红色显示，则表示序列中只有部分动作或命令设置了暂停操作。

(5)【展开】▷和【折叠】▽：单击动作组中的【展开】按钮▷可以展开组中的所有动作，单击动作中的【展开】按钮▷可以展开所有记录下的命令或操作，而且还会显示每个命令的参数设置。展开后可以单击【折叠】按钮▽将动作组或动作折叠起来，只显示动作组或动作的名称。

(6)【开始记录】●：单击该按钮开始录制动作。

(7)【停止播放/记录】■：单击该按钮可停止执行动作(如果正在执行动作)，或者停止录制动作(如果正在录制动作)。

(8)【播放选定的动作】▶：单击该按钮执行对应的动作命令。

(9)【创建新组】▭：单击该按钮可创建新的动作组。

(10)【创建新动作】🗎：单击此按钮可创建新的动作，新建的动作会出现在当前选定的动作组中。

(11)【删除】🗑：单击此按钮可删除当前选中的动作或动作组。

(12)【面板菜单按钮】：单击此按钮，打开动作面板对应的命令菜单，从中可以执行与动作有关的命令。

12.1.2 动作组

为便于组织动作，可以创建动作组。之后，就可以在动作组中创建动作。

首次打开【动作】面板，系统便打开一个默认动作组"默认动作"。要创建新的动作组，可单击【创建新组】按钮▭，或从面板菜单执行【新建组】命令，弹出如图 12.2 所示对话框，在该对话框的【名称】文本框中输入动作组名称后单击【确定】按钮，即可在动作面板中看到该动作组，如图 12.3 所示。此时，该动作组中还没有动作。

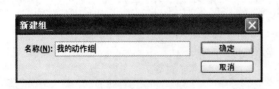

图 12.2 【新建组】对话框　　　　　　图 12.3 【动作】面板

如果要为已经存在的动作组重新命名，可双击【动作】面板中的动作组名从【动作】面板菜单执行【组选项】命令，然后输入新的名称，按 Enter 键即可。

如果要删除动作组，可选中要删除的动作组并拖动到【动作】面板下的【删除】图标🗑上释放鼠标即可。删除了动作组的同时，该动作组中的动作也会都被删除掉。

如果要存储动作组，可先选择一个要存储的动作组，在【动作】面板菜单中执行【存储动作】命令，输入动作组的名称，选择一个位置，并单击【保存】按钮，将保存为.atn 文件。

提示：如果将存储的动作组文件放置在 Presets/Actions 文件夹中，则在重新启动应用程序后，
　　　该组将显示在【动作】面板菜单的底部。

动作的编辑包括动作的记录、修改以及应用等，可以在动作中记录大多数(而非所有，比如绘画工具以及一些辅助工具等)命令。

12.1.3　动作的创建与录制

1．创建新动作

单击【动作】面板中的【创建新动作】按钮 ，打开【新建动作】对话框。在该对话框中输入动作的名称，选择该放在哪个动作组中，并可指定动作所对应的功能键，如图 12.4 所示，单击【确定】按钮即可。在【动作】面板中展开所属的动作组即可看到刚创建的新动作。

图 12.4　【新建动作】对话框

2．录制命令

动作创建好后，单击【开始记录】按钮 ，按钮成红色显示表示正在录制命令。此时，每一个执行了的 Photoshop 命令都会按顺序记录下来，当所有命令执行完毕后，在【动作】面板中单击【停止播放/记录】按钮 ，结束动作的录制。至此，就完成了该动作的录制操作。

12.1.4　执行动作

录制完动作后就可以执行动作了。执行动作时，先选中要执行的动作，然后单击【动作】面板上的【播放选定的动作】按钮 ，或者执行动作菜单中的【播放】命令。这样，动作中记录的操作命令就应用到图像中了。

当执行一个包含较多命令的动作时，可能经常会提示一些错误，但由于动作执行的速度通常较快，所以常无法判断错误所在。为了便于检查这些错误，可以改变动作执行的速度。改变动作执行速度的操作如下：单击【动作】面板右上角的 按钮，打开动作菜单，执行菜单中的【回放选项】命令，打开【回放选项】对话框，如图 12.5 所示。

对话框各选项说明如下。

(1)【加速】：为动作播放默认选项，执行速度越来越快。

(2)【逐步】：一步一步执行动作中的命令。

(3)【暂停】：设置一动作播放暂停时间，单位为秒，每执行一步，暂停一下。

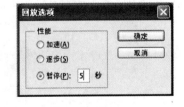

图 12.5　【回放选项】对话框

12.1.5　编辑动作

动作的录制通常很难做到一次成功，可能会需要对其进行编辑，其中包括移动、复制、删除以及重新录制命令等。

1. 调整动作中命令的顺序

其操作方法和改变图层的顺序一样，直接在【动作】面板中用鼠标拖动命令到位于另一个命令之前或之后的新位置。当突出显示行出现在所需的位置时，松开鼠标即可。

2. 在动作中添加命令

对于已经录制完毕的动作，有时需要添加命令。添加命令时首先选择需添加命令的位置，然后单击【开始记录】按钮 ● 进行录制，所录制的命令会插入在当前选中的命令之后。

3. 重新录制动作中的命令

如果要修改动作中某个命令的设置，可先选中该命令，然后单击【动作】面板右上角的 ▣ 按钮，打开动作菜单，从中执行【再次记录】命令，此时 Photoshop 将重新执行并录制该命令。

4. 删除动作中的命令

如要删除动作中的某个命令，可先选中该动作或命令，然后单击【动作】面板中的【删除】按钮 🗑，此时将弹出警告对话框，确认后即可删除该动作或命令。另外，也可直接将动作或命令拖至【删除】按钮 🗑 上将其删除。

12.1.6　课堂案例 43——变化的圆点

【学习目标】了解【动作】面板的应用，创建动作、记录动作、应用动作。

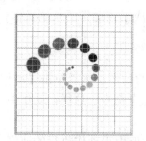

图 12.6　变化的圆点效果图

【知识要点】使用【动作】面板，本案例完成效果如图 12.6 所示。

【效果所在位置】Ch12\课堂案例\变化的圆点.psd。

操作步骤如下。

(1) 新建大小 400×400 像素，RGB 颜色模式，白色背景文件。执行【视图】|【显示】|【网格】命令。

(2) 在【图层】面板中单击【创建新图层】按钮，产生"图层 1"。设置前景色为红色 RGB(255,0,0)，选择工具箱中的【椭圆】工具，在画布中间偏左位置画一个红色正圆(按 Shift+Alt 键以水平中心线上的一个点为中心点)，如图 12.7 所示。

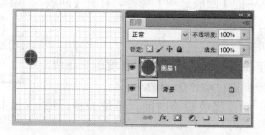

图 12.7　画一个红色的正圆

(3) 执行【窗口】|【动作】命令，打开动作面板(图 12.8)，单击动作面板下方的【创建新动作】按钮，弹出【新建动作】对话框(图 12.9)，单击【确定】按钮。

图 12.8　【动作】面板　　　　　　图 12.9　【新建动作】对话框

(4) 单击【动作】面板下方的【开始记录】按钮 ⬤ 。

(5) 按 Ctrl+Alt+T 键，进行复制并变换。把中心点移动到画布中心(图 2.10)，在选项栏设置参数(图 12.11)，单击选项栏上的 ✔ 按钮或按 Enter 键确认变换操作。

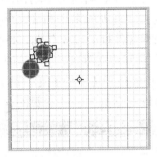

图 12.10　把红色正圆的中心点移动到画布中心

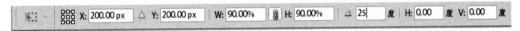

图 12.11　选项栏

(6) 执行【图像】|【调整】|【色相/饱和度】命令，弹出【色相/饱和度】对话框(图 12.12)，输入色相-20，单击【确定】按钮。

图 12.12　【色相/饱和度】对话框

(7) 在【动作】面板下方单击【停止记录】按钮 ⬛ 。

(8) 在【动作】面板中选择刚才记录的动作 1，不断的单击面板下方【播放选定动作】按钮 ▶，每次单击都会看到产生一个新的不同颜色和大小的圆点。

(9) 保存文件。执行【文件】|【存储为】命令，输入文件名"变化的圆点.psd"，单击【保存】按钮。

12.2　批处理

除了动作以外，Photoshop CS5 还提供了文件自动化操作功能，这就是批处理。动作的使用主要是应用于一个文件或一个效果，批处理可实现对多个图像文件的成批处理，如更改图像的大小、变换色彩模式以及执行滤镜功能等。在实际应用中，动作常和批处理配合使用。

举个例子，数码相机中的照片通常尺寸比较大，分辨率比较高，导入到计算机后一般会更改其尺寸和分辨率。看似很简单的一个处理，只需对照片文件执行【图像大小】命令就可以了。但是，如果现在不是一张照片，而是一百张照片，那么是不是要做一百次相同的操作呢？肯定不需要，通过 Photoshop 提供的【批处理】调用某个动作，可以一次对这些照片自动处理。

利用批处理命令，可以对指定文件夹内的多个图像文件执行同一个动作，从而实现文件处理的自动化。需要注意的是，在进行文件批处理操作前，必须先将待处理的文件放在同一个文件夹内。若要将图像处理完后另存到其他文件夹，也必须先建立一个用来保存的目标文件夹。Photoshop 提供的文件自动化处理功能位于【文件】|【自动】|【批处理】中。打开该【批处理】对话框，如图 12.13 所示。下面是该对话框中一些参数的含义。

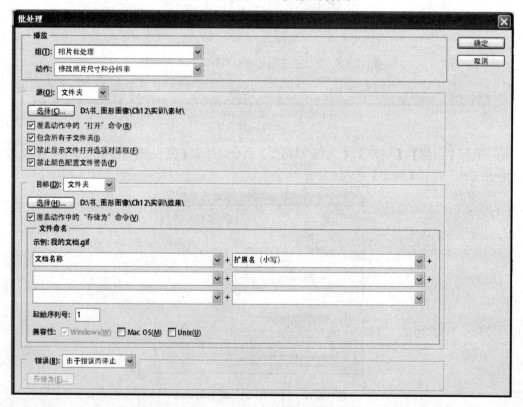

图 12.13　【批处理】对话框

(1)【播放】选项区：在该选项区中指定将用于批处理操作的动作组与动作。

(2)【源】选项区：在【源】下拉列表框中，包括【文件夹】、【导入】、【打开的文件】和 "Bridge" 这 4 个选项，用于选择待处理图片的来源。

① 选择【文件夹】选项，则动作将处理的是某个文件夹内的全部图像文件，同时单击下面的【选取】按钮，在弹出的对话框中可指定来源文件所在的文件夹。

② 选择【导入】选项，则可以选择从其他数码或扫描设备中获取图像。

③ 选择【打开的文件】选项，则动作将处理当前所打开的文件。

④ 选择"Bridge"选项，则动作将处理从"Bridge"中打开的文件。

(3)【覆盖动作中的"打开"命令】：选中该复选框，则将打开上面【选取】命令中所设定文件夹中的文件，并且忽略动作中的【打开】文件操作。

(4)【包含所有子文件夹】：选中该复选框，则将对【选取】按钮所设定文件夹以及所有子文件夹中的图片执行该动作。

(5)【禁止颜色配置文件警告】：选中该复选框，则对图像文件执行动作时忽略颜色配置文件警告。

(6)【目标】：在【目标】下拉列表框中，可指定经动作处理后的文件的存储方式。

①【无】：表示不存储。

②【存储并关闭】：表示以原文件名存储后关闭。

③【文件夹】：表示可指定其他文件夹来存储文件，并且在下面的【选择】按钮中选择目的文件夹。

(7)【覆盖动作中的"存储为"命令】：选中该复选框，表示将按照【选择】按钮指定的文件夹保存文件，并且忽略动作中的【存储】操作。

(8)【错误】：在【错误】下拉列表框中可设置批处理操作发生错误时的处理方式。

①【由于错误而停止】：表示发生错误时立即停止批处理。

②【将错误记录到文件】：表示将错误信息记录在指定的文件中，并且批处理操作不会因此被中断，同时在下面的【存储为】按钮中指定存储文件。

12.3　本　章　小　结

本章主要介绍了动作和批处理的操作方法。读者可以通过【动作】面板进行动作的录制、编辑以及动作的应用；同时结合批处理，可以对批量文件应用动作，从而起到自动化操作的目的。

12.4　上　机　实　训

【实训目的】练习使用批处理命令进行自动化操作。

【实训内容】假设现有大小为 640×480 像素、分辨率为 180PPI、文件格式为 TIFF 的图片文件 100 张，将这些文件全部改为尺寸为 1024×768、分辨率为 180PPI，存储格式仍然为 TIFF。

【实训过程提示】

(1) 在动作面板中，单击【创建新组】按钮，新建一个动作组"相片批处理"，如图 12.14 所示。接着单击【动作】面板中的 按钮，新建一个动作，命名为"修改照片尺寸和分辨率"，如图 12.15 所示。

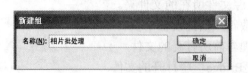
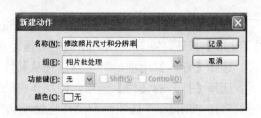

图 12.14　【新建组】对话框　　　　图 12.15　【新动作】对话框

(2) 开始录制动作。单击动作面板下方的【开始记录】按钮　　。

(3) 首先执行【文件】|【打开】命令，打开"Ch12\实训\素材 01.tif"文件，如图 12.16 所示。此时，【打开】命令被录制在动作中，如图 12.17 所示。

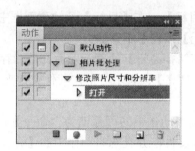

图 12.16　素材 01　　　　　　　图 12.17　【动作】面板

(4) 执行【图像】|【图像大小】命令，将图像分辨率更改为 180PPI、尺寸为 1024×768，单击【确定】按钮，如图 12.18 所示。此时，【图像大小】命令被录制在动作中，【动作】面板如图 12.19 所示。

图 12.18　录制动作　　　　　　　图 12.19　【动作】面板

(5) 执行【文件】|【存储为】命令，在【保存为】对话框中，勾选【作为副本】复选框，如图 12.20 所示，单击【保存】按钮。在【TIFF 选项】对话框中单击【确定】按钮。此时，【存储】为命令被录制在动作中，如图 12.21 所示。

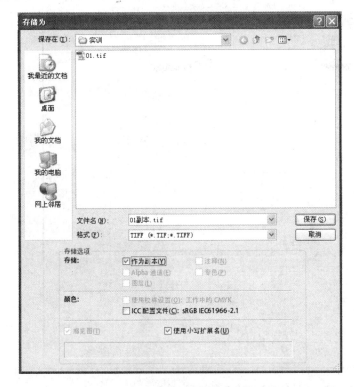

图 12.20　【存储为】对话框

图 12.21　【动作】面板

(6) 执行【文件】|【关闭】命令，关闭该图像文件，选择不存盘。此时，【关闭】命令也被录制到动作当中，如图 12.22 所示。

图 12.22　【动作】面板

(7) 在动作面板下方单击【停止记录】按钮，到此动作录制完毕。

(8) 下面使用【批处理】来批量处理文件。执行【文件】|【自动】|【批处理】命令，相关参数如图 12.23 所示设置，单击【确定】按钮即开始批量处理。

提示：使用的是刚才录制的【修改照片】动作，因为做了相应的设定，处理过程中不需任何干预，也不会出现任何对话框。处理完成后可以检验两文件夹：源文件夹中图像没有任何变化，目标文件夹中的图像文件都是经过【修改照片】动作处理过的。

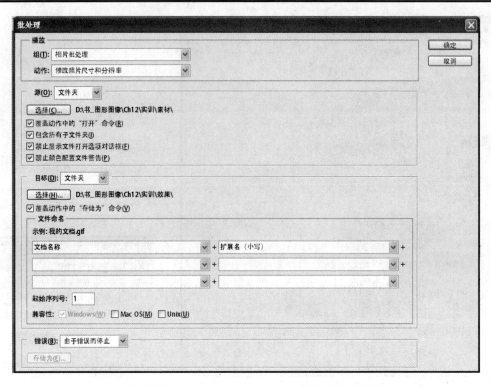

图 12.23 【批处理】命令参数设置

12.5 习题与上机操作

1．判断题

(1) 动作中的命令一经记录就再也无法更改。 ( )
(2) 存储动作时只能存储动作组而不能存储单个动作。 ( )
(3) 在【回放选项】对话框中，单击【加速】按钮，动作的执行速度会比默认速度快。( )
(4) 记录动作之前，需先打开一幅图像，否则 Photoshop 会将打开的操作也一并记录。( )

2．单选题

(1) 下列关于动作的描述中，错误的是(   )。
　　A．所谓动作就是对单个或一批文件回放一系列命令
　　B．大多数命令和工具操作都可以记录在动作中
　　C．所有的操作都可以记录在动作调板中
　　D．在播放动作的过程中，可在对话框中输入数值

(2) 在 Photoshop CS5 中，当在大小不同的文件上执行动作时，可将标尺的单位设置为下列哪种显示方式，动作就会始终在图像中的同一相对位置回放(例如，对不同尺寸的图像执行同样的裁切操作)? (   )
　　A．百分比　　　　B．厘米　　　　　C．像素　　　　　D．和标尺的显示方式无关

(3) 执行【窗口】|【动作】命令或按(   )快捷键，可显示【动作】面板。
　　A．Alt+F6　　　　B．Alt+F7　　　　C．Alt+F8　　　　D．Alt+F9

(4) 一个动作是一系列命令，按 Ctrl+Alt+Z 快捷键，只能还原动作的(　　)命令。

　　A．第一个　　　　B．中间一个　　　C．最后一个　　　D．所有的

(5) 在【动作】面板菜单中，执行(　　)命令，可以将各个动作以按钮模式显示。

　　A．【按钮模式】　B．【重置动作】　C．【载入动作】　D．【替换动作】

(6) 要选择几个不连续的动作，可在按住(　　)快捷键的同时，依次单击各个动作的名称。

　　A．Tab　　　　　B．Alt+B　　　　C．Shift　　　　　D．Ctrl

(7) 动作序列之间切换对话开/关(对勾)由黑色转为红色，表示(　　)。

　　A．该序列中有被关闭的动作

　　B．该序列中某动作的对话框被关闭

　　C．该序列不可执行

　　D．序列在重录

(8) 可以将动作保存起来，保存后的文件扩展名为(　　)。

　　A．ALV　　　　　B．ACV　　　　　C．ATN　　　　　D．AHU

3．操作题

1) 创建处理照片图片的动作

利用 Photoshop 动作功能，将处理数码照片的一般方法录制到动作中。

提示：(1) 在【动作】面板中新建一动作，开始录制命令。第一步执行【打开】命令，打开一
　　　　　照片文件。

　　　 (2) 限制图片大小。

　　　 (3) 转换颜色类型。执行【图像】|【模式】|【CMYK 颜色】命令。

　　　 (4) 保存图像。

　　　 (5) 完成动作录制，这时需要的修改照片的动作制作完毕。

2) 应用自动批处理处理图像文件

结合刚才录制的动作，一步到位处理照片。

重点提示：(1) 做准备工作，把所有待处理的图片放到一个文件夹里。

　　　　　 (2) 执行【文件】|【自动】|【批处理】命令，计算机就会开始一张一张地打开处
　　　　　　　 理和保存那些选中的图片，直到目录下的文件处理完毕。

第 **13** 章　Web 图像与动画

 教学目标

　　了解 Web 图像的优化，掌握切片工具的操作与应用，对 Web 图像进行优化处理。学会制作网络动画。

 教学要求

知识要点	能力要求	相关知识	所占分值 (100 分)	自评 分数
Web 页切片	掌握切片的创建和编辑，以及 Web 图像优化方法	一个课堂案例：为网页图片进行切片并链接	20	
制作动画	掌握 Photoshop CS5 制作帧动画和时间轴动画的方法	两个课堂案例：变色文字、制作渐变的动画效果	60	
实训	制作播放的电影胶卷		20	

 学习重点

　　Web 页切片的创建、编辑和存储优化；GIF 动画制作。

13.1　Web 页切片

为了让网页打开得快些，制作网页时通常会把网页中使用的大图片切割成许多小的图片，这些小的图片可以使用 Photoshop 切割产生。运用【切片】工具在图像上创建合适的切片，适当设置切片选项即可。

13.1.1　创建切片

在 Photoshop CS5 中可以使用【切片】工具直接切割图片，也可以基于参考线创建切片或基于图层创建切片。

1．使用【切片】工具创建切片

(1) 选择【切片】工具 ✐ 后，选项栏中会显示针对该工具的一些属性设置，如图 13.1 所示。

图 13.1　【切片】工具选项栏

选项栏中【样式】列表里各项含义如下。

① 【正常】：在拖动时确定切片比例。

② 【固定长宽比】：设置高宽比。输入整数或小数作为长宽比。例如，若要创建一个宽度是高度两倍的切片，需输入宽度 2 和高度 1。

③ 【固定大小】：指定切片的高度和宽度。接着输入整数像素值即可。

(2) 在要创建切片的区域上拖动。按住 Shift 键并拖动鼠标可将切片限制为正方形。按住 Alt 键拖动鼠标可从中心绘制。可以多次使用【切片】工具将已切割出来的区域再次切割，如图 13.2 所示。

通常，将用户切割出来的区域(实线区域)称为用户切片，而将系统自动切割出来的区域(虚线区域)称为自动切片。

图 13.2　使用【切片】工具切割图像

提示：可执行【视图】|【对齐】命令使新切片与参考线或图像中的另一切片对齐。

2. 基于参考线创建切片

(1) 向图像中添加参考线。

(2) 单击【切片】工具，然后在其选项栏中单击【基于参考线的切片】。

提示：通过参考线创建切片时，将删除所有现有切片。

3. 基于图层创建切片

基于图层的切片将包括图层中的所有像素数据。如果移动图层或编辑图层内容，切片区域将自动调整以包含新像素。基于图层的切片会在源图层发生修改时进行更新。

(1) 在【图层】面板中选择图层。

(2) 执行【图层】|【新建基于图层的切片】命令。

提示：基于图层的切片的灵活性比用户切片低，但可以将基于图层的切片转换(提升)为用户切片。

13.1.2 编辑切片

使用【切片选择】工具 可以对已经创建的切片进行编辑。该工具可以选择切片，并对切片进行移动和调整、删除切片、锁定切片、设置切片选项等操作。

单击【切片选择】工具 后，选项栏中会显示针对该工具的一些属性设置，如图 13.3 所示。

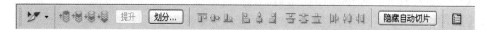

图 13.3 【切片选择】工具选项栏

1. 选择切片

对切片进行选择非常容易，在图像上创建多个切片后，如图 13.4 所示，在工具箱中单击【切片选择】工具 。运用该工具在需要选中的切片上单击，即可将切片选中。橙色边框的切片为选中的切片。

不仅可以选择单个切片，还可以同时选择多个切片，如图 13.5 所示。按住 Shift 键的同时在需要选中的切片上单击，即可将多个切片选中。若要取消其中一个切片，可以继续按住 Shift 键同时单击需要取消选取的切片，即可将该切片的选中状态取消。

图 13.4 选中一个切片

图 13.5 选中多个切片

2. 移动、缩放调整切片

若对划分的切片所在位置不满意，可以将切片进行移动，使用【切片选择】工具将需要移动的切片选中后，拖曳选中的切片至目标区域。

要调整切片的大小，只需选中切片，在切片的控制点上拖动，就能缩放切片的大小。

3. 删除、锁定切片

若要删除切片，只需选中需要删除的切片右击，在弹出的快捷菜单中执行【删除切片】命令，如图 13.6 所示。选中的切片即可删除。

锁定切片只需选中需要锁定的切片，执行【视图】|【锁定切片】命令，如图 13.7 所示。选中的切片即刻被锁定。锁定切片可以防止不小心调整切片大小、移动切片或对切片进行其他更改。

图 13.6　删除切片　　　　　　图 13.7　锁定切片

4. 设置切片选项

使用【切片选择】工具，单击选项栏按钮或双击当前切片，可以打开当前切片的【切片选项】对话框，在其中可以设置相应的参数，如图 13.8 所示。

图 13.8　【切片选项】对话框

对话框中各选项说明如下。

(1) 【切片类型】：设置输出切片的类型，类型可以是图像、无图像和表。若选择"无图像"，则切片允许用户创建可在其中填充文本或纯色的空表单元格，可以在"无图像"切片中输入 HTML 文本。

(2) 【名称】：显示当前选择的切片名称，也可以自行定义。

(3) URL：在网页中单击当前切片可以链接的网址。

（4）【目标】：设置打开网页的方式，如果不选则在当前页面中打开链接网页，其中各选项说明如下。

① blank 表示将在空白的窗口中打开链接的网页。

② self 表示将在同一框架窗口中打开。

③ parent 表示在父框架窗口中打开，并删除其他框架。

④ top 表示在顶部框架窗口中打开，并删除其他框架。

（5）【信息文本】：在网页中当鼠标移动到当前切片上时，网络浏览器下方信息行中显示的内容。

（6）【Alt 标记】：设置当鼠标指针停留在此映射区域时所显示的提示文字。

（7）【尺寸】：X 和 Y 代表当前切片的坐标，W 和 H 代表当前切片的宽度和高度。

（8）【切片背景类型】：设置切片背景在网页中的显示类型，在下拉菜单中包括"无"、"杂色"、"白色"、"黑色"和"其他"。当选择"其他"选项时，会弹出【拾色器】对话框，在该对话框中设置切片背景的颜色。

13.1.3　Web 图像优化

在 Photoshop 中，执行【存储为 Web 和设备所用格式】命令来导出和优化 Web 图像。对图像执行【文件】|【存储为 Web 和设备所用格式】命令，即可打开【存储为 Web 和设备所用格式】对话框，如图 13.9 所示。在该对话框中可以将图像保存为多种格式的图像，常见的 Web 图像格式有 3 种，即 JPEG 格式、GIF 格式、PNG 格式。对于连续色调的图像建议使用 JPEG 格式进行压缩，而对于不连续色调的图像建议使用 GIF 格式，以使图像质量和图像大小有一个最佳的平衡点。

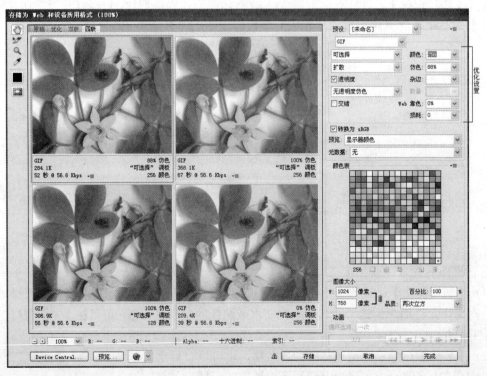

图 13.9　【存储为 Web 和设备所用格式】对话框

1. 优化为 JPEG 图像

在【存储为 Web 和设备所用格式】对话框的右上角处，通过【预设】选项可选择 JPEG 模式，如图 13.10 所示。

图 13.10　JPEG 格式优化选项

各选项说明如下。

(1)【预设】：提供了几种常用网页图像格式的设置。如果是动画，则选择一种 GIF；如果不是动画，则设置成 PNG 和 JPG 皆可。

(2)【文件格式】：提供了 JPEG、GIF 和 PNG 等文件格式。单击下三角按钮，可选择 Web 所需要的各种文件格式。

(3)【扩展】按钮 ▼≡：单击该按钮，在弹出的优化菜单中提供了存储设备、删除设备、优化文件大小、重组视图等命令。

(4)【连续】：在 Web 浏览器中以渐进方式显示图像，图像将显示为一系列叠加图形，从而使浏览者能够在图像完全下载前查看的低分辨率版本。【连续】选项要求使用优化的 JPEG 格式。

(5)【优化】：创建文件大小稍小的增强 JPEG 文件，要最大限度地压缩文件。建议使用优化的 JPEG 格式，但有的旧版本浏览器不支持此功能。

(6)【品质】：用于确定压缩程度。"品质"最高的图像最清晰，但使用高品质设置比低品质设置生成的文件大。

(7)【模糊】：指定应用于图像的模糊量。【模糊】选项应用与【高斯模糊】滤镜具有相同的效果，并允许进一步压缩以获得更小的文件大小。

(8)【杂边】：该选项用于在原始图像中为透明的像素指定一个填充颜色。单击【杂边】色板以在拾色器中选择一种颜色，或者从【杂边】下拉菜单中选择一个选项。

2. 优化为 GIF 图像

在【存储为 Web 和设备所用格式】对话框的右上角处，通过【预设】选项可选择 GIF 模式，如图 13.11 所示。

(1)【仿色】：该选项是指对于系统中没有提供的模拟计算机显示颜色的方法，可以通过仿色的方法实现该颜色。若图像所包含的颜色主要是纯色，则在不应用仿色时通常也能正常显示。包含有连续色调(尤其是颜色渐变)的图像，可能需要仿色以防止出现颜色条带现象。

(2)【透明度】：选中复选框后，可以使完全透明的像素透明，并将部分透明的像素与一种颜色相混合。

图 13.11　GIF 格式优化选项

（3）【交错】：选中复选框后，可使得在网页浏览器中打开图像时，图像由模糊逐渐变清晰。

（4）【Web 靠色】：用于指定将颜色转换为最接近的 Web 调板等效颜色的容差级别，并防止颜色在浏览器中进行仿色，值越大，转换的颜色越多。

（5）【损耗】：用于指定有损压缩所允许的"损耗"值。有损压缩可通过有选择地扔掉数据来减少文件大小。损耗设置越高，扔掉的数据越多。通常可以使用 5%～10%的损耗，有时可高达 50%而不会降低图像品质。使用【损耗】选项通常可使文件大小减少 5%～40%。

（6）【颜色】：显示组成图像的颜色，颜色表来自定义优化的 GIF 和 PNG-8 图像中的颜色。减少颜色数量通常可以降低图像的文件大小，同时保持图像的品质。可以在颜色表中添加和删除颜色，将所选颜色转换为 Web 安全颜色，并锁定所选颜色以防从调板中删除它们。

3. 存储并链接到网络

优化后即可将图像输出，单击【存储为 Web 和设备所用格式】对话框中的【存储】按钮，打开【将优化结果储存为】对话框，如图 13.12 所示。

图 13.12　【将优化结果储存为】对话框

在该对话框中设置文件的保存位置、文件名、保存类型和其他各项参数，然后单击【保存】按钮就可将图像以优化的方式输出。这里简单介绍几种保存类型。

(1)【HTML 和图像】：可以在保存图像文件的同时保存网页文件。

(2)【仅限图像】：只保存图像文件而不保存网页文件。

(3)【仅限 HTML】：只保存网页文件，而不保存图像文件。如果启动浏览器浏览该网页，则网页中不显示图像。

13.1.4 课堂案例 44——为网页图片进行切片并链接

【学习目标】对已绘制好的网页进行网页切片和设置超链接。

【知识要点】运用【切片】工具在图像上划分切片，在【切片选项】对话框中进行设置。执行【文件】|【存储为 Web 和设备所用格式】命令，存储为网页的图像。在浏览器中查看网页效果。本案例完成效果如图 13.13 所示。

【效果所在位置】Ch13\课堂案例\效果\网页.html。

图 13.13 网页切片

操作步骤如下。

(1) 打开素材文件。执行【文件】|【打开】命令，选择"Ch13\课堂案例\素材\制作网页切片\网页.jpg"，单击【打开】按钮。

(2) 在工具箱中单击【切片】工具按钮，使用【切片】工具在图像上单击并拖动，对图像进行划分。松开鼠标后，即可在图像上查看到划分的切片。使用同样的方法，继续在图像上进行切片划分，划分好所有的切片。

(3) 在工具箱中单击【切片选择】工具，使用【切片选择】工具在需要编辑的切片上双击，弹出【切片选项】对话框，在【切片选项】对话框中的 URL 文本框中输入对应切片所需链接的网址，如图 13.14 所示，确认操作后，即可为切片添加链接网址。使用同样的方法为其余切片添加链接网址。

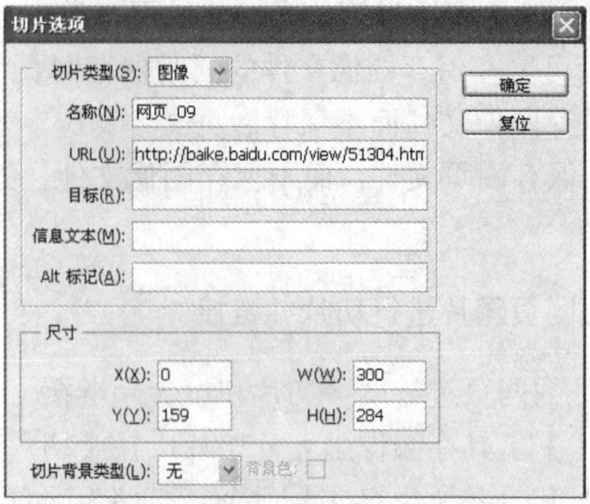

图 13.14　【切片选项】对话框

(4) 设置完成后，执行【文件】|【存储为 Web 和设备所用格式】命令，弹出【存储为 Web 和设备所用格式】对话框，保持默认参数值，单击【存储】按钮。打开【将文件结果存储为】对话框，在对话框中对存储文件的地址、文件名和格式进行设置，输入文件名网页，保存为 HTML 和图像格式。

(5) 在所设置的目标中找到存储的网页，双击网页图标，打开网页。在浏览器中查看网页效果。

(6) 单击设置过链接的图片区域，即可打开所链接的网页。

13.2　制作动画

在 Photoshop CS5 中通过【动画】面板和【图层】面板的结合可以创建一些简单的动画效果，将动画存储为 GIF 格式动画后，可以直接将其用到网页中。

13.2.1　帧动画

在 Photoshop 中通过【动画】面板的操作，可以创建出动画，并且可根据需要创建帧动画和时间轴动画。执行【窗口】|【动画】命令，打开【动画】面板，在【动画】面板中可以对动画进行制作。动画模式有两种，一种为帧动画，另一种为时间轴动画。两种不同模式的动画是可以相互切换的，通过单击【面板扩展】按钮，在弹出的菜单中执行其中的【转换为时间轴】或【转换为帧动画】命令即可实现其切换过程。图 13.15 所示为【时间轴】面板，图 13.16 所示为【帧动画】面板。

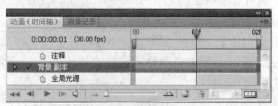

图 13.15　【时间轴】面板

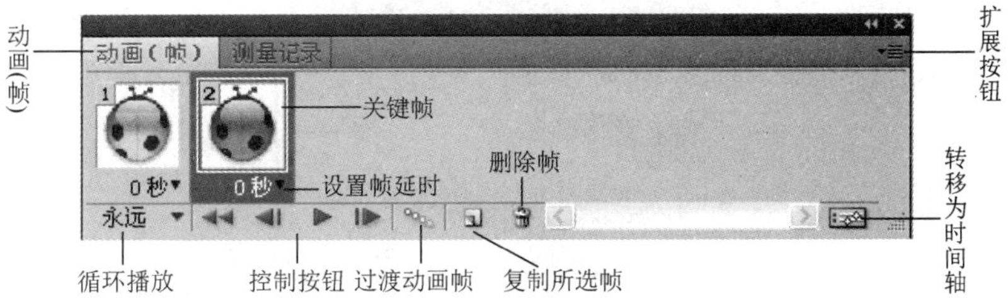

图 13.16　【帧动画】面板

【帧动画】面板中各选项的含义介绍如下。

(1)【动画(帧)】：显示当前创建的动画是帧动画，当创建的动画为时间轴动画时，显示为“动画(时间轴)”。

(2)【关键帧】：显示每一个关键帧的图像效果，并在左上角显示排列顺序。

(3)【设置帧延时】：用于设置每一个帧的播放时间。单击旁边的下三角按钮，在下拉列表中可选择需要的时间，以秒为单位，如图 13.17 所示。若列表中没有满意的帧延迟时间选项，则单击列表中的【其他】选项，即可打开【设置帧延迟】对话框，如图 13.18 所示。

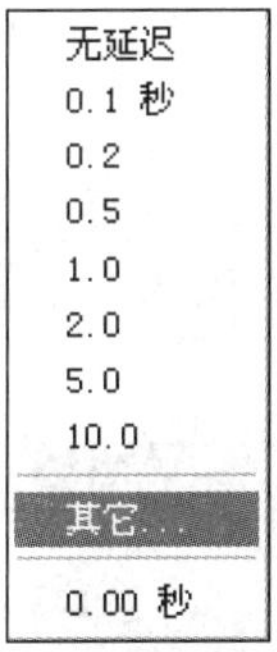

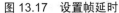

图 13.17　设置帧延时

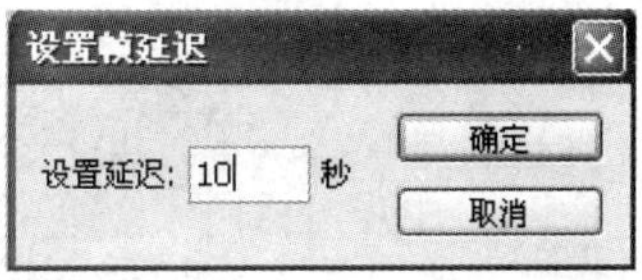

图 13.18　【设置帧延迟】对话框

(4)【循环播放】：用于设置动画播放的次数，在下拉列表中可选择一次、3 次、永远或其他，如图 13.19 所示。若单击“其他”选项，则可打开【设置循环次数】对话框，如图 13.20 所示，在该对话框中可以设置任意的播放次数。

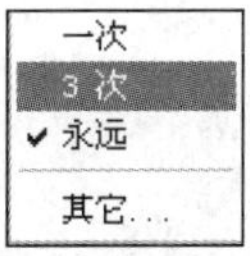

图 13.19　设置动画播放次数

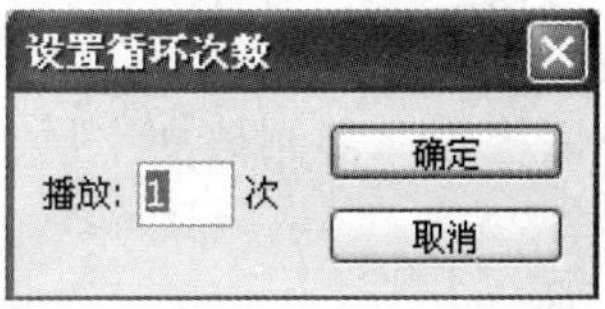

图 13.20　【设置循环次数】对话框

(5)【控制按钮】：用于控制动画的播放过程。

(6)【过渡动画帧】：单击该按钮即可打开【过渡】对话框，如图 13.21 所示。在该对话框中可以对【过渡方式】、【要添加的帧数】进行设置。

(7)【复制所选帧】：单击该按钮即可复制当前选中的帧，单击一次该按钮复制一帧，若单击两次该按钮，可将所选帧复制两次。

(8)【删除帧】：单击该按钮即可将选中帧删除。

(9)【转换为时间轴动画】：单击该按钮即可将帧动画显示模式转换为时间轴显示模式。

图 13.21 【过渡】对话框

(10) 【扩展】：单击该按钮，在弹出的扩展菜单中可进行文档设置、新建帧、删除单帧、拷贝单帧等操作。

13.2.2 课堂案例 45——变色文字

【学习目标】学习帧动画，制作变色文字动画效果，将动画存储为 GIF 格式动画。

【知识要点】通过【帧动画】面板和【图层】面板的结合可以制作出简单的变色动画效果。

【效果所在位置】Ch13\课堂案例\效果\变色文字.gif。

操作步骤如下。

(1) 打开"Ch13\课堂案例\素材\制作变色文字\背景.jpg"，使用【文字】工具输入字母"I Ready"，如图 13.22 所示。

图 13.22 输入字母

(2) 在【图层】面板中，复制该文字层。然后将字母"I"的颜色改为红色，如图 13.23 所示。

图 13.23 修改字母颜色

(3) 使用步骤 2 的方法，再复制 5 个该文字图层的副本，然后分别在每个图层中将一个不同的字母设置成红色。

(4) 执行【窗口】|【动画】命令，打开【动画】面板，【动画】面板中显示的是【帧】，当前这里只有一个帧，编号为 1。设置第 1 帧中显示的效果：在【图层】面板中，使背景层和第 1 层显示(以后每一帧背景层都始终显示)，并隐藏其他层，如图 13.24 所示。

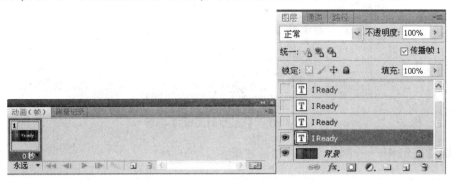

图 13.24　设置第 1 帧

(5) 在【动画】面板的右下方，单击【复制当前帧】按钮，制作第二帧。然后设置第二帧效果，选中该帧，同时在【图层】面板中，使背景层和第 2 层显示，并且隐藏其他层。以此类推，制作后面的 5 帧，使每一帧显示一个不同的图层。

(6) 单击第 1 帧，然后在按住 Shift 键的同时单击最后 1 帧，即可选中所有帧。接着单击【动画】面板中帧下方的时间设置菜单 0.2秒▾，在弹出的时间设置级联菜单中设置每帧的播放时间为 0.2 秒，如图 13.25 所示。

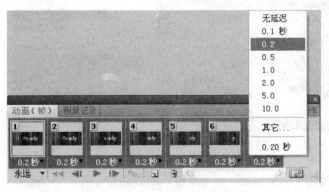

图 13.25　设置每帧的播放时间

这样，一个闪烁文字的动画就制作完成了。单击【动画】面板中的【播放/停止动画】按钮 ▶ 进行播放，预览动画效果。再次单击【播放/停止动画】按钮 ■ 结束播放。

(7) 执行【文件】|【存储为 Web 和设备所用格式】命令，弹出【存储为 Web 和设备所用格式】对话框，存储为 GIF 文件。

13.2.3　时间轴动画

如果要在时间轴模式中对图层内容进行动画处理,将当前时间指示器移动到其他时间帧上时，在【动画】面板中设置关键帧，然后修改图层内容的位置、不透明度和样式，Photoshop

将自动在两个现有的帧之间添加或修改一系列帧,通过均匀改变帧之间的图层属性(位置、不透明度和样式),以创建运动或变换的过渡显示效果。图 13.26 所示为展开的【动画(时间轴)】面板。

图 13.26　【动画(时间轴)】面板

13.2.4　课堂案例 46——制作渐变的动画效果

【学习目标】学习时间轴动画,制作一个渐变的动画,将动画存储为 GIF 格式动画。

【知识要点】先将亮的图层和暗的图层放置在不同的图层中,通过对【动画(时间轴)】面板中透明度的设置,来完成效果的制作。

【效果所在位置】Ch13\课堂案例\效果\渐变的动画效果.gif

操作步骤如下。

(1) 打开"Ch13\课堂案例\素材\制作渐变的动画效果\13.jpg",按 Ctrl+J 组合键,复制【背景】图层,产生图层 1,如图 13.27 所示。

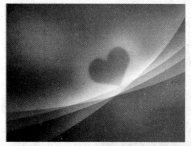

图 13.27　复制图层

(2) 创建亮度/对比度调整图层。将"亮度"的参数值设置为"-60",降低图像的亮度值。通过对亮度值的调整,在图像窗口中查看图像调整后的效果变化,图像变暗,如图 13.28 所示。

图 13.28　调整亮度

（3）按住 Shift 键的同时单击"图层 1"和"亮度/对比度调整图层"，将两个图层同时选中。按 Ctrl+E 组合键，将选中的两个图层合并为一个图层，如图 13.29 所示。

图 13.29　合并图层

（4）执行【窗口】|【动画】命令，打开【动画】面板，单击 按钮，弹出【文档设置】菜单，如图 13.30 所示。选择【文档设置】弹出【文档时间轴设置】对话框，持续时间设为 0:00:2:00，单击【确定】按钮，如图 13.31 所示。

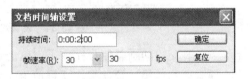

图 13.30　文档设置　　　　　图 13.31　【文档时间轴设置】对话框

（5）设置好"文档时间轴"后，单击"【亮度/对比度 1】"图层前面的下三角形按钮，将其展开。用鼠标将"工作区结束"滑块拖动到 15f 位置，如图 13.32 所示。

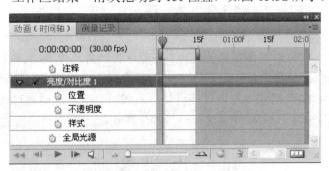

图 13.32　设置工作区结束

（6）单击【不透明度】前的【时间变化秒表】按钮 ，时间轴上出现黄色滑块。将【亮度/对比度 1】图层的不透明度设置为 0%，设置动画开始时，图像呈现亮的状态，如图 13.33 所示。

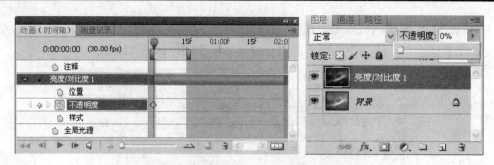

图 13.33　设置起点不透明度

(7) 拖动黄色滑块到 15f 位置。在【图层】面板中，拖动不透明度下方的滑块，将不透明度设置为 100%，设置动画终点，图像呈现暗的状态，如图 13.34 所示。

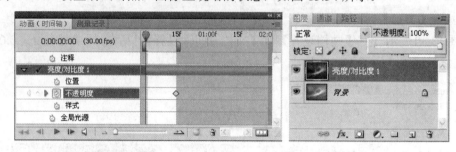

图 13.34　设置终点不透明度

这样，一个渐变的动画就制作完成了。单击【动画】面板中的【播放/停止动画】按钮 ▶ 进行播放，预览动画效果。再次单击【播放/停止动画】按钮 ■ 结束播放。

(8) 执行【文件】|【存储为 Web 和设备所用格式】命令，弹出【存储为 Web 和设备所用格式】对话框，存储为 GIF 文件。

13.3　本章小结

Photoshop CS5 不仅可以对图像进行处理，还能够将图像与 Web 联系起来，通过对图像进行切片和设置切片链接 URL，实现通过图片对网页进行链接的效果。掌握简单的动画制作，将制作的动画设置为 GIF 格式，可以直接将其导入到网页中并以动画形式显示。本章通过 3 个课堂案例的讲解，学习了对 Web 页进行链接和使用动画面板创建动画的方法。

13.4　上机实训

【实训目的】学习过渡帧动画，制作出会播放的电影胶卷。
【实训内容】利用【路径】和【画笔】等工具制作出胶卷效果。制作过渡帧动画效果，图像以 GIF 动画格式输出。

效果所在位置：Ch13\实训\电影胶卷\电影胶卷.gif，效果如图 13.35 所示。

图 13.35　电影胶卷动画效果

【实训过程提示】

(1) 新建一尺寸为 800×190 像素的文件，将背景层填充为棕红色。同样是在背景图层上，利用【路径】和【画笔】等工具制作出胶卷效果，如图 13.36 所示。

图 13.36　电影胶卷

(2) 打开"Ch13\实训\电影胶卷\素材\"文件夹中的"01.jpg"至"08.jpg"，将它们组织在一起制作成电影画面，并且将其合并为一个图层，命名为"电影"层。该图层的宽度要比画布宽度长一些，以便后面制作平移动画，如图 13.37 所示。

图 13.37　"电影"图层

(3) 执行【窗口】|【动画】命令，打开【动画】面板，显示当前只有一帧，单击 🔲 按钮复制当前帧。选中第二帧，同时改变该帧中"电影"层的位置，即从右往左平移若干像素，如图 13.38 所示。

图 13.38　编辑第二帧

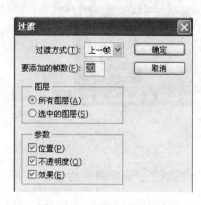

图 13.39 【过渡】对话框设置

(4) 接着制作过渡效果。在【动画】面板中同时选中第一和第二帧，单击面板上的 按钮，弹出【过渡】对话框，相应参数设置如图 13.39 所示，单击【确定】按钮，完成过渡动画设置。

(5) 设置每帧的播放时间。选中第一帧，在按住 Shift 键的同时单击最后一帧，这样可以选中所有帧。单击帧下面的时间设置，将每一帧的播放时间都设置为"1 秒"。

(6) 设置动画播放的次数。单击【动画】面板中的【播放设置】，将循环次数设置为【永远】，如图 13.40 所示。

(7) 动画设置完成，现在将其优化输出。打开【优化】面板，由于本例中图像要求精度较高，而且是动画格式，所以将其优化成"GIF128 仿色"，如图 13.41 所示。

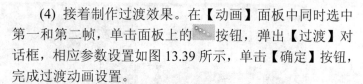

图 13.40 循环播放设置   图 13.41 【优化】面板

(8) 执行【文件】|【将优化结果存储为】命令，将图像以 GIF 动画格式输出。这样，输出的 GIF 动画文件就可以放在网页上了。

13.5 习题与上机操作

1. 判断题

(1) 切片类型包括"图像"、"无图像"、和"表"3 种。 ( )

(2) 切片设置的 URL 链接只可用于"图像"切片。 ( )

(3) 对于连续色调有图像最好使用 GIF 格式进行压缩。 ( )

(4) JPEG 是一种有损压缩格式，压缩图像的同时将会有颜色丢失。 ( )

(5)【存储为 Web 和设备所用格式】菜单中的四联预览模式可便于用户比较不同优化效果。 ( )

(6) 动画模式有两种，一种为帧动画，另一种为时间轴动画。两种不同模式的动画是不能相互切换的。 ( )

2. 单选题

(1) 创建切片后，按( )组合键，则可以隐藏或显示分割区域。

     A. Ctrl+M   B. Ctrl+C   C. Ctrl+H   D. Ctrl+V

(2) 如果要在新窗口中弹出链接网页，则"Target"选项中应选择下列哪一项？（　　）

　　A．_blank　　　　B．_self　　　　C．_top　　　　D．_parent

(3) 能在 Web 上使用的图像格式有以下哪几种？（　　）

　　A．PSD、TIF、GIF　　　　　　　B．JPEG、GIF、SWF

　　C．GIF、JPEG、PNG　　　　　　D．EPS、GIF、JPEG

(4) Photoshop 中以下哪种格式的文件可以制作动画？（　　）

　　A．GIF　　　　　B．TIFF　　　　C．JPEG　　　　D．PSD

(5) 要制作一个具有颜色产生渐变变化的动画,则必须在打开的【过渡】对话框中启用(　　)选项。

　　A．位置　　　　　B．不透明度　　　C．效果　　　　D．以上都不对

(7) 要想只保存动画图像文件，需要选择(　　)输出类型。

　　A．仅限图像　　　B．仅限 HTML　　C．HTML 和图像　D．以上都不对

3. 多选题

(1) 切片工具的样式包括(　　)。

　　A．正常　　　　　B．固定大小　　　C．固定长度比　　D．固定像素

(2) 以下对 Web 图像格式的叙述哪些是正确的？（　　）

　　A．GIF 是基于索引色表的图像格式，它可以支持上千种颜色

　　B．JPEG 适合于诸如照片之类的具有丰富色彩的图像

　　C．JPEG 和 GIF 都是压缩文件格式

　　D．GIF 支持动画，而 JPEG 不支持

4. 操作题

　　打开"Ch13\习题\素材"文件夹中的"1.jpg"、"2.jpg"、"3.jpg"，制作出具有不透明度过渡效果的动画。由于本练习中的素材较特殊，背景相同，背景上的人物轮廓相同，从而形成头像变化效果，如图 13.42 所示。

图 13.42　头像变化动画效果

提示：(1) 在 Photoshop CS5 中打开素材。

　　　 (2) 利用【磁性套索工具】将三幅图画中的人物抠出，粘贴在新建的文件中，并且将 3 个头像位置重叠。

　　　 (3) 执行【窗口】|【动画】命令，打开【动画】面板，依次复制 3 个帧。

　　　 (4) 分别在第一帧和第二帧、第二帧和第三帧、第三帧和第四帧之间创建过渡，过渡帧的数量和每一帧的显示时间可适当调整，完成效果的制作。

参 考 文 献

[1] 夏燕，姚志刚. 图像处理技术教程与实训(Photoshop 版)[M]. 北京：北京大学出版社，2005.

[2] 国家职业技能鉴定专家委员会计算机专业委员会. Photoshop7.0 试题汇编(高级图像制作员级)[M]. 北京：
希望电子出版社，2003.

[3] 曹天佑，张洪瑞. 实现你的创意：Photoshop CS5 从菜鸟到达人[M]. 北京：电子工业出版社，2011.

[4] 崔英敏，Photoshop CS3 中文版图像处理基础教程[M]. 北京：人民邮电出版社，2008.

全国高职高专计算机、电子商务系列教材推荐书目

【语言编程与算法类】

序号	书号	书名	作者	定价	出版日期	配套情况
1	978-7-301-13632-4	单片机 C 语言程序设计教程与实训	张秀国	25	2012	课件
2	978-7-301-15476-2	C 语言程序设计(第 2 版)(2010 年度高职高专计算机类专业优秀教材)	刘迎春	32	2013 年第 3 次印刷	课件、代码
3	978-7-301-14463-3	C 语言程序设计案例教程	徐翠霞	28	2008	课件、代码、答案
4	978-7-301-16878-3	C 语言程序设计上机指导与同步训练(第 2 版)	刘迎春	30	2010	课件、代码
5	978-7-301-17337-4	C 语言程序设计经典案例教程	韦良芬	28	2010	课件、代码、答案
6	978-7-301-20879-3	Java 程序设计教程与实训(第 2 版)	许文宪	28	2013	课件、代码、答案
7	978-7-301-13570-9	Java 程序设计案例教程	徐翠霞	33	2008	课件、代码、习题答案
8	978-7-301-13997-4	Java 程序设计与应用开发案例教程	汪志达	28	2008	课件、代码、答案
9	978-7-301-10440-8	Visual Basic 程序设计教程与实训	康丽军	28	2010	课件、代码、答案
10	978-7-301-15618-6	Visual Basic 2005 程序设计案例教程	靳广斌	33	2009	课件、代码、答案
11	978-7-301-17437-1	Visual Basic 程序设计案例教程	严学道	27	2010	课件、代码、答案
12	978-7-301-09698-7	Visual C++ 6.0 程序设计教程与实训(第 2 版)	王 丰	23	2009	课件、代码、答案
13	978-7-301-15669-8	Visual C++程序设计技能教程与实训——OOP、GUI 与 Web 开发	聂 明	36	2009	课件
14	978-7-301-13319-4	C#程序设计基础教程与实训	陈 广	36	2012 年第 7 次印刷	课件、代码、视频、答案
15	978-7-301-14672-9	C#面向对象程序设计案例教程	陈向东	28	2012 年第 3 次印刷	课件、代码、答案
16	978-7-301-16935-3	C#程序设计项目教程	宋桂岭	26	2010	课件
17	978-7-301-15519-6	软件工程与项目管理案例教程	刘新航	28	2011	课件、答案
18	978-7-301-12409-3	数据结构(C 语言版)	夏 燕	28	2011	课件、代码、答案
19	978-7-301-14475-6	数据结构(C#语言描述)	陈 广	28	2012 年第 3 次印刷	课件、代码、答案
20	978-7-301-14463-3	数据结构案例教程(C 语言版)	徐翠霞	28	2009	课件、代码、答案
21	978-7-301-18800-2	Java 面向对象项目化教程	张雪松	33	2011	课件、代码、答案
22	978-7-301-18947-4	JSP 应用开发项目化教程	王志勃	26	2011	课件、代码、答案
23	978-7-301-19821-6	运用 JSP 开发 Web 系统	涂 刚	34	2012	课件、代码、答案
24	978-7-301-19890-2	嵌入式 C 程序设计	冯 刚	29	2012	课件、代码、答案
25	978-7-301-19801-8	数据结构及应用	朱 珍	28	2012	课件、代码、答案
26	978-7-301-19940-4	C#项目开发教程	徐 超	34	2012	课件
27	978-7-301-15232-4	Java 基础案例教程	陈文兰	26	2009	课件、代码、答案
28	978-7-301-20542-6	基于项目开发的 C#程序设计	李 娟	32	2012	课件、代码、答案

【网络技术与硬件及操作系统类】

序号	书号	书名	作者	定价	出版日期	配套情况
1	978-7-301-14084-0	计算机网络安全案例教程	陈 昶	30	2008	课件
2	978-7-301-16877-6	网络安全基础教程与实训(第 2 版)	尹少平	30	2012 年第 4 次印刷	课件、素材、答案
3	978-7-301-13641-6	计算机网络技术案例教程	赵艳玲	28	2008	课件
4	978-7-301-18564-3	计算机网络技术案例教程	宁芳露	35	2011	课件、习题答案
5	978-7-301-10226-8	计算机网络技术基础	杨瑞良	28	2011	课件
6	978-7-301-10290-9	计算机网络技术基础教程与实训	桂海进	28	2010	课件、答案
7	978-7-301-10887-1	计算机网络安全技术	王其良	28	2011	课件、答案
8	978-7-301-12325-6	网络维护与安全技术教程与实训	韩最蛟	32	2010	课件、答案
9	978-7-301-09635-2	网络互联及路由器技术教程与实训(第 2 版)	宁芳露	27	2012	课件、答案
10	978-7-301-15466-3	综合布线技术教程与实训(第 2 版)	刘省贤	36	2012	课件、习题答案
11	978-7-301-15432-8	计算机组装与维护(第 2 版)	肖玉朝	26	2009	课件、习题答案
12	978-7-301-14673-6	计算机组装与维护案例教程	谭 宁	33	2012 年第 3 次印刷	课件、习题答案
13	978-7-301-13320-0	计算机硬件组装和评测及数码产品评测教程	周 奇	36	2008	课件
14	978-7-301-12345-4	微型计算机组成原理教程与实训	刘辉珞	22	2010	课件、习题答案
15	978-7-301-16736-6	Linux 系统管理与维护(江苏省省级精品课程)	王秀平	29	2013 年第 3 次印刷	课件、习题答案
16	978-7-301-10175-9	计算机操作系统原理教程与实训	周 峰	22	2010	课件、答案
17	978-7-301-16047-3	Windows 服务器维护与管理教程与实训(第 2 版)	鞠光明	33	2010	课件、答案
18	978-7-301-14476-3	Windows2003 维护与管理技能教程	王 伟	29	2009	课件、习题答案
19	978-7-301-18472-1	Windows Server 2003 服务器配置与管理情境教程	顾红燕	24	2012 年第 2 次印刷	课件、习题答案

【网页设计与网站建设类】

序号	书号	书名	作者	定价	出版日期	配套情况
1	978-7-301-15725-1	网页设计与制作案例教程	杨森香	34	2011	课件、素材、答案
2	978-7-301-15086-3	网页设计与制作教程与实训(第 2 版)	于巧娥	30	2011	课件、素材、答案

序号	书号	书名	作者	定价	出版日期	配套情况
3	978-7-301-13472-0	网页设计案例教程	张兴科	30	2009	课件
4	978-7-301-17091-5	网页设计与制作综合实例教程	姜春莲	38	2010	课件、素材、答案
5	978-7-301-16854-7	Dreamweaver 网页设计与制作案例教程(2010 年度高职高专计算机类专业优秀教材)	吴 鹏	41	2012	课件、素材、答案
6	978-7-301-11522-0	ASP .NET 程序设计教程与实训(C#版)	方明清	29	2009	课件、素材、答案
7	978-7-301-21777-1	ASP .NET 动态网页设计案例教程(C#版)(第 2 版)	冯 涛	35	2013	课件、素材、答案
8	978-7-301-10226-8	ASP 程序设计教程与实训	吴 鹏	27	2011	课件、素材、答案
9	978-7-301-13571-6	网站色彩与构图案例教程	唐一鹏	40	2008	课件、素材、答案
10	978-7-301-16706-9	网站规划建设与管理维护教程与实训(第 2 版)	王春红	32	2011	课件、答案
11	978-7-301-21776-4	网站建设与管理案例教程(第 2 版)	徐洪祥	31	2013	课件、素材、答案
12	978-7-301-17736-5	.NET 桌面应用程序开发教程	黄 河	30	2010	课件、素材、答案
13	978-7-301-19846-9	ASP .NET Web 应用案例教程	于 洋	26	2012	课件、素材
14	978-7-301-20565-5	ASP.NET 动态网站开发	崔 宁	30	2012	课件、素材、答案
15	978-7-301-20634-8	网页设计与制作基础	徐文平	28	2012	课件、素材、答案
16	978-7-301-20659-1	人机界面设计	张 丽	25	2012	课件、素材、答案

【图形图像与多媒体类】

序号	书号	书名	作者	定价	出版日期	配套情况
1	978-7-301-21778-8	图像处理技术教程与实训(Photoshop CS5 版)(第 2 版)	钱 民	40	2013	课件、素材、答案
2	978-7-301-14670-5	Photoshop CS3 图形图像处理案例教程	洪 光	32	2010	课件、素材、答案
3	978-7-301-12589-2	Flash 8.0 动画设计案例教程	伍福军	29	2009	课件
4	978-7-301-13119-0	Flash CS 3 平面动画案例教程与实训	田启明	36	2008	课件
5	978-7-301-13568-6	Flash CS3 动画制作案例教程	俞 欣	25	2012 年第 4 次印刷	课件、素材、答案
6	978-7-301-15368-0	3ds max 三维动画设计技能教程	王艳芳	28	2009	课件
7	978-7-301-18946-7	多媒体技术与应用教程与实训(第 2 版)	钱 民	33	2012	课件、素材、答案
8	978-7-301-17136-3	Photoshop 案例教程	沈道云	25	2011	课件、素材、视频
9	978-7-301-19304-4	多媒体技术与应用案例教程	刘辉珞	34	2011	课件、素材、答案
10	978-7-301-20685-0	Photoshop CS5 项目教程	高晓黎	36	2012	课件、素材

【数据库类】

序号	书号	书名	作者	定价	出版日期	配套情况
1	978-7-301-10289-3	数据库原理与应用教程(Visual FoxPro 版)	罗 毅	30	2010	课件
2	978-7-301-13321-5	数据库原理及应用 SQL Server 版	武洪萍	30	2010	课件、素材、答案
3	978-7-301-13663-8	数据库原理及应用案例教程(SQL Server 版)	胡锦丽	40	2010	课件、素材、答案
4	978-7-301-16900-1	数据库原理及应用(SQL Server 2008 版)	马桂婷	31	2011	课件、素材、答案
5	978-7-301-15533-2	SQL Server 数据库管理与开发教程与实训(第 2 版)	杜兆将	32	2012	课件、素材、答案
6	978-7-301-13315-6	SQL Server 2005 数据库基础及应用技术教程与实训	周 奇	34	2013 年第 7 次印刷	课件
7	978-7-301-15588-2	SQL Server 2005 数据库原理与应用案例教程	李 军	27	2009	课件
8	978-7-301-16901-8	SQL Server 2005 数据库系统应用开发技能教程	王 伟	28	2010	课件
9	978-7-301-17174-5	SQL Server 数据库实例教程	汤承林	38	2010	课件、习题答案
10	978-7-301-17196-7	SQL Server 数据库基础与应用	贾艳宇	39	2010	课件、习题答案
11	978-7-301-17605-4	SQL Server 2005 应用教程	梁庆枫	25	2012 年第 2 次印刷	课件、习题答案

【电子商务类】

序号	书号	书名	作者	定价	出版日期	配套情况
1	978-7-301-10880-2	电子商务网站设计与管理	沈凤池	32	2011	课件
2	978-7-301-12344-7	电子商务物流基础与实务	邓之宏	38	2010	课件、习题答案
3	978-7-301-12474-1	电子商务原理	王 震	34	2008	课件
4	978-7-301-12346-1	电子商务案例教程	龚 民	24	2010	课件、习题答案
5	978-7-301-12320-1	网络营销基础与应用	张冠凤	28	2008	课件、习题答案
6	978-7-301-18604-6	电子商务概论（第 2 版）	于巧娥	33	2012	课件、习题答案

【专业基础课与应用技术类】

序号	书号	书名	作者	定价	出版日期	配套情况
1	978-7-301-13569-3	新编计算机应用基础案例教程	郭丽春	30	2009	课件、习题答案
2	978-7-301-18511-7	计算机应用基础案例教程(第 2 版)	孙文力	32	2012 年第 2 次印刷	课件、习题答案
3	978-7-301-16046-6	计算机专业英语教程(第 2 版)	李 莉	26	2010	课件、答案
4	978-7-301-19803-2	计算机专业英语	徐 娜	30	2012	课件、素材、答案
5	978-7-301-21004-8	常用工具软件实例教程	石朝晖	37	2012	课件

电子书(PDF 版)、电子课件和相关教学资源下载地址：http://www.pup6.com，欢迎下载。
联系方式：010-62750667，liyanhong1999@126.com，linzhangbo@126.com，欢迎来电来信。